Nongzuowu zhibao

职业技能培训鉴定教材

农作物植保员

（中级）

主 编 刘国军
编 者 赖军臣 唐晓东 张东海 马桂龙
主 审 王 峰
审 稿 李贤超 赵冰梅

中国劳动社会保障出版社

图书在版编目(CIP)数据

农作物植保员：中级/人力资源和社会保障部教材办公室，新疆生产建设兵团劳动和社会保障局，新疆生产建设兵团农业局组织编写. —北京：中国劳动社会保障出版社，2009

职业技能培训鉴定教材

ISBN 978-7-5045-7905-8

Ⅰ.农… Ⅱ.①人…②新…③新… Ⅲ.作物-植物保护-职业技能鉴定-教材 Ⅳ.S4

中国版本图书馆 CIP 数据核字(2009)第 128866 号

中国劳动社会保障出版社出版发行

（北京市惠新东街 1 号 邮政编码：100029）

出 版 人：张梦欣

*

三河市华骏印务包装有限公司印刷装订 新华书店经销

787 毫米×960 毫米 16 开本 14.75 印张 288 千字

2009 年 7 月第 1 版 2023 年 2 月第 10 次印刷

定价：28.00 元

营销中心电话：400-606-6496

出版社网址：http://www.class.com.cn

教材编审委员会

主　任　李勇先（新疆生产建设兵团副秘书长、农业局局长）
副主任　曲德林（新疆生产建设兵团劳动和社会保障局副局长）
　　　　　彭玉兰（新疆生产建设兵团劳动和社会保障局副局长）
　　　　　刘景德（新疆生产建设兵团农业局副局长）
　　　　　苗启华（新疆生产建设兵团农业局总畜牧师）
委　员　多　林（新疆生产建设兵团劳动和社会保障局就业培训处处长）
　　　　　杜之虎（新疆生产建设兵团农业局种植业管理处处长）
　　　　　黄国林（新疆生产建设兵团职业技能鉴定中心主任）
　　　　　丁卫东（新疆生产建设兵团农业局乡镇企业产业指导处处长）
　　　　　张利淇（新疆生产建设兵团农业局园艺处副处长）
　　　　　宋安星（新疆生产建设兵团职业技能鉴定中心副主任）
　　　　　李宏健（新疆生产建设兵团兽医总站畜牧科科长）
　　　　　尤满仓（原新疆生产建设兵团农业局处长）

教材编审委员会办公室

主　任　多　林
副主任　杜之虎　黄国林
成　员　宋安星　冉　颢　尤满仓　陈纪顺
　　　　　李晓梅　唐晓东

内容简介

本教材以《国家职业标准·农作物植保员》为依据，结合新疆生产建设兵团农作物植保技术经验进行编写。教材在编写过程中紧紧围绕“以企业实际需求为导向，以职业能力为核心”的理念，力求突出职业技能培训特色，满足职业技能培训与鉴定考核的需要。

本教材详细介绍了中级农作物植保员要求掌握的最新实用知识和技术。全书分为3个模块单元，主要内容包括：预测预报、综合防治、农药（械）使用常识。每一单元后安排了单元测试题及答案，书末提供了理论知识考核试卷，供读者巩固、检验学习效果时参考使用。

本教材是中级农作物植保员职业技能培训与鉴定考核用书，也可供相关人员参加在职培训、岗位培训使用。

前　言

为满足各级培训、鉴定部门和广大劳动者的需要，人力资源和社会保障部教材办公室、中国劳动社会保障出版社在总结以往教材编写经验的基础上，联合新疆生产建设兵团劳动和社会保障局、兵团农业局和兵团职业技能鉴定中心，依据国家职业标准和企业对各类技能人才的需求，研发了农业类系列职业技能培训鉴定教材，涉及农艺工、果树工、蔬菜工、牧草工、农作物植保员、家畜饲养工、家禽饲养工、农机修理工、拖拉机驾驶员、联合收割机驾驶员、白酒酿造工、乳品检验员、沼气生产工、制油工、制粉工等职业和工种。新教材除了满足地方、行业、产业需求外，也具有全国通用性。这套教材力求体现以下主要特点：

在编写原则上，突出以职业能力为核心。教材编写贯穿“以职业标准为依据，以企业需求为导向，以职业能力为核心”的理念，依据国家职业标准，结合企业实际，反映岗位需求，突出新知识、新技术、新工艺、新方法，注重职业能力培养。凡是职业岗位工作中要求掌握的知识和技能，均作详细介绍。

在使用功能上，注重服务于培训和鉴定。根据职业发展的实际情况和培训需求，教材力求体现职业培训的规律，反映职业技能鉴定考核的基本要求，满足培训对象参加各级各类鉴定考试的需要。

在编写模式上，采用分级模块化编写。纵向上，教材按照国家职业资格等级编写，各等级合理衔接、步步提升，为技能人才培养搭建科学的阶梯型培训架构。横向上，教材按照职业功能分模块展开，安排足量、适用的内容，贴近生产实际，贴近培训对象需要，贴近市场需求。

在内容安排上，增强教材的可读性。为便于培训、鉴定部门在有限的时间内把最重要的知识和技能传授给培训对象，同时也便于培训对象迅速抓住重点，提高学习效率，在教材中精心设置了“培训目标”栏目，以提示应达到的目标，需要掌握的重点、难点、鉴定点和有关的扩展知识。另外，每个单元后安排了单元测试题，每个级别的教材都提供了理论知识考核试卷，方便培训对象及时巩固、检验学习效果，并对本职业鉴定考核形式有初步的了解。

本系列教材在编写过程中得到新疆生产建设兵团劳动和社会保障局、兵团农业局和兵团职业技能鉴定中心的大力支持和热情帮助，在此一并致以诚挚的谢意。

编写教材有相当的难度，是一项探索性工作。由于时间仓促，不足之处在所难免，恳切希望各使用单位和个人对教材提出宝贵意见，以便修订时加以完善。

人力资源和社会保障部教材办公室

目 录

第1单元

预测预报

第一节　影响昆虫种群数量的环境因素

培训目标 → 掌握气候、生物、土壤等因素对昆虫影响的相关知识

一、气候因素

1. 温度对昆虫的影响

（1）昆虫热能的获得、散失和调节。昆虫属于变温动物（poikilothermic animal），其进行生命活动所需的热能来源，主要是太阳的辐射热，其次是由本身代谢所产生的热能（代谢热），但在很大程度上取决于周围环境的温度。昆虫热能散失的主要途径是伴随水分的蒸发和向体外传导辐射热。昆虫调节体温的能力较差，主要是通过热量的吸收和散失以及改变行为和主动选择适宜的栖息场所，以保持适宜的体温。

单元 1

（2）昆虫温区的划分。昆虫只能在一定的温度范围内进行正常的生长发育，超过这一范围（过高或过低），其生长发育就会停滞，甚至死亡，根据温度对温带地区昆虫的影响，可将温度划分为 5 个温区（见图 1—1）。

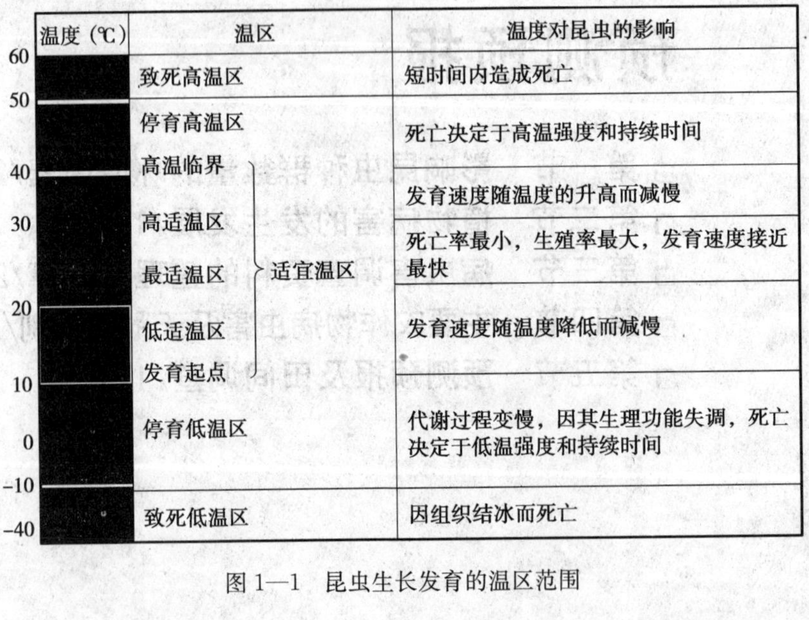

图 1—1　昆虫生长发育的温区范围

(3) 昆虫发育速度与温度的关系及有效积温法则。温度对昆虫发育速度的影响最为显著，在适温区内，昆虫的发育速度（V）与温度（T）成正比，而完成发育所需的时间（D）与温度成反比，即 $V=1/D$。一般常用有效积温法则（effective constant theory）来表示昆虫发育速度与温度之间的关系。

1）有效积温法则的概念。昆虫和其他生物一样，完成其发育阶段（卵、幼虫、蛹、成虫或整个世代）需要从外界获得并积累一定的热能，而完成此发育阶段所需的总热量是一个常数。昆虫各发育阶段只有达到发育起点温度（C）才开始发育，发育起点以上温度的积温即为有效积温，即：

$$K=D(T-C)$$

式中 K——有效积温常数，单位为“日温度”；

D——发育历期；

T——发育温度。

2）有效积温法则的应用。

①预测昆虫在某一地区的年发生世代数。

②预测昆虫在地理上的分布界限。

③应用于天敌的引进、保存和利用。

④预测害虫发生期和来年发生程度。

3）有效积温法则应用的局限性。

①滞育、异地迁徙的不适。

②有些只反映适宜温区的情况。

③实验室条件下温度的研究不同于自然。

④昆虫不同地理种群的发育起点各不相同。

⑤实际影响因素不止温度。

(4) 高、低温对昆虫存活的影响。在季节间温度变化很明显的温带地区，高温和低温对昆虫存活的影响很大，是昆虫种群数量变动的重要因素之一。

1）高温与耐热。如果环境温度高于适温范围，昆虫逐渐呈热昏迷状态，当进入高温致死范围内，昆虫在较短时间内即将死亡，多数昆虫在 39～54℃都将热死。但昆虫耐热程度因种类和生活环境而有所不同。同一种昆虫在不同发育阶段的耐热能力也不相同。夏季高温出现的强度和延续的时间可以引起昆虫死亡率的差异。

高温对昆虫致死的原因比较复杂，一般认为主要有：

①温度升高引起体内水分过量蒸发而使昆虫致死。

②高温使昆虫体内蛋白质发生凝结而致死。在自然界中，很多昆虫可以躲避夏季的高温，如蝼蛄、金针虫等在夏季高温来临时钻入深土层，同时也暂时减轻了对作物的危害；大地老虎、麦蜘蛛、小麦吸浆虫等则入土以滞育状态越夏。

2）低温与耐寒。一年中的最低温度常是决定某些昆虫分布地区的重要因素，也左右着昆虫种群数量的变动。当温度降至适温范围以下时，昆虫的生命活动开始下降，逐渐进入冷昏迷状态；温度若继续下降至一定水平，即会引起昆虫死亡。

①过冷却现象与耐寒。昆虫体液结冰是低温致死的重要原因，一般水在0℃时开始结冰，而一些昆虫则能耐受零下若干度低温，这与昆虫的过冷却有关。巴赫梅捷夫发现，当昆虫体温下降到0℃以下时，体液仍不结冰，这种现象即为过冷却现象。但体温继续下降至一定的温度时，体温以跳跃的方式突然上升，表示体液要开始结冰。结冰时放热而使体温上升，这一温度称为临界点温度，即过冷却点（在－10℃左右）。但体温只能升到接近0℃处，称为体液正常冰点，而后又慢慢下降（见图1—2）。

昆虫体温降至临界点即过冷却点（T_1）之前，处于冷昏迷状态，并不产生任何生理失调变化，在体液正常冰点（N_2）以下，体液开始结冰，但并没有死亡，直降至死亡点（T_2）以上，将昆虫移至适温下仍可复活，此段称复苏状态（假死状态），但降至死亡点（T_2）以下，昆虫即死亡（见图1—2）。一般昆虫的耐寒性和过冷却点关系密切，即过冷却点越低，耐寒性越强。

图1—2　昆虫在不同温度下的体温变动图解

1—高温昏迷区　2—高适温区　3—低适温区　4—低温昏迷区　5—体液过冷区

6—体液冻结区　7—体液继续冻结区　8—假死状态区

N_1—体液开始过冷却　N_2—体液正常冰点　T_1—临界点（过冷却点）　T_2—死亡点

②影响昆虫耐寒力的因素。一般说来，温带昆虫耐低温的能力较耐高温强。另外：

a. 不同发育阶段和龄期耐寒力不同。一般越冬种群的越冬死亡率小。

b. 昆虫的生理状态不同，耐寒力不同。昆虫的耐寒力常主要因虫体含水量及体内脂肪积累等生理状态的变化而表现出很大差异。

c. 同一发育阶段在不同季节内耐寒力不同。昆虫的过冷却点在一年中因季节变化而变化，随气温的下降而降低，耐寒性随之增强。在较低的温度下，虽然成虫寿命长，但性腺多不能发育成熟，以致不能交配产卵，或只产下少量的卵。在过高的温度下，精子不易形成而失去活力，常常引起不孕，也影响交配产卵活动。在适宜温度下，一般成虫性成熟快，产卵前期到开始产卵间隔时间较短，繁殖力大。

2. 湿度、降雨对昆虫的影响

（1）虫体水分的获得、散失和调节。

1）昆虫获得水分的途径。

①从食物中获得水分。

②利用代谢水。

③通过体壁或卵壳从环境中吸收水分。

④直接饮水。

2）昆虫散失水分的途径。

①通过消化、排泄系统和外分泌腺体排水。

②通过呼吸系统失水。

③通过体壁失水。

3）昆虫对水分的调节。昆虫对体内水分散失有一定的调节能力，如控制气门的开闭，直肠腺可以把消化后食物残渣中的剩余水分回收到血腔中，体壁上表皮的蜡层可以防止水分的过分蒸发，以及其排泄器官对氮素排泄物是以不溶于水的尿酸排泄等。有的昆虫种类在天气干旱、虫体水分不足时，会有意挑选幼嫩多汁的食物。这些都是昆虫在结构、生理和行为上对控制体内水分平衡的适应。

（2）湿度对昆虫的影响。湿度是表示大气中水汽含量多少的指数，一般常用相对湿度来表示，湿度的主要作用是影响虫体水分的蒸发以及虫体的含水量，其次是影响虫体的体温和代谢速度。

1）影响成活率。在昆虫卵孵化、幼虫蜕皮、化蛹、羽化时，如果大气湿度过低，往往导致昆虫大量死亡。有时因湿度过低，还造成产在植物上的卵块脱落干死。

2）影响生殖力。干旱影响昆虫性腺的发育，是造成雄性不育的一个原因，也影响交尾和雌虫产卵量。

3）影响发育速度。有些昆虫在不同湿度下的发育速度有变化，但一般湿度对于昆虫发育速度的影响明显不如温度的影响那么重要。

天气干旱时，往往导致蚜虫、叶螨等发生严重。因为它们的食物中需含充足水量，加之植物组织内含水量较低，取食的干物质相对增加，反而有利于生长发育。

（3）降雨对昆虫的影响。降雨用降雨量（单位为 mm）、降雨强度和降雨频率来表示。降雨持续日期、次数和降雨量大小，对昆虫种群数量动态的影响更为显著。降雨对一些与土壤直接有关的昆虫影响很大，暴雨对一些小型昆虫（如蚜、螨类）和一些昆虫的卵有机械冲刷的作用，能造成其死亡。

3. 温、湿度对昆虫的影响

自然界中温度和湿度总是同时存在、相互影响、综合作用的。

（1）温湿系数及其应用。温湿度组合常用温度和湿度的比值来表示，叫温湿系数。一般有以下几种表示方式：

1）降水与积温之比，公式如下：

$$Q=\frac{P}{\sum(T-C)}$$

式中 Q——温湿系数；

P——降水量；

$\sum(T-C)$——有效积温。

2）平均相对湿度与平均温度之比，公式如下：

$$Q=\frac{RH}{T}$$

式中 RH——平均相对湿度；

T——平均温度。

温湿系数的应用必须限制在一定湿度和温度范围内，超过一定范围，虽然数值相同，对昆虫的作用可能不一致。

（2）气候图及其应用。根据一年或数年中各月份的温、湿度组合，可以制成气候图，借以研究温、湿度对昆虫数量和分布的影响。绘制气候图时，以纵轴代表月平均温度，横轴代表月总降水量或平均相对湿度，将 12 个月的温、湿度组合用线连接起来，注明月份，即制成代表某个地方一年中的温、湿度气候图。在图中还可用矩形标出某种昆虫最适宜的和较适宜的温、湿度范围（见图 1—3）。

4. 光对昆虫的影响

光对昆虫的作用基本上包括光的波长、光周期和光照强度三个方面。

（1）光的波长。人眼可见光波长在 390～750 nm，对红色最为敏感；昆虫能见的光波长在 250～700 nm，对紫外光敏感，有些红色花能反射紫外光，昆虫对它们也有识别能力。许多昆虫有趋光性，其趋光性与波长关系最为密切。常用的黑光灯波长是 365～400 nm，而棉铃虫和烟草夜蛾以 330 nm 波长的诱集效果最好。

过去认为，蚜虫对黄色有趋光性，多用黄皿诱蚜，进行蚜虫测报和防治。但据观察，蚜虫飞越黄皿上空是垂直下来的，故认为是由于黄色对蚜虫的飞行活动有突然抑制

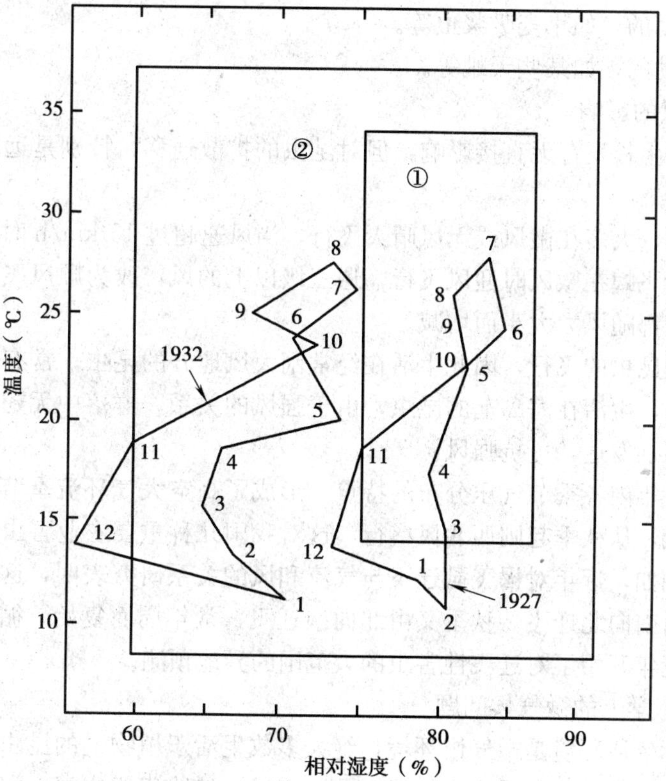

图 1—3　地中海实蝇的气候图

①—里面的矩形代表最适温湿度范围　②—外面的矩形代表不适合的温湿度范围

作用。

(2) 光周期。自然界的光照有年和日的周期变化，一切季节性的或地理的光周期现象，都是以光的日周期为基础的。昆虫的年生活史、滞育、世代交替，蚜虫的季节性多型现象，稻纵卷叶螟成虫的迁飞等均与光周期变动有密切关系。

日周期为生物的外界环境提供了信号，同时也引起生物体内时间性的组织作同步反应，也称为光周期反应；昆虫的光周期反应建立在环境光周期的节律对其内在生物节律过程的影响基础上。这种内在的生物节律过程是生物体内时间性组织的一种功能反应，称为“生物钟”。它控制着昆虫生理机能的节律，从而使昆虫的行为活动表现出时间性的节律反应。

光周期的年变化比温度的年变化更有规律性，它与昆虫滞育的关系尤其密切。

(3) 光照强度。即光的辐能量，主要影响昆虫昼夜节律行为、飞翔、交尾产卵、取食、栖息等。依昆虫活动与光照强度的关系，可分为以下 4 类：

1）白天活动的，如蝇、蝶、蚜虫等。

2）夜间活动的，如夜蛾等。

3）黄昏活动的，如小麦吸浆虫等。

4）昼夜活动的，如某些天蛾等。

5. 风对昆虫的影响

风对昆虫的生长发育无直接影响，但对昆虫的扩散迁移，特别是远距离迁飞有较大影响。

善飞的昆虫，大多在微风或无风晴天飞行，当风速超过 15 km/h 时，所有的昆虫都停止飞行。东亚飞蝗在微风时迎风飞行，遇三级以上的风，改为顺风飞行，其前进方向和上下波动幅度都随风力大小而增减。

由于风影响昆虫的飞行，因此生活在经常刮大风地方的昆虫，常有相适应的形态特征和习性。例如，生活在海岛上的昆虫，由于强风的关系，群落中无翅型占多数，但也有的种类，翅特别发达，可抗强风。

由于我国一年内各季节气压分布的特点，形成了高空大气环流季节性变化，即春夏季多为西南季风，从秋季起则西北风盛行，这对我国几种重要农业害虫的南北往返迁飞有很大影响。例如，近年对褐飞虱迁飞与气流和风的关系研究表明，这种害虫在我国东半部，春夏季由南向北迁飞，秋季又由北向南迁飞，常年周而复始，循环往复。通过这些研究，我国近年开始了对迁飞性害虫的大范围的异地预测。

6. 昆虫生态学上的微气候问题

昆虫的实际生活环境是微气候环境，绝大多数生活于植物上的昆虫的微气候与一般气象资料所记录的数据有差异，大气温、湿度需通过植物组织内温、湿度的变化对钻蛀性的昆虫、通过土壤条件的变化在土中生活的昆虫起作用，对水生昆虫而言，其作用的主要是水的温度、酸碱度和有机物质等因素。

许多昆虫能主动寻找适宜的生活场所，特别是在极端温、湿度条件下，它趋向于较适宜的微气候地区。因此，由地形、地势、方位、土壤条件、植被等构成的微气候环境，对昆虫度过恶劣的气候影响有重要作用。注意昆虫生态学上的微气候问题，才能对昆虫的实际生活环境作出正确的判断。

二、生物因素

1. 生物因素对昆虫影响的特点

生物因素与昆虫的生长发育、繁殖、存活、行为等关系密切，制约着昆虫种群的数量动态，与非生物因素相比较，生物因素对昆虫的影响有以下特点：

（1）在一般情况下，生物因素对昆虫的影响只涉及种群中的某些个体。非生物因素对于昆虫种群的影响是比较均匀的。

（2）生物因素对于昆虫种群的影响程度通常与其密度有关。所以，生物因素又被称为密度制约因素，而非生物因素又被称为非密度制约因素。

（3）生物因素与昆虫是相互影响的。非生物因素对昆虫只有单方面的影响，即昆虫要被动地适应于气候条件。

（4）生物因素一般仅直接涉及两个物种和与其密切的物种之间的关系，并非对整个生物群落中的所有物种都发生作用。

另外，生物因素对某种昆虫来讲虽是一种环境因素，但它又受非生物因素的影响，即非生物因素可以通过生物因素对这些昆虫产生间接的影响。

2. 食物因素对昆虫的影响

（1）昆虫的食性及分化。昆虫在长期的演化过程中，对食物形成了一定的选择性，即食性（feeding habits）。根据昆虫食性的分化情况，可将其分为不同的类型。

1）按食物的性质区分。

①植食性。以植物的各部分为食料。

②肉食性。以其他动物（包括昆虫）为食料，又可分为捕食性和寄生性两类。

③腐食性。以动物的尸体、粪便或腐败物质为食料，如粪金龟。

④杂食性。可兼食动物、植物等，如蜚蠊。

2）按取食范围的广狭区分。

①单食性。只取食一种植物或动物，或仅旁及一些近缘种，如豌豆象。

②寡食性。只取食一科或近缘科的一些食物种类，如菜粉蝶幼虫。

③多食性。取食的种类甚多，包括亲缘关系不同的许多科，如棉铃虫。

昆虫的食性虽有其稳定性，但也有一定的可塑性。在食料改变和缺乏正常食物时，其食性可被迫改变和发生分化。近年来，随着昆虫营养生理、生物防治等研究的深入，国内外已研制出许多昆虫如棉铃虫、瓢虫等的人工饲料。

（2）食物对昆虫的影响。各种昆虫都有其适宜的食物。虽然杂食性和多食性昆虫可取食多种食物，但它们仍都有各自最嗜食的植物或动物种类。昆虫取食嗜食的食物，其生长发育快，死亡率低，繁殖力高。取食同一种植物的“不同器官”，对昆虫的发育历期、成活率、性比、繁殖力等都有明显的影响。取食同一种植物的不同发育阶段，对昆虫的生长发育也有明显的影响。

（3）植物抗虫性。植物抗虫性是指同种植物在某种害虫为害较严重的情况下，这些品种或植株能避免受害、耐害或虽受害而有补偿能力的特性。植物的抗虫性可表现为不选择性、抗生性和耐害性 3 个方面。这 3 个方面也称为植物“抗虫三机制”。

1）不选择性。是指植物使昆虫不趋向其上栖息、产卵或取食的一些特性。如由于植物的形态、生理生化特性，如分泌一些挥发性的化学物质，可以阻止昆虫趋向植物产卵或取食；或者由于植物的物候特性，使其某些生育期与昆虫产卵期或为害期不一致；或者由于植物的生长特性，所形成的小生态环境不适合昆虫的生存等，从而避免或减轻了害虫的危害。

2）抗生性。是指有些植物或品种含有对昆虫有毒的化学物质，或缺乏昆虫生长发育所必要的营养物质，或虽有营养物质而不能为昆虫所利用，或由于对昆虫产生不利的物理、机械作用等，而引起昆虫死亡率高、繁殖力低、生长发育延迟或不能完成发育的一些特性。

3）耐害性。是指植物受害后，具有很强的增殖和补偿能力，而不致在生长上有显著的影响。如一些禾谷类作物品种受到蛀茎害虫为害时，虽被害茎枯死，但可分蘖补偿，减少损失。

植物的“抗虫三机制”，有时在一个品种上3个方面全部表现出来，有时只表现其中之一。这些抗虫机制，与昆虫选择食物的阶段一样，常互有交错，难以将其截然分开。

3. 天敌因素对昆虫的影响

昆虫在生长发育过程中，常由于其他生物的捕食或寄生而死亡，这些生物称为昆虫天敌。昆虫的天敌主要包括致病微生物、天敌昆虫和食虫动物3类，它们是影响昆虫数量变动的重要因素。

（1）细菌。昆虫的病原细菌已知有90余种，研究和应用较多的是芽孢杆菌，如苏芸金杆菌和日本金龟芽孢杆菌。这两种杆菌都是随食物进入昆虫中肠及血淋巴，迅速繁殖，破坏组织，引起败血症。

细菌致病的昆虫特征是行动迟缓，食欲减退，死亡后身体软化和变黑，内脏也常软化，带黏性，有臭味。

（2）真菌。昆虫病原真菌（entomopathogenic fungi）也称虫生菌，种类繁多，已记载有900余种。昆虫病原真菌虽有时也通过肠道侵染，但一般的侵染途径是通过体壁进入血体腔。孢子在昆虫体表萌发，穿透体壁进入体腔，其菌丝生长可占领全身各个器官，并穿出体壁，在体表重新形成孢子。死虫的身体往往僵硬，体表有白色、绿色、黄色等不同色泽的霉状物。

病原真菌寄主范围极广，可侵染半翅目、同翅目、直翅目、鳞翅目、膜翅目等许多昆虫。目前在生产上常用的为球孢白僵菌。

（3）病毒。昆虫病原病毒（insectpathogenic viruses）常见的主要有核型多角体病毒（NPV）、质型多角体病毒（CPV）和颗粒体病毒（GV）。病毒由口侵入，幼虫罹病后，食欲减退，反应迟钝，体色变灰，体壁肿胀，轻触即破，无臭味。主要寄主为鳞翅目幼虫，还寄生一些膜翅目、双翅目、脉翅目、毛翅目幼虫。

在自然界，昆虫病毒主要通过带有病毒的食物、接触罹病昆虫、虫尸及昆虫排泄物传播。利用病毒防治害虫，用量很少就可取得良好的效果，而且持效时间很长。但必须进行活体培养，因而在应用上受到限制。

（4）天敌昆虫。一般可分为捕食性天敌昆虫和寄生性天敌昆虫两大类。

1）捕食性天敌昆虫。捕食性天敌昆虫种类颇多，主要隶属于蜻蜓目、啮虫目、螳螂目、长翅目、半翅目、广翅目、脉翅目、蛇蛉目、鞘翅目、双翅目等10余个目。最常见的有螳螂、蜻蜓、捕食蝽、草蛉、粉蛉、褐蛉、步行虫、瓢虫、食虫虻、食蚜蝇、胡蜂、土蜂等，这些天敌昆虫在自然界中常能捕食大量害虫，如七星瓢虫控制麦蚜、叶色草蛉控制棉铃虫的能力均较强。许多天敌昆虫种类已被应用于害虫的生物防治中。

捕食性天敌昆虫的主要特点表现为，身体一般比猎物大，除了由于适应捕捉和取食猎物的特殊需要，在口器、前足或产卵器上发生变异外，形态上其他方面较少发生变化。

2）寄生性天敌昆虫。寄生性天敌昆虫的寄生习性是多种多样的。

①按产卵方式分类。

卵产在寄主生活的场所，后期发育为体内或体外寄生。

卵产于寄主体内，而幼虫为体外捕食。

卵产于寄主体外，幼虫蛀入寄主体内寄生。

卵产于寄主体内，后期发育为体内寄生。

卵产于寄主体外，幼虫为体外寄生。

②按寄生于寄主的虫态分类。

单期寄生：寄生昆虫只寄生在其寄主的某一个虫期并能完成其发育。

卵寄生：寄生于寄主卵内。

幼虫寄生：寄生于寄主幼虫体内或体外。

蛹寄生：寄生于寄主蛹内。

成虫寄生：寄生于寄主成虫。

跨期寄生：寄生昆虫需经过寄主的2～3个虫期才能完成发育。

卵—幼虫寄生：产卵于寄主卵内，寄主卵孵化为幼虫后，寄生卵才孵化，在寄主幼虫体内完成发育。

卵—蛹寄生：产卵于寄主卵内，但直至寄主蛹期才孵化为幼虫，取食并完成发育。

幼虫—蛹寄生：寄生性昆虫产卵于寄主幼虫体内，寄主幼虫仍能化蛹，寄生卵在寄主蛹内完成发育。

③按寄生现象分类。根据寄生性昆虫的幼虫在寄主体内或体表取食、完成生长发育的情况，可分为：

内寄生：多数寄生蜂属于此。

外寄生：多以生活在与外界隔开的茧、孔道、巢房等处的害虫幼虫为寄主，一般将卵产于寄主体表或被覆物内。寄生昆虫在产卵之前，常常对寄生幼虫先注射毒液，使寄主幼虫被麻痹，不吃不动，也不腐烂，任寄生昆虫在其体内产卵，随后被幼虫取食，如寄生于水稻螟虫的螟黑纹茧蜂。

④根据寄主体内寄生性昆虫的种类多少，可以分为：

独寄生：一个寄主体内的寄生昆虫只有一种。

共寄生：一个寄主体内同时有两种或两种以上的寄生性昆虫寄生。

⑤根据一个寄主内寄生的同一种寄生性昆虫的数量，可分为：

单寄生：一个寄主体内只有一个寄生性昆虫生活。

多寄生：一个寄主体内可育出两个或两个以上的寄生昆虫。

⑥根据寄生性昆虫在寄主体内完成发育情况，可分为：

完寄生：寄生性昆虫在寄主体内能完成发育。

过寄生：寄生性昆虫在一个寄主体内因个体数量过多，寄主营养物质不能满足需要，不能完成发育而死亡，或发育不良而失去繁殖能力。这可能是因为寄生性昆虫一次产卵过多或同种不同个体的寄生性昆虫在同一个寄主上多次产卵所致。如人工繁育赤眼蜂时，若管理不善常会出现这种情况。过寄生又称为复寄生。

⑦根据寄生性昆虫与寄主的寄生关系是直接的还是间接的，可分为：

原寄生或初寄生：直接以昆虫等为寄主，寄生性昆虫与寄主关系单纯，上述各种寄生现象均属此类。

重寄生：寄生于寄主体内的寄生性昆虫又被另外的寄生性昆虫所寄生。其中又有二重寄生、三重寄生等，但多重寄生的现象极为少见。

⑧根据寄生性天敌对寄主种类选择范围的大小，可分为：

单择性：或称单食性寄生或单主寄生。寄生性昆虫仅限于在一种寄主上寄生。单择性寄生性昆虫的种类在自然界为数不多。

寡择性：也称寡食性寄生或寡主寄生。寄生性昆虫只能在少数近缘种寄主上寄生。

多择性：也称多食性寄生或多主寄生。寄生性昆虫可在许多种类寄主上寄生。

3）其他食虫动物。食虫动物是指天敌昆虫以外的一些捕食昆虫的动物，主要包括蛛形纲、鸟纲和两栖纲中的一些动物。蛛形纲中的食虫动物隶属于蜘蛛目和蜱螨目，其中狼蛛、球腹蛛、微蛛、跳蛛等类群在生物防治中的作用较大。

三、土壤因素

1. 土壤的温度

昆虫受到土温影响的机制与大气温度的影响机制基本相同。

土壤是昆虫及所有其他变温动物避免温度剧烈变化的良好栖息环境，所以很多昆虫在土壤中越冬或越夏。在土壤中产卵的昆虫，选择的产卵地位置往往与土温关系密切。土壤温度的变化对土栖昆虫在土壤中潜土的深浅程度或垂直迁移有直接影响。

2. 土壤湿度

土壤湿度是表示土壤中水分含量的指标，一般常用土壤含水量或土壤相对含水量表示。很多昆虫利用土壤作为它们某一个或几个虫期的栖地，以避免干燥大气对它们的不良影响。土壤含水量对土栖昆虫的分布、生长发育均有影响。

土壤中温度、湿度和含水量三者之间有密切的关系。由于土壤中有液态水（即土壤含水量）控制着湿度，土壤中湿度除近表土层外，一般总是达到饱和状态，故土壤温湿度的综合作用通常表现为以温度和土壤含水量的综合关系为主。

3. 土壤的化学性质

土壤的化学性质，如土壤中的矿物质含量、有害气体、氢离子浓度等，均影响昆虫的分布和生长发育。如土壤的含盐量是东亚飞蝗发生的重要限制因素，土壤含盐量达到1.2%为东亚飞蝗自然分布的界限。此外，东亚飞蝗的产卵量和卵孵化率均随土壤含盐量的增高而降低。土壤的酸碱度对昆虫的分布和生存影响也十分明显。

4. 土壤的机械组成

土壤的机械组成是指土壤的颗粒结构。土壤依其组成颗粒的大小及其比例而分为沙土、壤土、黏土等不同的类型。土壤机械组成主要影响昆虫的分布和活动。许多地下害虫的地理分布与土壤的性质和结构有很大关系，例如体形较大、身体柔软的昆虫，如金龟子的幼虫蛴螬，适宜在疏松的沙土和沙壤土中活动。卵、化蛹及羽化都与土壤质地有关。土壤的机械组成或肥力不仅可以直接影响土栖昆虫，还可以通过影响地面上的适生植物种类及生长势，间接地影响植物上的寄生昆虫种类与数量。

第二节 植物病害的发生发展

培训目标

- 掌握病原物与寄主植物相互作用的相关知识
- 掌握植物病害发生过程、植物病害侵染循环等知识

一、病原物的寄生性、致病性与植物的抗病性

在一定的条件下，寄主能否被病原物侵染为害，主要决定于病原物的寄生性和致病性，以及寄主对病原物侵染的抵抗能力。寄生性是指一种生物依附于其他生物（寄主）而生存的能力，主要是从寄主体内获得营养条件的能力。致病性是指病原物为害寄主的能力，主要是生活活动对于受病寄主产生不良影响的能力。

1. 病原物的寄生性

按照营养的类型，自然界中一切生物可区分为自养生物和异养生物两大类群。自养生物能够自行制造养料维持其自身的生命活动，绝大部分绿色植物都具有光合色素，具

有细菌叶绿素的细菌，属于自养生物类群，这一类群生物利用日光或化学能，把二氧化碳合成为复杂的有机碳化合物，满足自身碳素营养的需要。另一类群生物，包括真菌、多数细菌、病毒、类菌原体、放线菌、植物寄生线虫、寄生性种子植物等病原物，都不能自行利用二氧化碳作为它们的主要碳素来源，必须依靠自养生物供给它们有机物以维持其生命活动，这一类群生物称为异养生物。在异养生物中，又有两种主要营养方式，即腐生和寄生。腐生是指只能利用死的有机体作为养料。寄生则指能够从活的有机体吸取养分。营寄生生活的生物称为寄生物，营腐生生活的生物称为腐生物。植物病原物都是寄生物，植物病害就是由寄生物的寄生而引起的。但在寄生和腐生之间没有绝对的界限。各种病原物的寄生性根据其寄生能力的表现，分为专性寄生物和非专性寄生物两大类。

专性寄生物的寄生能力最强，只能从寄主的活细胞中吸取养分，除少数近年来找到了人工培养的方法外，大部分不能在人工培养基上培养。专性寄生物依赖寄主的活细胞而生存，因而寄主细胞组织的死亡，对它反而不利。属于这一类的病原物包括全部病毒、寄生性种子植物，以及一部分真菌和植物线虫。

非专性寄生物并不局限于在寄主体内营寄生生活，也能在无生命的有机体上营腐生生活，并能在人工培养基上培养。非专性寄生物的寄生能力有强有弱，有的非专性寄生物主要营寄生生活，但是也具有一定程度的腐生能力，如引起植物病害的黑粉菌，虽然少数也可以在植物体外营腐生生活，大部分可以人工培养，但是它们必须在有寄主存在的时候，才能完成其生活，所以寄生性是相当强的。另一些非专性寄生物，则以腐生为主，它们在自然界和人工培养基上可以不断以腐生的方式继续生活，而且可以完成其生活史。但是在适当的环境条件下，如遇到寄主就能营寄生生活，侵染为害植物。一些潜居在土壤中的病原物如腐霉菌、丝核菌、镰刀菌都属于这一种类型。这一类病原物往往是在寄主组织的生活力处于衰弱或死亡的情况下，才对其寄生生活有利。

必须指出的是，专性寄生物和非专性寄生物两大类型之间，有时是很难划清界限的，各种类型之间还存在不同程度的差别。寄生和腐生之间也没有绝对的界限。有些病原物可以在活的寄主上寄生，寄主死亡后还能在其残体上腐生，残体完全腐解后，病原物不能单独在土壤中继续腐生而死亡，大多数叶斑病类的病原菌都属于这一种类型；也有一部分病原菌只能在寄主生活力衰弱的情况下进行寄生，离开寄主后能较长久地在土中腐生。此外，在不同的环境与不同的寄主条件下，寄生性还可以有变动，甚至在同一寄生物的不同发育阶段上，其寄生能力还表现出强弱的不同。许多子囊菌的无性阶段，往往表现有较强的寄生性，而有性阶段则主要营腐生生活，寄主组织衰老死亡后才能形成子囊孢子世代。

2. 病原物的致病性

病原物的致病性针对它对寄主植物的破坏性和毒害而言。病原物的破坏作用是由于它汲取了寄主体内的营养和水分。同时，由病原物新陈代谢的产物和受病植物的分解物，产生了损害寄主植物的物质，直接或间接地破坏寄主植物的组织细胞。由此可见，病原物的寄生性和致病性是两种既有关系又有区别的特性，而致病性才是导致植物发病的主要因素。在寄生性和致病性两者关系上，有的病原物对寄主细胞和组织的直接破坏性很强，这一类病原物在侵入之前或者侵入后不久即能分泌一些物质，如酶或毒素等，杀死寄主的细胞组织，然后从杀死的细胞和组织中获得营养，这一类病原物都属于非专性寄生物。另一类病原物对寄主细胞和组织的直接破坏性小，这一类病原物包括全部的专性寄生物和一部分非专性寄生物，病原物侵入寄主后不立刻杀死其细胞和组织。因此，其致病性的发展是缓慢的，如果寄主细胞和组织死亡，反而对病原寄生生长不利。

除病原真菌外，细菌、病毒、线虫等病原物，由于存在致病性的差异，因而在其种内部有可能形成生理小种，病毒称为株系，细菌称为菌系。

3. 寄生性和致病性的变化

病原物的寄生性和致病性的变异，是经过长期进化而形成的，而且通过内在的变化和外界环境条件的影响，也可以不断地发生改变。植物病害的病原物大都是微生物，它的体积小，繁殖快，其无性和有性杂交的可能性大，因而更容易改变其寄生性和致病性。

4. 植物的抗病性

（1）植物抗病性的表现。病原物对寄主的反应一般可分为免疫、抗病、耐病和感病4种。

一种植物对某一种病原物而言，完全不感染的称为免疫，但有时将高度抗病的也称为免疫；一种植物对某种病原物具有抵抗能力，但不能完全避免被其侵染，寄主表现为轻微发病的，称为抗病；植物受某种病原物侵染后，表现典型症状，但对寄主的生长、发育、产量和质量等都没有明显影响的，称为耐病；寄主植物发病严重，症状比较典型，对质量和产量的影响也较显著的，称为感病。寄主植物的抗病性又称为免疫性。

（2）垂直抗病性与水平抗病性。植物的抗病性，按照寄主植物对于病原物生理小种特异性的有无，分为水平抗病性与垂直抗病性两类。垂直抗病性即小种特异性抗病性，它对病原物的某一个或多个小种是抵抗或免疫的，而对另一些小种是感染的或高度感染的，即仅对病原物某些小种具有抗病性。水平抗病性即非小种特异性抗病性，它对某一病原物的全部小种都具有同等水平的抵抗能力，其抗病效能通常是中度抗病性，但对病原物全部小种的抗病性都有效。垂直抗病性大多数表现为过敏坏死反应，不论是在田间自然条件下或在温室人工接种的条件下，都能表现出明显的抗性特征，其最高程度可以达到免疫，看不到病变。具有水平抗病性的品种，在单株或少量植株人工接种条件下，往往表现和感病品种差不多，但其群体在田间病害流行的条件下，可以显示出某些程度的抗病效果。因此，水平抗病性又称田间抗病性。水平抗病性往往在幼苗期表现得较为微弱，要到成株期才越来越明显地发挥作用。垂直抗病性多数是由单基因或寡基因控制着，在遗传上表现为质量遗传，杂交子一代的抗病性是显性，在杂交二代的抗感分离为3∶1。水平抗病性则大多数是微效基因控制的数量遗传，基因累加起来而起作用，其杂交二代分离是连续的，抗性大体上是常态的，植株不截然分离为抗病和感病两类。

垂直抗病品种在生产上表现为具有显著的抗病效果，但又易丧失其抗病力变为高度感病；水平抗病品种因不受病原物小种致病性变异的影响，因而能保持其持久的稳定性。

（3）阶段抗病性和生理年龄抗病性。植物的抗病能力随着植物的不同阶段存在差异，这种抗病性表现为阶段抗病性，如蔬菜幼苗猝倒病，在子叶期为易感阶段，幼苗长出真叶后，抗病能力逐渐增强。植物的抗病性还表现在生理年龄的差异上，如幼苗猝倒病多发生于植株幼嫩、木栓组织尚未形成以前，幼苗长大后，由于木栓组织形成而具抗病力。有些植株的器官或组织在衰老的情况下易被病原物侵染，而在幼嫩、生活力强的阶段则具有较强的抗病性，如甘蓝菌核病菌。

（4）环境条件对植物抗病性的表现。植物的营养条件也影响寄主的抗病性，如过多施用氮素肥料，植株生长幼嫩，容易被病原菌侵入为害；增加磷钾肥和某些元素，可以提高植株的抗病力。环境条件也可以改变寄主的抗病性，干旱常常削弱寄主的抗病力。由此可见，加强田间的栽培管理，提高植物的生活力，增强植物的抗病性，是防治病害的一项重要措施。

二、植物病害的发生过程

病原物从侵入寄主植物到引起病害的发生要经过一定的过程。它包括接触、侵入、潜育和发病 4 个阶段。但是，每一个阶段都是相互联系的，前一个阶段为后一个阶段做准备，后一个阶段是前一个阶段的继续。

1. 接触期

病原物的繁殖单位，如真菌的孢子、细菌的单个细胞、病毒的微粒、线虫的幼虫等，都必须先与寄主植物的感病部位接触，才有可能从体外侵入体内。如果根本不与寄主接触，病害也就无从发生。因此，避免或减少病原物与寄主植物接触，是防治病害的一种重要手段。病原物与寄主接触后，并不是都能立即侵入寄主体内，而是必须经过一定时间的活动，在这一段时间内，环境条件起着重要的作用。

2. 侵入期

侵入期，是指病原物的接种体接触到寄主植物的感病部位后，经过侵入前的寄主体外活动，到侵入寄主内建立寄生关系为止的这一段时期。植物的病原物除了极少数纯粹是体外寄生（如真菌的煤污病）外，绝大多数都是体内寄生物，所以病原物与寄主接触后，在适当的环境下必然是侵入到植物体内。

（1）侵入的途径。病原物在寄主体外可以直接穿过植物表皮的角质层或者通过植物的自然孔口（如气孔、水孔、皮孔、花柱、蜜腺等）及伤口（如虫伤、机械伤、斑伤、冻伤、自然裂伤）等途径侵入。各种病原物都具有一定的侵入途径。病毒只能从微细的伤口侵入；细菌除从伤口侵入外，也可以由自然孔口侵入；真菌除从伤口、自然孔口侵入外，部分真菌、线虫和寄生性种子植物还可以直接从正常无孔口、伤口的表皮侵入。

（2）侵入的过程。

1）真菌。真菌侵入途径包括直接穿过寄主表皮层、自然孔口和伤口三种方式。但是，各种真菌的侵入途径不完全一样，从植物表面直接侵入的真菌和从自然孔口侵入的真菌，一般寄生性都是比较高的，如霜霉菌、白粉菌等，从伤口侵入的真菌，很多都属于寄生性较弱的真菌。

真菌大多数是以孢子萌发后形成的芽管或者以菌丝侵入的。典型的过程是：孢子萌发产出芽管，芽管顶端与寄主表面接触时，可以形成附着器，附着器分泌黏液，能将芽管固着在寄主表面，然后从附着器产生较细的侵染丝，直接穿透寄主表皮角质层侵入体内。无论是从自然孔口、伤口侵入还是直接侵入，孢子萌发时产生的芽管，都可以形成附着，其中以从角质层直接侵入的和从自然孔口侵入的比较普遍，从伤口侵入的绝大多数不形成附着器，以芽管直接从伤口侵入。

从表皮直接侵入的真菌，侵染丝必须穿过寄主的角质层和细胞壁。侵染丝穿过角质层被认为是一种机械压力作用，穿过细胞壁是分解酶的作用。角质层越薄，侵染丝越容易侵入，有些寄主缺角质层，侵入更容易。病原真菌无论是从气孔侵入还是直接侵入，进入体内后，孢子和芽管里的原生质随即向内输送，并发育形成菌丝体（见图 1—4）。

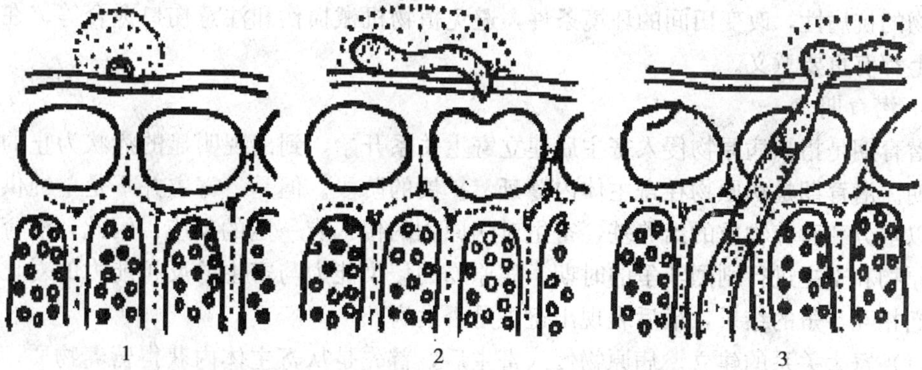

图 1—4　灰霉菌向豌豆叶表皮细胞的直接侵入

1—表皮上水滴中的孢子　2—孢子萌发后形成附着器及侵染丝穿过角质层

3—侵染丝穿过表皮细胞壁进入细胞内膨大形成粗菌丝

2）细菌。植物病原细菌缺乏直接穿透寄主表皮角质层侵入体内的能力。细菌侵入途径包括自然孔口和伤口两种方式。细菌都可以从伤口侵入，但能从伤口侵入的细菌不一定都能从自然孔口侵入。经由自然孔口侵入的植物病原细菌，都有较强的寄生性，属于这一类病原细菌的，主要是黄单胞菌属和假单胞菌属的细菌。凡是寄生性比较弱的，则多数是从伤口侵入，如欧氏杆菌属的细菌。

3）病毒。病毒缺乏直接从寄主表皮角质层和自然孔口侵入的能力，只能从伤口侵入。由于病毒是专性寄生物，在植物细胞受伤但不丧失其活力的情况下，病毒才能侵入。由昆虫传播入侵的病毒也是从伤口侵入的一种类型。

4）其他。植物寄生线虫有外寄生和内寄生两种寄生类型，但也有开始是外寄生，后期也营内寄生生活的。外寄生的植物线虫，只以吻针吸取植物汁液，线虫不进入植物体内。内寄生的植物线虫，多从植物的伤口或裂口侵入，也有少数从自然孔口侵入或从表皮直接侵入。病原物侵入后还必须与寄主建立寄生关系，否则仍然不发病。病原物的侵入，前提要保证一定的数量，数量多，才易引起发病。植物病毒病的病株汁液只能稀释到一定的限度，超越限度范围即失去侵染能力。植物病原细菌单个细胞也不易使寄主发病。除了锈菌单个孢子能使寄主发病外，绝大多数真菌，需要大量孢子才易引起侵染。因为病原物的量多，侵入的可能性大，同时还可以依靠集体的力量，突破寄主对病原物的防御。

侵入期是传染性病害侵染过程中的重要环节，在病害防治上占有重要地位。病原物侵入前都是在寄主体上，最易受外界物理、化学和生物等因子作用而死亡，所以这一个时期是病原物生活史中最薄弱的一个环节，也是病害防治最有利的时机。目前，较常用的杀菌剂大多数是保护性的，病原物侵入后就失去作用，得不到预期效果。此外，在制定病害防治的措施时，要注意病原物侵入前对环境条件的要求，加强田间栽培管理，增强植物的抗病性，改变田间的环境条件，避免植物机械损伤和注意伤口愈合等，在病害防治上都有重要意义。

3. 潜育期

潜育期是指从病原物侵入寄主后建立寄生关系开始，到出现明显的症状为止的这一段时期。潜育期是病原物在寄主体内蔓延、扩展的阶段。但是，寄主并不是单纯供给病原物以水分和营养物质的给养基，寄主对病原物的侵入有一定的反应。因此，潜育期也是病原物和寄主进行剧烈斗争的时期。病原物的侵染能力与寄主的反抗能力的对比，决定它们相互斗争的结果，最后表现出寄主是否发病。

（1）寄生关系的建立。病原物侵入寄主后，首先是从寄主体内获得营养物质。病原物从寄主获得营养的方式大致可分为两种类型。第一种方式是病原物先分泌毒素或酶，把寄主的细胞和组织杀死后，才从死亡的细胞组织中吸取养分，这是一种以腐生的方式获得营养建立寄生的关系。第二种获得营养的方式是病原物只能从寄主的活细胞中吸取养分，被侵袭的细胞在病原物通过之后可能死亡时，在死细胞组织的病原物也随之死亡。如果病原物还没有到达，寄主细胞已死，病原物就缺乏继续向前扩展的能力。属于这一类的病原物包括全部的专性寄生物和一部分非专性寄生物，这些寄生物的寄生性都比较强，不需要预先分泌毒素等物质把寄主的细胞和组织杀死，而是直接从活的细胞和组织中汲取养分。

(2) 环境和寄主对潜育期长短的影响。各种病害的潜育期是不同的，潜育期的长短决定于病原物的生物学特性、寄主植物的种类和生长状况以及环境因素等方面。

1) 温度。病原物侵入寄主后，对其所需的水分和营养物质，随着寄生关系的建立，基本上已得到满足，但外界温度的变化直接影响病原物在寄主内的生长发育。因此，温度不同，潜育期的长短也不同。如黄瓜霜霉病菌侵入后，在 20～24℃时潜育期最短仅 4～5 天，如气温高于或低于这个温度，潜育期则需 8～10 天。植物病毒病在不同环境下，症状表现差别也很大。如油菜花叶病毒病在 20～24℃时，潜育期最短仅 5～7 天就出现症状，但在初冬田间条件下接种，则需 28 天左右。

2) 植物的种类和生长状况。同一病原物在不同的寄主植物上或同一植物的不同发育阶段，其潜育期的长短也有差别。黄瓜枯萎病菌人工接种在黄瓜幼苗上，潜育期为 5～7 天，成株期为 10～15 天，长者可达 1 个月。蔬菜软腐病菌在 20～24℃下接种胡萝卜上，18～36 小时后即显症状，但接种在芜菁上，潜育期则延长到 5～6 天，如接种在大白菜的叶柄上只需 1～2 天。此外，马铃薯含水分多而氮化物少，晚疫病菌在其组织中长得特快，潜育期也短。

4. 发病期

寄主植物被病原物侵染经过一定的潜育期后，在其外表出现症状而进入发病期。实际上，在潜育期间，植物已开始发病，只是当潜育期结束时症状表现得更为明显。

在发病过程中，由于病原物的种类不同，症状表现差异很大。真菌和细菌病害随着症状的发展，不仅在寄主受害部位发生各种类型的症状，还产生各种类型的病症，病症的出现可能是在症状一开始时就表现出来，也可能是在症状发展到一定阶段后才表现，而且症状大多数是在死组织上产生的。

三、植物病害的侵染循环

侵染循环是指病害从前一个生长季节开始发病，到下一个生长季节再度发病的过程。侵染循环是病害防治研究的中心问题，因为病害防治措施主要是根据其侵染循环的特点为依据的。传染性病害的侵染循环主要包括 3 个方面：初次侵染和再次侵染，病原物越冬和越夏，病原物的传播。

1. 初次侵染和再次侵染

越冬或越夏的病原物，在寄主植物生长期间第一次侵染的，称初次侵染。病原物在初次侵染的病株上，产生繁殖器官后又传播到健康植物上为害。如是在寄主植物生长期间反复进行的，称为再次侵染。初次侵染的病原物主要来源于越冬或越夏的病原物；再次侵染的病原物，主要是来自当年寄主上产生的病原物。

传染性病害在侵染上有两种情况，一种是在寄主植物整个生长期间只有初次侵染，没有再次侵染；另一种是发生初次侵染后，还发生再次侵染。只有初次侵染的病害一个生长季节只发生一次，再次侵染的病害一个生长季节发生多次，其次数多少，决定于寄主植物的生长期长短和环境条件，特别是温度和湿度。大多数作物的病原物都有再次侵染，如葡萄霜霉病、黄瓜炭疽病、番茄病毒病。如果环境条件对病害发生有利，病原物在寄主体内的潜育期短，再次侵染的次数就相应增多，病害扩大蔓延迅速；如果环境条件不适宜，病害发展就缓慢，再次侵染的次数也少。

2. 病原物越冬和越夏

越冬和越夏，是指病原物怎样度过寄主的休眠期而成为下一个生长季节的侵染来源。一般情况下，植物是在冬季休眠的，气温低也不利于病原物生长发育，因此病原物的越冬问题就显得突出。

病原物越冬和越夏的场所，一般就是下一生长季节病害的病原物初次侵染来源。所以，及时消灭越冬和越夏的病原物，对减轻下一季节病害的程度有重大意义。

病原物有各种各样的越冬或越夏方式，如真菌以休眠菌丝体在病残体内，或产生休眠孢子或其他休眠结构物留存在土中越冬或越夏。病原物的主要越冬或越夏场所有下列几个方面。

（1）田间病株。在寄主内越冬或越夏是病原物的一种休眠方式。如白菜霜霉病菌在北方以休眠菌丝体在采种株内越冬，第二年就在病株内继续生长发育。黄瓜花叶病毒的寄主范围很广，包括田间很多杂草植物，在寄主中断期间，黄瓜花叶病毒可以通过虫媒传播到杂草上，并在其地下根部越冬，到第二年又从越冬的杂草上，通过蚜虫传播到黄瓜上。

（2）种子、苗木及其他繁殖材料。种子、苗木和其他繁殖材料作为病原物越冬或越夏的场所，也有各种不同的情况。种子携带病原物可分为种子间（油菜核病菌核）、种子表面（瓜类细菌性角斑病）和在种子内（大豆花叶病毒）。了解种子携带病原物越冬或越夏的情况，对于播种前进行种子处理具有实践的意义。无性繁殖器官携带病原物也很普遍，如马铃薯病毒病（病毒）、马铃菌环腐病（细菌）、马铃薯青枯病（细菌）、洋葱霜霉病（真菌）等，病原物都是在薯块或鳞茎内越冬，并且是第二年生长季节初次侵染的来源。

（3）土壤。病株的残体或在病株上产生的病原物都很容易落在土壤里。因此，土壤也是多种病原物越冬或越夏的场所。有些病原物以休眠孢子或休眠结构在土中能较长时间生存下去，其存活时间长久与土壤的环境条件有关，一般是土温较低和干燥的环境，容易保持其休眠状态，存活的时间较长；土壤温度高、湿度大的，存活的时间就短。如油菜菌核病菌的菌核在较干燥的环境下可存活一年以上，如浸泡在水中，一个月即腐烂死亡。

病原菌（真菌和细菌）可以在土中进行腐生生活，其生活方式分为两类，一类只能在病残体上存活，当病残体在土中分解腐烂后，即不能单独生存而逐渐死亡，这一类病原菌称为土壤寄居菌。土壤寄居菌在土壤中越冬或越夏的期限，决定于病残体在土中分解腐烂的速度，大部分病原真菌和细菌都属于这一类型。另一类在土中适应性强，能单独在土壤中生活并且能够繁殖，称为土壤习居菌，属于这一类病原菌大多数是真菌，如腐霉菌、疫霉菌、镰刀菌等，也有少部分是细菌，如青枯病菌能在土中存活多年。在土中越冬的病原菌存活期限除受环境直接影响外，生物因素也是一个重要因素，特别是土壤中存在大量腐生性微生物时，可加速病残体分解，其中有些微生物可能对病原菌产生颉颃作用，如土壤中的木霉菌对黄萎病产生颉颃作用，可使黄萎病菌缺乏生存能力。在病害防治措施中，可以根据病原物在土中越冬的情况，采用轮作，改变土壤的环境条件，有效地利用土壤中的微生物等有效方法。

（4）病株残体。绝大部分非专性寄生物的真菌和细菌都能在病残体内存活一定的时间，也包括一部分植物病毒在内，如烟草花叶病毒在干燥的烟叶内，经过 30 年仍具有侵染能力。因此，作物收获后要进行田园清洁，把留在地面上的病残体集中处理烧毁、制造堆肥或深埋等或进行深翻，把地面上的病残体埋入土中以加速其分解，对于消灭越冬或越夏的病原菌都具有明显的效果。

（5）粪肥病原物可随同病株残体混入粪肥中。粪肥未经腐熟的，病原物即可保持其生活力，并随粪肥带到田里，作为病原物的初次侵染来源。所以在使用粪肥前，必须使其充分腐熟，把粪肥里含有越冬或越夏的病原物，通过发酵时的高温和病残体的分解，使其失去生活力。

在越冬或越夏场所的病原物必须传播到寄主植物上并与之接触后，才有可能发生初次侵染。寄主初次被侵染后，在受害部位产生的病原物繁殖器官又必须通过各种方法，在寄主植物之间进行传播，才能发生再次侵染。

3. 病原物的传播

病原物可以通过它本身的活动进行传播，如真菌的菌丝可以在土壤中生长，细菌可以在水中游动，线虫可以在土中移动，菟丝子可以利用其蔓茎扩大蔓延。但是这些传播方式仅仅是某些病原物所具有的一种生物学特性，而且传播的范围是局部性的。绝大多数病原物没有主动的传播能力，主要依靠自然因素和人为因素进行传播。自然因素中以风、雨水、昆虫和其他动物进行传播。在人为因素中，如调运带病的种苗，田间农业操作等所造成的传播最为重要。切断病原物的传播途径，是防治病害的一个有效方法。

（1）风力传播。风力传播又称气流传播。风力传播对真菌起主导作用。真菌的孢子体积小而轻，数量多，除了一些真菌孢子产生在子实体里面外，孢子成熟后很容易主动脱离母体，一遇空气流动很容易被风吹走或落在寄主植物上。这是风力传播的一种形式。细菌和病毒是不能由风力直接传播的，但细菌的菌痂和病残体也可随风吹走，一些带病毒的昆虫，可靠风力的影响进行远距离的传播，但后两者的传播方法都是间接的。

（2）雨水传播。植物病原细菌和一部分真菌的孢子，是由雨水或随水滴的飞溅传播的。细菌的细胞壁外有黏质物，因而许多细菌可以黏成一团紧贴在寄主体上；一部分真菌的孢子埋生在含有胶质物的子实体内，如分生孢子盘、分生孢子器等。细菌和这一部分孢子必须通过雨水溶解后才能散出，所以雨水是这类病原物传播不可缺少的条件。一般株间或在地面上的病原菌，由于雨滴反溅的作用，也可以把病原菌溅到无病的植株上，如番茄绵疫病菌多为害距地面较近的果实，就是靠雨水反溅，把地面上的病原菌传到果实上的。此外，土壤中的病原菌也可以随流水或灌溉水流动而传播。雨水传播大多数是近距离传播，防治雨水传播病害的措施主要是消灭初次侵染的病原菌，灌溉水要避免流经病田。

（3）昆虫传播。病毒传播与昆虫的关系最密切，与细菌也有一定的关系，但与病原真菌的关系较小。昆虫传播病毒，主要是通过它的口器在病株上吸食后，经过一定的时间再到健株上吸食，就能将病毒传到健株上，使之发病。昆虫传播病毒有不同的专化程度，各种类型昆虫传播病毒的能力有显著的差别。有的昆虫只能传播一种病毒，有的能传播多种病毒。传播植物病毒的昆虫，主要是半翅目刺吸式口器的昆虫，如蚜虫、叶蝉等，其中蚜虫传播病毒的种类最多。除昆虫外，少数螨类也是传播病毒的媒介。

（4）人为传播。人类在进行农业操作过程中，常常无意识地帮助了病原物的传播。例如，使用带有病原物的种子或繁殖材料，将含有病原物的肥料运入田中，就能把病原物传播到田里。在栽培管理过程中，如整枝、嫁接、打枝等，常常帮助那些通过汁液传染或接触传染的病毒病害扩散蔓延，但是上述两类传播都作用于短距离。病原物的远距离传播可以通过引种、农产品的运输等方式将病原物从一个地方传播到另一地方。所以人为传播所造成的危害性也很大，一种新的病害发生，大多是人为传播所造成的。对人为传播病害的防治，主要是加强田间管理，选用无病种子，施用腐熟肥料，加强植物检疫等。

综上所述，在寄主植物上的侵染程序，是从病原物与寄主受病部位接触开始的，经过侵入和潜育并表现症状，这是初次侵染。在发病部位产生病原物，并通过各种传播途径到达健株上进行再次侵染。在整个侵染循环过程中，病原物有一个时期处于活动阶段，称为活动期，活动期是指病原物侵染寄主植物的时期；另一个时期，病原物处于休眠阶段，称为休眠期，休眠期是指病原物停止侵染而处于休止状态。在一年的活动期中，有的病原物完成一次或多次侵染。初次侵染和再次侵染的病原物来源和传播的方法可能各不相同。植物病害侵染循环大致如图 1—5 所示。

4. 病害流行

植物病害在一个地区内或在一个时期内大量发生的，称病害流行。了解病害流行的规律是进行病害预测、开展大面积防治的理论基础。

（1）植物病害的流行有两种情况，一种是只有初次侵染而没有再次侵染或者再次侵染极为次要的病害。当田间出现病害后，病害不再上升或上升不明显，病害比较稳定，如土壤中的枯萎病菌，它能够较长时间在土中存活，度过作物中断期（越夏、越冬）的能力强，有较高的侵染率，因它没有或基本没有再次侵染，故发病株的数量决定于病原物在土壤的数量。另一种是有多次再次侵染的病害，病害在田间出现往往要经过一个由轻微到严重、由点到片的过程，这类病害流行主要决定于病原物的再次侵染，特别是风力传播的病害，如马铃薯晚疫病和葡萄霜霉病。属于这一类病害的，开始发病时大多数是零星出现的，待在寄主上发病后，其病原物的繁殖体又进行再次侵染为害，如此反复，田间病原物的数量在寄主生长期间不断增加。

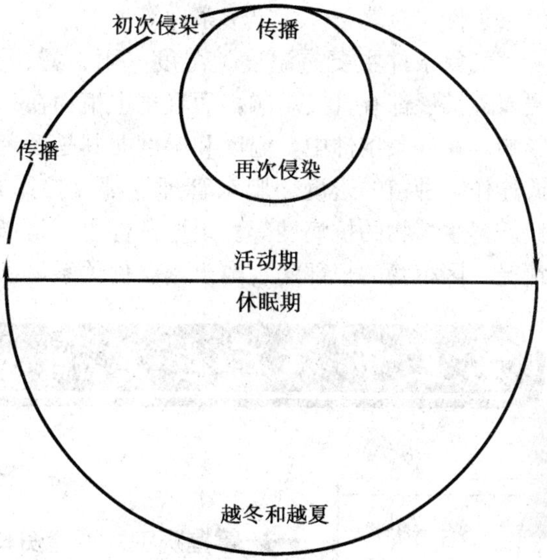

图 1—5　植物病害侵染循环示意图
（没有再次侵染的病害缺少中间的一环）

（2）病害流行的原因。传染性病害的发生是由寄主植物、病原物和环境条件三个因素的综合而引起的。传染性病害流行的条件与病害发生的条件基本上是一致的：

1）有大量的感病寄主植物。

2）有大量致病力强的病原物。

3）外界环境条件有利于病害的发生和发展。

每种病原物都有一定的寄主范围，没有感病植物的存在，病害就根本不可能发生，更没有病害流行的可能性。因此，感病植物的数量和分布，是病害能否流行和病害流行程度的决定性因素之一。

病原物的致病性和数量多少是病害流行的基本条件之一。对于未再次侵染的或再次侵染较为次要的病害，病原物的越冬或越夏的数量，即病原物初次侵染来源的密度在具备感病寄主和适宜的环境条件期，对病害流行起决定性作用；对再次侵染的病害，除初次侵染酌病原物的量外，在寄主植物生长期间的再次侵染次数，直接影响病原物在田间累积的量，病原物数量的多少，直接影响病害能否流行。

在寄主植物和病原物都具备的条件下，决定病害流行的是环境因素。环境因素包括气象条件、栽培条件、土壤条件等。

气象条件主要是温度、湿度（雨、露、雾）、光照等，这些因素对病原物的繁殖、侵入、扩展都有直接影响，而且寄主植物在一定的气候条件下，对病原物能否侵入也有影响。在气象条件中，温度和湿度尤其是后者对病害流行影响较大。栽培条件包括轮作或连作，种植的密度、肥水管理等都直接影响病原物在田间的数量，还有田间的小气候、寄主植物的抗病性等。土壤条件主要是指寄主植物根系和土壤中病原物的生长发育情况，因植物的根部病害与土壤条件关系最密切。

第三节 病虫害调查资料的整理与计算

培训目标 → 掌握病虫害调查资料的整理与计算

一、病害调查资料的统计计算

1. 普遍率

$$普遍率（发病率）=\frac{发病株数}{调查总株}\times 100\%$$

2. 平均严重率

$$平均严重率=\frac{各级严重率总和}{调查总株数}\times 100\%$$

3. 病情指数

$$病情指数=普遍率\times 严重率$$

二、虫害调查资料的统计计算

1. 虫（卵）株率

$$虫（卵）株率=\frac{有卵（或虫）株数}{调查总株数}\times 100\%$$

2. 孵化率

$$孵化率=\frac{初孵幼虫数}{总卵数（卵数+初孵幼虫数）}\times 100\%$$

3. 化蛹率

$$化蛹率=\frac{蛹数+蛹皮数}{总虫数+蛹+蛹皮}\times 100\%$$

4. 羽化率

$$羽化率=\frac{蛹皮数}{总虫数（幼虫数+蛹+蛹皮）}\times 100\%$$

5. 寄生率

$$寄生率=\frac{被寄生幼虫（或卵、蛹、成虫）数}{调查总幼虫（或卵、蛹、成虫）数}\times 100\%$$

6. 卷叶率

$$卷叶率=\frac{卷叶株数}{调查总株数}\times 100\%$$

7. 死苗率

$$死苗率=\frac{死苗数}{调查总苗数}\times 100\%$$

8. 断垄率

$$断垄率=\frac{断垄总长度}{调查总长度}\times 100\%$$

9. 被害率

$$被害率=\frac{被害株数}{调查总株数}\times 100\%$$

10. 每亩虫数

$$每亩虫数=\frac{调查总活虫数}{调查面积（平方米数）}\times 666.7$$

11. 越冬前虫口减退率

$$越冬前虫口减退率=\frac{越动前虫口密度-越冬后虫口密度}{越冬前虫口密度}\times 100\%$$

12. 防治效果

$$防治效果=\frac{防治前虫口密度-防治后虫口密度}{防治前虫口密度}\times 100\%$$

13. $蚜虫（叶螨）变动系数=\frac{本次调查蚜虫（叶螨）数}{五天前调查蚜虫（叶螨）数}$

三、植保专业统计指标解释

1. 全国统计的病虫草鼠对象

（1）统计当地主要农作物病、虫、草害种类。

（2）农田草害。不分草害种类，按作物类型分别统计。

（3）农田鼠害。不分鼠种，不分作物，按行政区进行统计。

（4）发生面积。指通过各类有代表性田块的抽样调查，其病虫发生密度（或为害率）达到防治指标的面积。尚未确定防治指标的病虫，按应治面积计算。对发生明显多代（次）病虫的发生面积，要按代（次）分别统计；一种病（虫）为害多种作物或一种作物同时发生多种病虫时，要按作物和病（虫）种类分别统计。草害发生面积是指达到二级以上的面积。

（5）防治面积。指各种病虫各次化学防治和生物防治的累加面积。化学防治面积包括有针对性的，且作为主要防治方法的种子药剂处理面积，其中水稻种子处理面积指为防治病虫采用药剂处理的秧田面积。在统计防治面积时应注意，各种病虫不同代（次）的防治面积要分别统计，同一代（次）病虫用药多次的，以各次用药面积累加计算。一次用药兼治多种病虫时，凡针对不同病虫对象自行加入相应农药混配防治的，要分别统计防治面积；一种农药（包括工厂生产的复配农药）兼治多种病虫时，只统计主治对象的防治面积。

（6）挽回损失。通过防治病虫草鼠后挽回的损失，即防治区比不防治对照区增加的产量。可以表达为：

挽回损失＝自然损失－实际损失

（7）实际损失。通过防治后仍因残存病虫草鼠害为害造成的损失。

统计实际损失和挽回损失时，注意一种作物发生多种病虫时的危害损失，不能机械地用这几种病虫各代（次）的危害损失进行累加的方法计算，应采用科学的方法进行综合估算。

（8）发生程度。按照全国统一的五级分级方法统计。这五级是：一级为轻发生，二级为中等偏轻发生，三级为中等发生，四级为中等偏重发生，五级为大发生。每级发生程度的标准，有全国统一标准的按全国标准统计，无全国统一标准的按照各省、自治区、直辖市制定的省级标准统计。发生程度分级的标准，应以该病虫在自然发生情况下的危害损失率为基础，再折算成在防治前可以取得的直观病虫密度等指标。

2. 农作物病虫主要防治措施

（1）播种面积。指当年各种农作物播种的总面积，以统计部门的数据为准。

（2）化学防治面积。指田间使用化学农药防治病虫的面积。井岗霉素等生物农药防治病虫害的面积在生防面积内统计，不在化学防治面积内统计。化学防治面积中的种子处理和土壤处理面积，只统计针对某种或某些病虫进行药剂种子处理和土壤处理面积。

（3）生物防治面积。指人工饲放天敌和微生物制剂防治病虫的面积，不包括天敌保护利用的面积。

1）人工饲放面积。人工繁殖释放或移植助迁某种天敌昆虫（螨类）防治害虫的面积。

2）微生物制剂防治面积。利用微生物农药防治病虫的面积，包括井岗霉素防治水稻纹枯病的面积，并在备注中注明井岗霉素的防治面积，不包括施用增产菌的面积。

病虫防治面积合计＝化学防治面积合计＋生物防治面积合计

（4）天敌保护利用面积。在田间采用有利于天敌生存繁殖的措施控制害虫的面积。

(5) 综合防治示范面积。只统计各地组织安排并完成的综合防治示范样板面积，其辐射面积不予统计。

3. 农药销售和库存量

(1) 农药品种。统计全国范围内使用量较大的杀菌剂、杀虫剂、除草剂、灭鼠剂、生物农药等。

(2) 销售量。包括生资部门和农业部门销售的农药数量。为防止重复统计，以统计县级农资部门和农业部门的销售量为主，并扣除销售至外省、外县的数量和生资部门批发给农业部门的数量。

(3) 年底库存量。指生资部门和农业部门年底农药的库存量。

(4) 计量单位。一律用100%有效含量（吨）。农药成品量折算为100%有效含量（吨）的方法是：

某种农药有效含量=农药成品量×该农药有效含量

4. 植保机械使用量

(1) 药械类别。按手动施药药械、背负式机动药械、担架式机动药械、拖拉机悬挂牵引式药械和手持电动药械分类统计。手持电动药械特指利用电池为动力的手持操作药械。

(2) 年底社会保有量。指当年年底用户手中完好能用的植保药械的拥有量。注意机动药械的平均寿命一般为6年，手动药械一般为4年。

(3) 当年供应量。指当年销售到本地区的药械总量，包括农资部门和农业部门的供应量。

5. 农药中毒情况

(1) 生产性中毒人数。指在生产活动中因违章施用剧毒农药而引起中毒的人数。

(2) 非生产性中毒人数。指在非生产性环节中，食用剧毒农药和带有农药残留的农产品而引起中毒的人数。

(3) 生产性死亡人数。指在生产活动中因违章施用剧毒农药引起死亡的人数。

(4) 非生产性死亡人数。指在非生产性环节中，食用剧毒农药和带有农药残留的农产品而引起死亡的人数。

以上数字均以卫生防疫站的统计数为准。

6. 植物检疫对象和新发生危险性病虫草发生防治情况

(1) 检疫对象。

1) 全国检疫对象。

2) 地方检疫对象。本省（自治区、直辖市）行文补充的检疫对象的情况。

3) 新发生危险病虫草。指在本省（自治区、直辖市）有发生但未列入全国或地方检疫对象的检疫性病虫草害，包括国外或国内其他地方传入的。

(2) 发生范围。指已发生的检疫对象所涉及的范围。统计到乡及乡所涉及的县，如一个县有3个乡发生，另一个县有1个乡发生，应填2县4乡。

（3）调查面积。为摸清检疫对象发生情况而进行调查的面积（不含代表面积）。

（4）发生面积。指经调查有检疫对象发生的实际面积，其中病害发生面积按病株率计算，0.1%以下为零星发生，0.1%～1%为轻发生，1%以上为重发生。虫害以田间被害株率计算，标准同病害。仓虫以样品中平均每千克活虫头数（包括成虫、幼虫蛹）计算，1头以下为零星发生，1～5头为轻发生，5头以上为重发生。

（5）疫区范围。指按法定程序，由农业部或省（自治区、直辖市）政府正式公布的疫区所涉及的范围，不考虑实际发生范围有无变化。其填报计算方法同"发生范围"。

（6）防除情况。指利用化学药剂及其他有效措施如拔除病株、改种、使用抗病（虫）品种等防除检疫性病虫草的面积。化学药剂防治面积和其他措施防除面积应分别统计。种子消毒处理在化学药剂防治面积内统计。

7. 植物检疫情况

（1）产地检疫。填写植物检疫机构在作物生长季节到田间对种子、苗木及应施检疫的植物、植物产品进行的，旨在为出具产地检疫合格证提供依据的检疫检查的实际面积。

1）签证合格种苗数量。指经专职检疫人员检疫合格并发给产地检疫合格证的种苗数量。

2）按规程生产种苗面积。指按照检疫操作技术规程生产的无检疫性病、虫、草害种苗的实际面积。

（2）省际间调运检疫。填写种苗及应施检疫的植物、植物产品跨省交换、调运时实施的检疫检验批次和数量，包括直接抽样检验后出证和凭产地检疫合格证获取检疫证书的批次和数量。

（3）国外引种。填写各省（自治区、直辖市）植保植检站根据有关法规规定，办理从国外引进种苗检疫审批的批次和数量。

（4）违章处理。填写植物检疫机构在执法中，发现并处理违背植检法规交换或调运应检货物的批次和数量。

（5）植物产品。指国家或地方有关规定的应施检疫的植物产品。

8. 植保服务组织及有偿服务

（1）植保服务组织。指经县和县以上农业厅（局）认可的植保服务组织，包括植保公司、植物医院、植保专业队等。

（2）有偿服务情况。主要统计植保服务的经营及收入情况。

（3）承包面积。指植保服务组织为农民提供的承包、代治病虫的面积。

（4）咨询服务。指在病虫防治季节为农民提供植保技术咨询服务的人次。

9. 农作物病虫灾害情况

（1）受灾面积。是指遭到病虫明显为害的面积，即现在统计的发生面积。

（2）成灾面积。指因病虫为害造成减产三成以上（不含三成）的面积。

（3）绝收面积。指因病虫为害造成减产八成以上（不含八成）的面积。

第四节　主要农作物病虫害及天敌的识别

培训目标 → 掌握主要农作物病虫害及天敌的诊断识别技术

一、病害的诊断

1. 小麦病害诊断（见表 1—1）

表 1—1　小麦病害诊断

主要为害部位	病名	主要为害状	其他为害状
叶	白粉病	叶片表面产生许多灰白色粉状霉层，后变污黑色，并生有黑色小点	叶鞘、茎秆和穗部也受害
	叶锈病	叶片上散生小而圆的橙黄色夏孢子堆，后期黑色冬孢子堆生在叶背上	叶鞘也受害，产生同样的夏孢子堆和冬孢子堆
	条锈病	叶面产生的夏孢子堆连接成断续短条状，鲜黄色。表皮开裂不明显，后期冬孢子堆发生在叶鞘和叶片背面	护颖上也受害，产生夏孢子堆
	秆锈病	同茎秆	
	秆黑粉病	为害叶片、叶鞘和茎秆，产生褐灰色长条斑。后期纵裂散出黑粉，病株矮化，分蘖增多，不能抽穗而早期死亡	
	斑点病（根腐病）	叶片和叶鞘上病斑椭圆形或梭形，褐色，病斑可汇合成大枯死斑	幼苗根和茎基发生褐色腐烂；成株后期造成根冠腐烂。种子受害形成黑穗轴，颖壳也能受害
	雪腐病	多从叶尖、叶缘或剑叶弯曲部开始发病，病斑长椭圆形、梭形或半圆形；剑叶鞘受害变褐枯死。在长期深雪覆盖的地区发生叶片霉烂的红色雪腐症状	类似赤霉的穗腐症状
	叶枯病	叶片上形成不规则的黄褐色大斑，上面散生小黑点，严重时引起叶枯	叶鞘和护颖偶尔受害
	黑颖病	颖壳上有不规则水渍状斑块，淡褐色	
	叶斑条斑病	病斑黄白色，边缘褐色，密生黑色小点	

续表

主要为害部位	病名	主要为害状	其他为害状
茎	赤霉病	茎秆节上部枯死，呈黑褐色	
茎基和根	全蚀病	抽穗前后田间局部成块麦株生长受制，叶片、茎和穗退色，主根、茎基干腐，叶鞘内面产生褐色菌丝层，表面散生凸起的小黑点	病菌的不同变种可为害大麦、黑麦、燕麦、玉米及水稻
	鞘腐病	叶鞘基部变黄褐色，产生大量褐色小点	主要发生在生长后期
	基腐病	茎秆基部变褐腐烂，上生小黑点	
	白绢病	茎基和根枯腐，病部产生白绢状菌丝和棕褐色小菌核	
	纹枯病	多从基部叶鞘发病，产生深褐色云纹状病斑，病部表面附生白色蛛丝状菌丝和褐色小菌核	烂芽、死苗、烂茎，枯孕穗及枯白穗
	根瘿线虫病	病株生长迟缓，株矮，叶小，变黄枯卷，根尖是螺旋形或肾脏形肿大的根瘿	寄主还有大麦、野燕麦等多种禾本科植物
穗	黑霉病	颖壳上产生黑色霉层	植株各部均可受害，产生黑霉，大多腐生
	黑点病	颖壳上病斑近椭圆形，暗白色。边缘褐色，上面密生小黑点，病斑，扩展至种皮，形成褐斑	叶片上病斑与颖壳上相似，严重时引起叶枯，发生在生长后期
	颖枯病	护颖上产生深褐色斑点，上面散生小黑点，严重时影响结实	叶片和茎节上形成褐斑
	黑颖病	护颖及外颖上有黑褐色斑点，病穗中种子受害后干缩	
	颖壳斑点病	护颖上产生深褐色斑点，上面散生小黑点，严重时影响结实	
	粒线虫病	病穗护颖张开，子房为虫瘿替代，虫瘿黑褐色，短而圆，坚硬	苗期叶片和茎可发生卷曲

2. 玉米病害诊断（见表 1—2）

表 1—2　　玉米病害诊断

主要为害部位	病名	主要为害状	其他为害状
叶	霜霉病	病斑浅黄色条纹状，病株矮小，一般不结实，早枯，病斑背面生灰白色霜状霉层	
	南方锈病	叶片上散生肉桂褐色夏孢子堆及棕褐色冬孢子堆	叶鞘、苞叶及雄穗也受害
	普通锈病	叶片产生淡褐色的夏孢子堆和黑色的冬孢子堆，表皮开裂明显	
	霉斑病	叶片上病斑褐色，无明显边缘，背面生灰色霉层	
	小斑病	叶斑小而多椭圆形，黄褐色，有 2～3 圈深褐色轮纹。多数病斑可汇合成大斑，叶鞘上也产生同样的病斑	苞叶、雄花也受害
	圆斑病	叶斑呈长椭圆形至不规则形，褐色，边缘颜色较深，病斑两面生黑色霉层	
	大斑病	多发生在生长后期，叶斑大而少，长梭形，淡褐色至青褐色，边缘暗褐色，上生黑褐色霉层，严重时叶片枯死	叶鞘和苞叶也受害
	眼斑病（北方炭疽病）	叶斑椭圆形或长圆形，中央灰白色，边缘褐色	叶鞘、子粒也受害
	黑束病	病株生长前期无症状，后期维管束变褐色至黑褐色，下部叶片退绿以致早期枯死，茎基往往干腐	
茎秆	干腐病	植株近基部或病穗附近的茎秆节间产生褐色、紫红色或黑褐色的大型病斑，叶鞘和茎秆内常蔓生菌丝，后期枯死组织产生大量小黑点	果穗也受害，偶尔引起幼苗枯死和叶斑
	基腐病	玉米植株中部的叶鞘和茎秆上发生水渍状腐烂，组织软化，并有臭味	
茎基和根	根腐病	根部腐烂，组织软化	
	苗枯病	苗矮缩、萎蔫	
	丝黑穗病	整个雌穗和雄穗或其中一部分为黑色粉状孢子堆替代，早期有白色包膜，破碎后黑粉飞散，残留乱发状维管束组织	

续表

主要为害部位	病名	主要为害状	其他为害状
穗	木霉病	多发生于果穗上，受害子粒变褐腐烂，上生绿色霉状物	
	赤霉菌穗病	①果穗多从顶端开始发病，果穗上部或整穗腐败，子粒黄褐色，表面生粉红色霉状物 ②果穗上局部子粒霉坏	
	干腐病	一般多从穗基部开始发病，后向上蔓延，全部或局部子粒霉坏，皱缩，呈黄褐或黑褐色，子粒间分布有白色或灰黑色菌丝，穗轴和子粒上生小黑点，病穗僵化、变轻	
	瘤黑粉病	穗上产生局部性瘤肿，外有白色至青灰色包膜，破碎后黑粉飞散	基部和叶片可产生同样瘤肿
	粗缩病	植株矮缩，叶色深绿，叶厚而僵，沿中脉有透明的条点，一般不抽穗	
	条纹矮缩病	出现退绿纹，中间出现褐色不规则坏死，病株矮化	
	矮花叶病	在玉米苗期叶片上形成退绿条斑，植株矮缩	

单元 1

3. 棉花病害诊断（见表 1—3）

表 1—3　　棉花病害诊断

主要为害部位	病名	主要为害状	其他为害状
幼苗	炭疽病	茎基部产生红褐色条斑，纵裂，皮层腐败，幼苗枯死。子叶上病斑多发生在叶缘，红褐色，半圆形	锦铃腐烂，茎叶也可受害
	褐斑病	子叶上病斑圆形，黄褐色，边缘紫红色，稍隆起，上生小黑点，受害严重时子叶早落，棉苗枯死	真叶也受害
	立枯病	受害棉苗基部病斑黄褐色，环绕整个茎基，病部溢缩，呈湿腐状，病苗猝倒枯死。子叶上病斑不规则形黄褐色，多发生在子叶中间部分，常形成穿孔病苗及周围土壤可见到病菌的菌丝体	
	疫病	茎基部腐烂变褐干缩，病苗倒伏或枯萎，子叶病斑水渍状，深绿色圆形或不规则形，第一、二片真叶偶有发病	可危害棉铃引起烂铃

续表

主要为害部位	病名	主要为害状	其他为害状
叶	褐斑病	叶斑圆形，黄褐色，边缘紫红色，中央散生小黑点	幼苗子叶受害较重
	黑斑病	主要为害子叶，病斑近圆形或不规则形，褐色，有或无轮纹病部生黑色霉层	
	轮纹斑病	叶斑不规则形，有明显轮纹，病部产生黑色霉层	
	角斑病	病叶初为水渍状不规则斑，后为褐色角斑，表面菌脓常沿叶脉发生	铃也受害

4. 向日葵病害诊断（见表1—4）

表1—4　向日葵病害诊断

主要为害部位	病名	主要为害状	其他为害状
叶	斑点病	叶斑轮廓不明显，略呈多角形	
	黑斑病	叶斑圆形，褐色，中心灰色，周围有黄色晕圈	茎秆、叶柄也受害
	褐斑病	叶片上产生圆形、多角形或不规则形褐色大斑，周围有黄色晕圈，上面密生小黑点，病斑可连接成片，使叶片干枯	茎和叶柄上斑呈狭条形，黄褐色
	细菌性叶斑（斑点病）	叶片上产生水渍状多角形病斑，后变黑褐色，周围有浅绿色晕环	
	花叶病	叶片上出现环斑，或沿叶脉变色，叶片伸长，叶柄扭曲	桃蚜及烟蓟马可以传病
	白粉病	叶片上产生白色粉霉层，后期上面散生黑色小粒点	叶柄、茎和花萼也受害
	锈病	叶片上产生褐色夏孢子堆，后期产生黑色冬孢子堆	

5. 油菜病害诊断（见表 1—5）

表 1—5　油菜病害诊断

主要为害部位	病名	主要为害状	其他为害状
叶	白粉病	叶片上产生白色粉霉状斑，后生黑色小粒点	
	霜霉病	叶斑黄绿色，不规则，后干枯变褐色，叶背产生白色霜霉	
	白锈病	叶背产生白色疱状病斑，后破裂散出白粉	
	白斑病	叶斑圆形，中央灰白色，周围浓绿色，后期病斑白色，半透明，形成穿孔	
	黑腐病	叶缘 V 形坏死斑，叶脉变黑坏死	
	黑斑病	叶片上产生油渍状斑点，淡褐色至褐色渐变黑褐色，多角形	茎及花梗上产生黑色条斑，种荚上产生圆形或不规则形凹陷病斑
	炭疽病	叶斑小，圆形，初为苍白色水渍状，后变青褐色，边缘褐色稍隆起，最后病斑中央为灰白色至白色，易形成穿孔	茎部病斑长圆形或梭形，淡褐色至灰褐色
茎基	菌核病	茎基部衰老叶片及叶柄首先发病，产生水渍状黄褐色至暗褐色病斑，后蔓延至茎部，由黄褐色变灰白色，组织软腐空洞，皮层碎裂如乱麻，故称白秆或麻秆，茎内外生有白色菌丝体及黑色鼠粪状菌核	
根	芸薹条黑粉病	病根形成肿瘤，内生冬孢子堆，含黑色粉末状的冬孢子球	
花序	白锈病	花序徒长畸形，花梗肿大，花器变肉质叶状，病部颜色黄绿，上生白色疱状病斑，种荚多萎缩，不结实或结实不丰满	
	霜霉病	花序可发生畸形肿胀，病部淡绿色上生白色霜霉。花梗病斑长圆形，黑褐色	
	黑斑病	甘蓝花梗及种荚上产生褐斑，严重时花薹变黑焦枯，上有黑色霉层	
全株	软腐病	根及茎基软腐，植株失水枯萎，叶松散软垂，有臭气	
	花叶病	白菜型油菜上表现为典型花叶状	蚜虫传病

6. 水稻病害诊断（见表1—6）

表1—6　　水稻病害诊断

主要为害部位	病名	主要为害状	其他为害状
秧苗	恶苗病	秧苗徒长	成株徒长，通常在抽穗前死亡而不结实，称为白秆病
	水稻烂秧病	烂种和秧苗黄萎枯死，病种和病秧周围可见白色半透明水霉	
	霜霉病（黄化萎缩病）	植株黄化矮缩，叶片上出现黄白色斑纹，不形成局部坏死	植株黄化萎缩，穗部畸形或被叶鞘包裹，不能抽出
	稻瘟病	叶片上出现梭形病斑，红褐至黄褐色，严重时根部腐烂，秧苗成片枯死	
	白叶枯	叶缘有波纹状黄白色病斑，心叶青枯，幼苗凋萎	
	条斑病	叶上有短条斑，水渍状，半透明	
	苗腐病	秧苗腐烂枯死	
	褐斑病	秧叶上有褐色圆斑	
	基腐病	稻苗青枯或枯萎，茎基部2～3节褐色腐烂，有臭味	
	叶黑粉病	叶片和叶鞘沿叶脉产生黑色断续条斑，稍隆起，严重时叶片碎裂	
叶	稻瘟病	叶斑梭形，灰绿色，边缘深褐色，潮湿时背面生灰绿色霉层，严重时全叶焦枯	茎秆节部病斑褐色或黑褐色
	窄条斑病	叶片上病斑狭条形，褐色，天气潮湿时，叶背生灰黑色霉层	叶鞘、茎秆和穗也受害
	叶斑病	叶上形成叶斑	种子上也可带此病菌
	干尖线虫病	叶尖灰白扭曲，干尖部分与下面绿色部分界线明显，有一条不规则弯曲的深褐色油渍状界纹	
叶鞘	恶苗病	株徒长，基部茎节和叶鞘变褐色，产生不定根，一般在抽穗前死亡	苗期表现为徒长，故称为恶苗病

续表

主要为害部位	病名	主要为害状	其他为害状
鞘茎基和根	褐鞘病	基部叶鞘变褐色，内表面产生菌丝层	多发生在生长后期
	根结线虫病	为害须根，尤以根尖为重，形成根结，严重时地上部矮化，发黄	
	矮化线虫病	根系生长受抑制，植株发黄，矮化，停止生长	
	茎线虫病	线虫刺吸嫩叶和茎，引起茎、叶变形，病株矮化，叶鞘及叶片上有褐色斑点，表面有皱折，嫩茎、幼穗扭曲畸形，子粒多萎缩不实，在田间呈白穗状	幼虫在种子内越冬
	纹枯病	为害叶鞘，尤其是基部叶鞘产生不规则云纹状病斑，上面形成褐色菌核，菌核以少量菌丝联系于病部表面，容易脱落，严重时扩展到叶片和穗部，并引起植株倒伏	
	褐色菌核病	叶鞘上产生椭圆形病斑，中央灰褐色，边缘褐色，病斑大多汇合，茎部受害变深褐色而枯死，叶鞘组织及茎秆空腔内生有黑褐色小菌核	
	球状菌核病	受害叶鞘产生淡黄色病斑，病腔内生有黑色小菌核	
	灰色菌核病	受害叶鞘产生淡褐色病斑，最后枯死，枯鞘表面及内侧生灰白色至灰褐色菌核	
	赤色菌核病	叶鞘上产生梭形或长椭圆形病斑，扩展后包围叶鞘，中央淡黄褐色，周围深褐色，病鞘组织内及鞘间形成淡红色小菌核	
	黑粒菌核病	叶鞘上形成褐色不规则形病斑，受害谷粒变色，叶鞘内形成小的菌核	
	鞘枯病	叶鞘上形成不规则长圆形褐色病斑，中心色深，边缘色淡，叶脉凸起，颜色较深，叶鞘内侧也有深褐色病斑	颖片、颖壳也受害
	叶鞘黑点病	病斑长椭圆形，初黄褐色，后中部变灰白色或淡褐灰色，边缘褐色，中间生小黑点	叶片和颖壳也受害
	叶鞘腐败病	叶鞘不规则形，边缘褐色，中央灰色，有的病斑汇合，呈云纹状斑点，叶鞘内的幼穗全部或局部腐败，病叶鞘内有大量色菌丝	
	小球菌核病	近水面叶鞘上产生黑色纵向条斑或不规则大斑，表面生稀疏浅灰色霉层，病鞘内侧有菌丝块，茎秆受害，使垂部成段变黑软腐，后变成白色腐朽，病秆内有大量黑色菌核	
	小黑菌核病	症状与小球菌核病相似，但叶鞘上的黑色病斑较小，无纵坏死线，病鞘内侧不形成菌丝块，茎秆上病斑的黑线不明显	

续表

主要为害部位	病名	主要为害状	其他为害状
穗	粒黑粉病	危害稻穗个别谷粒。在颖壳合缝处长出白色至黑色舌状凸起，黑粉散附在颖壳表面	
	稻瘟病	穗颈及小枝梗发生褐色或墨绿色病斑，可围绕穗茎，病向上下发展，受害早的引起白穗谷粒，病斑椭圆形或不规则形，褐色或黑褐色	
	黑霉病	在受害的颖壳上产生许多小黑点	茎秆、叶片等也受害
	稻曲霉	危害个别的谷粒，形成墨绿色的粉块团	
	谷枯病	危害颖壳，在尖端或侧面产生褐色斑点，中央灰白色上面散生小黑点，可引起秕谷	
颖壳	褐斑病	颖壳上有大小不等的褐色斑块	
全株	矮缩病	稻株深绿色，矮缩丛生状，叶上有黄白色小点与叶脉平行排列成行	
	黑条病	植株矮缩，叶片深绿僵直，抽穗迟而小，结实不良，多数在叶背叶脉上出现蜡白色或褐色的隆状凸起	
	条纹叶枯病	粳稻发病重，心叶细长而枯黄，弯曲成弧形，上有退绿的条纹	
	簇矮病	丛生矮缩，分蘖很多，叶窄、退绿，有锈斑	

7. 甜菜病害诊断（见表1—7）

表1—7　　甜菜病害诊断

主要为害部位	病名	主要为害状	其他为害状
幼苗	蛇眼病（黑脚病）	幼苗茎基产生深褐色至黑褐色病斑，环切全茎，茎基溢缩，苗猝倒	叶、茎及块根也受害
	立枯病	幼苗茎基部呈暗褐色，凹陷溢缩，表面常有黄褐色菌丝体和棕褐色小菌核	根及根头部产生黑褐色根腐

续表

主要为害部位	病名	主要为害状	其他为害状
叶	霜霉病	为害嫩叶，产生黄绿色斑，有紫灰色霜霉	
	白粉病	叶背产生白色粉霉斑，生长后期上面形成黑色小粒点	
	锈病	叶片上产生黄褐色的夏孢子堆，后期有深褐色至黑色的冬孢子堆	
	褐斑病	叶斑圆形，褐色，中央色较淡，边缘紫褐色，上生灰白色霉层，容易形成穿孔，叶柄病斑卵圆形，稍凹陷	茎及种株花序也受害
	蛇眼病	病斑多出现在老叶上，呈圆形，黄褐色，有明显的轮纹，上生小黑点	
茎基和块根	黑胫病	茎基变黑	
	猝倒病（黑根病）	茎基变软，腐烂，小苗倒伏，根病变，黑褐色腐烂	
	蛇眼病	块根上病斑圆形，黑褐色凹陷，上面轮生小黑点，严重时外表龟裂	采种甜菜茎上产生褐色至黑色的坏死条斑，后中心部分变灰白色，稍凹陷，上生小黑点
	白绢病	主要在根冠部发生，后延及根部，病部变褐色腐烂，上有白色绢状菌丝和棕褐色小菌核	
	根癌病	近土面根冠部有不规则的癌肿，褐色，植株瘦小	
	软腐烂根病	根基腐烂，植株枯黄	
全株	甜菜黄化病	从老叶开始变黄，黄化是从叶片的顶端或边缘向下延伸。病叶变厚而脆，后期在最早表现变黄的部位发生坏死，不同病毒株系引起不同症状	
	甜菜花叶病	幼叶出现淡黄绿色的斑驳，老叶出现深浅绿的斑点状花叶，其特征为叶尖向后弯而叶缘皱曲，叶尖常出现坏死，有时叶片向内卷成管状或畸形叶	蚜虫传染
	甜菜皱缩花	开始叶脉呈半透明，以后叶脉肿大而不长，但叶肉继续生长，形成皱缩的叶片。此外，心部长出许多小叶，呈丛簇状	蝽象传染

单元 1

8. 瓜类病害诊断（见表 1—8）

表 1—8　　瓜类病害诊断

主要为害部位	病名	主要为害状	其他为害状
幼苗	疫病	引起小苗茎基腐烂，叶斑常呈不规则形，深绿色，水渍状，重病时全株枯死	可为害果实，引起果腐
	立枯病	茎基产生褐色凹陷病斑，后溢缩，有时上面可见褐色菌丝体，苗猝倒或枯萎死亡	根及根头部产生黑褐色根腐
	猝倒病	幼苗茎基呈黄褐色，水渍状腐烂，幼苗猝倒	瓜腐
叶	霜霉病	叶片产生多角形淡褐色病斑，叶背有霜霉，严重时叶枯死	茎、卷须及花梗也受害
	白粉病	叶背产生白色粉霉斑，生长后期上面形成黑色小粒点	叶柄和茎也受害
	白斑病（西瓜）	叶斑呈圆形或不规则形，黄褐色，以后逐渐变为灰白色	
	炭疽病（西瓜、甜瓜、黄瓜，南瓜）	西瓜叶片上病斑近圆形，水渍状，黄褐色，稍凹陷，后变黑色，有紫黑色晕圈，黄瓜上病斑呈红褐色，有黄色晕圈	蔓、果也受害
	细菌性角斑病（黄瓜、丝瓜、甜瓜）	叶片上产生水渍状的小斑点，多角形或不规则形，黄褐色，叶背有细滴状菌溢	果也受害
蔓	炭疽病（西瓜、甜瓜、黄瓜）	西瓜蔓和叶柄上病斑近圆形，褐色，水渍状，稍凹陷，后为黑色，黄瓜上病斑长圆形，由淡黄色变为深褐色至紫褐色，可汇合成不规则大斑，并发生龟裂	叶蔓也受害
	蔓割病（西瓜、甜瓜）	病蔓初于节部产生油渍状色斑，稍凹陷，并分泌灰白色脂状物，干后呈赤褐色，表面散生小黑点	
果	炭疽病	果实上病斑近圆形，淡绿色水渍状，后变深褐色至紫色，稍凹陷，可汇合成不规则形大斑，并发生龟裂	采种甜菜茎上产生褐色至黑色的坏死条斑，后中心部分变灰白色，稍凹陷，上生小黑点
	果腐（疫）病	果腐，病部水渍状，略变软，后期下陷，表面出现不发达棉絮状霉	可为害小苗
	绵腐病	果实上产生黄褐色水渍状斑，后期腐烂，表面有大量白绵状菌丝，上产生黄褐色水渍状斑，后期腐烂，表面有大量白绵状菌丝	幼苗猝倒

续表

主要为害部位	病名	主要为害状	其他为害状
茎基和根	枯萎病	根基腐烂，植株枯黄 ①西瓜受害，幼苗倒伏，瓜表现为典型萎蔫 ②黄瓜受害，根和茎基变褐色，水渍状腐烂，上有粉红色霉层，瓜蔓由下而上萎蔫	幼苗死亡和腐烂
	白绢病	茎基和根败坏，暗黑褐色，上有辐射状白色绢状菌丝和棕褐色小菌核	果实软腐
全株	甜瓜花叶病	叶片呈现深绿浅色斑驳，有时还出现许多深绿色小点，叶片上易出现畸形，果实上无特性症状	

二、病害及病原物的识别

1. 小麦病害

（1）小麦病毒病。

1）小麦条纹花叶病。在小麦上，1 叶期即可显现症状，先在叶端、叶缘或叶的基部出现断续而不规则的退绿条纹、斑点或花叶，3～4 叶期症状最明显，以后随着小麦不断生长，症状开始减轻或潜隐，直到旗叶完全不表现症状，也有一直表现症状的。病初症状多从叶片基部发出，已显症状的叶片，花叶并不消退，病部最后呈黄白色。病株一般可以拔节抽穗，但有不同程度的矮化，子粒较少。春麦发病较多而重，但不同品种和同一品种在不同地区有明显差异。在大麦上一般表现的是退绿条纹，上端的叶片一般保持正常的绿色，而下端则有退绿条斑，并且可以出现褐色不规则的坏死，病株有轻度的矮化。

2）小麦线条花叶病。多在早播冬麦出苗后半月左右陆续发生，最初在叶片上产生与叶脉平行的退绿条点，新长出病叶呈明显的条斑或斑驳，后沿叶脉退绿，成明显的黄绿相间的条纹，并从叶尖或叶缘一侧逐渐变黄，以至全叶变橘黄色。次年返青拔节后，老病叶逐渐黄化枯死，病株严重矮化，一些品种茎秆有拐节现象，病株穗小、粒少、子秕，千粒重降低。

3）小麦丛矮病。小麦丛矮病在早播冬麦秋苗期即可显症，病株先自心叶基部出现黄白色宽窄不一、长短不等的条点和条纹，后发展成黄绿相间的条纹，以后退绿的条纹逐渐消失。植株下部叶片深绿，上部叶片退绿，分蘖增多，蘖细弱、簇生并陆续死亡，很难越冬。轻病苗越冬后，或拔节前新感染的病株，除出现上述症状外，轻者叶色较深，叶质较厚，老叶逐渐变黄枯死，虽可抽穗，但小穗数、穗粒数及千粒重则因病情及感染早晚不同而有不同程度的下降。重者老叶黄化，心叶常呈黄白色，不能拔节抽穗，提前枯死。

（2）小麦细菌性条斑病。主要为害小麦叶片，严重时也可为害叶鞘、茎秆、颖片和子粒。病部初现针尖大小的深绿色小斑点，后扩展为半透明水浸状的条斑，继续扩展后变为深褐色条斑，故称细菌性条斑病。病部常有小颗粒状菌脓，内有大量细菌。小麦细菌性条斑病如图 1—6 所示。

图 1—6　小麦细菌性条斑病

（3）小麦雪腐病（见图 1—7）和雪霉病。小麦雪腐病和雪霉病多发生在积雪时间长的冬麦区，除小麦之外，大麦、黑麦等都可感染，但以小麦为主。这两种病在新疆北部冬麦区经常发生，是北疆积雪冬麦区的重要病害之一。雪霉病在新疆以近山冬麦区发生最重。

雪腐病主要为害小麦幼苗的根、叶鞘和叶片，一般易发生在积雪覆盖或刚刚融化的麦田。病株上初生浅绿色水渍状病斑，布满灰白色松软霉层，后产生大量黑褐色的菌核，肉眼可看到病部常有许多小黑点，即为菌核；病部组织腐烂、病叶极易破碎，此病在新疆发生较重。雪霉病受害叶片不易破碎，病部常产生粉红色霉层。

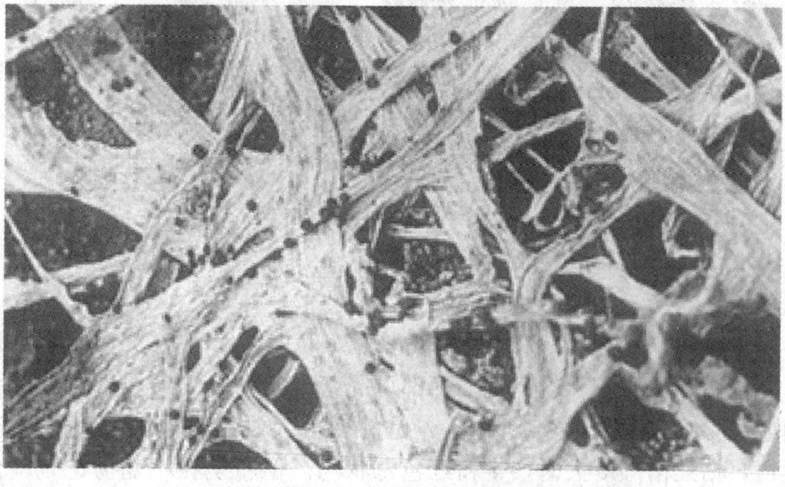

图 1—7　小麦雪腐病

（4）小麦全蚀病（见图 1—8）。小麦全蚀病又称小麦黑脚病。该病是一种典型根部病害，只侵染麦根和茎基部 1～2 节。苗期病株矮小，下部黄叶多，种子根和地中茎变成灰黑色，严重时造成麦苗连片枯死。拔节期冬麦病苗返青迟缓、分蘖少，病株根部大部分变黑，在茎基部及叶鞘内侧出现较明显的灰黑色菌丝层。抽穗后田间病株成簇或点片状发生早枯白穗，病根变黑，易于拔起。在茎部表面及叶鞘内布满紧密交织的黑褐色菌丝层，呈“黑脚”状，后颜色加深呈黑膏药状，上密布黑褐色颗粒状小点。该病与小麦其他根腐型病害的区别在于种子初生根和次生根变黑腐败，茎基部生有黑膏药状的菌丝体。

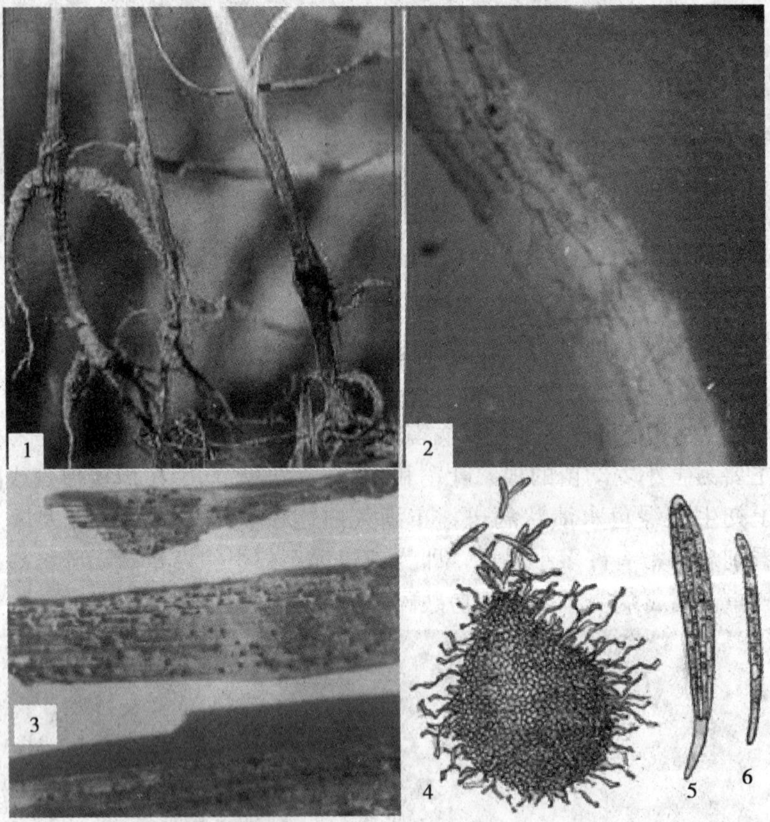

图 1—8　小麦全蚀病

1—茎基部表面条点状黑斑　2—茎秆上的菌丝层　3—叶鞘内的子囊壳

4—子囊壳　5—子囊　6—子囊孢子

（5）小麦赤霉病（见图 1—9）。又称麦穗枯、烂麦头、红麦头。主要引起苗枯、穗腐、茎基腐、秆腐和穗腐，从幼苗到抽穗都可受害，其中影响最严重的是穗腐。苗枯是由种子带菌或土壤中病残体侵染所致。先是芽变褐，然后根冠随之腐烂，轻者病苗黄瘦，重者死亡，枯死苗湿度大时产生粉红色霉状物。穗腐是在小麦扬花时，在小穗和颖片上产生水浸状浅褐色斑，逐渐扩大至整个小穗，导致小穗枯黄。湿度大时，病斑处产生粉红色霉层。后期其上密生蓝黑色小颗粒。用手触摸，有凸起感觉，无法抹去，子粒干瘪并伴有白色与粉红色霉状物。小穗发病后扩展至穗轴，病部枯竭，使被害部以上小穗形成白穗。茎基腐在幼苗出土至成熟均可发生，麦株基部组织受害后变褐腐烂，致全株枯死。秆腐多发生在穗下第一、二节，初在叶鞘上出现水渍状退绿斑，后扩展为淡褐色至红褐色不规则形斑或向茎内扩展。病情严重时，造成病部以上枯黄，有时不能抽穗或抽出枯黄穗。气候潮湿时，病部表面可见粉红色霉层。

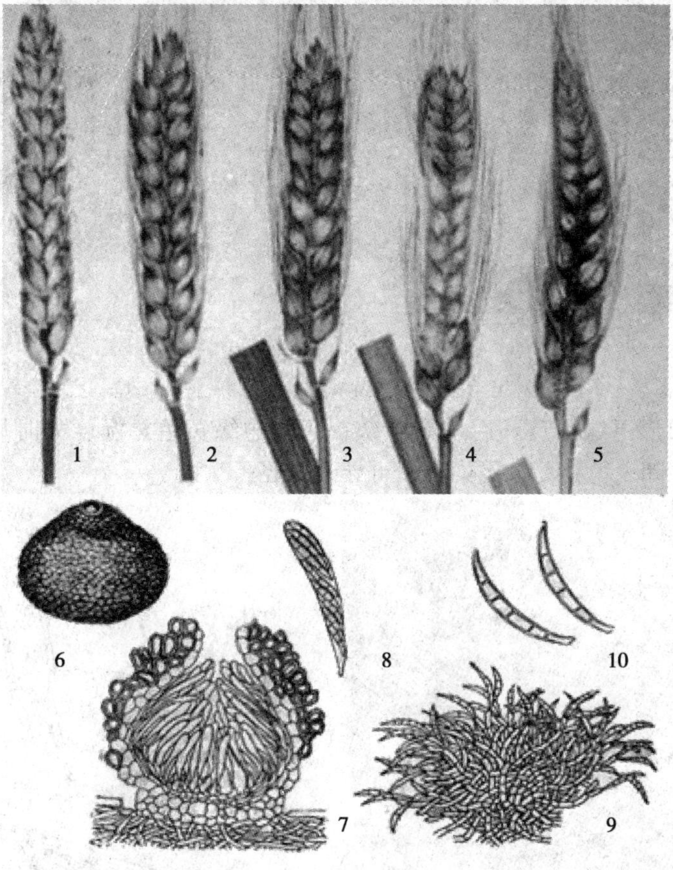

图 1—9　小麦赤霉病

1～5—病害在麦穗上的发展情况　6—子囊壳　7—子囊壳纵剖面

8—子囊及子囊孢子　9—分生孢子座及分生孢子　10—分生孢子

（6）小麦霜霉病（见图 1—10）。该病在不同生育期出现症状不同。苗期染病，病苗矮缩，叶片淡绿或有轻微条纹状花叶。返青拔节后染病，叶色变浅，并现黄白条形花纹，叶片变厚，皱缩扭曲，病株矮化，不能正常抽穗或穗从旗叶叶鞘旁拱出，弯曲成畸形龙头穗。染病较重时，病株千粒重平均下降 75.2%。

（7）小麦叶枯病（见图 1—11）。主要为害叶片，从下部叶片向上扩展。初染病时，

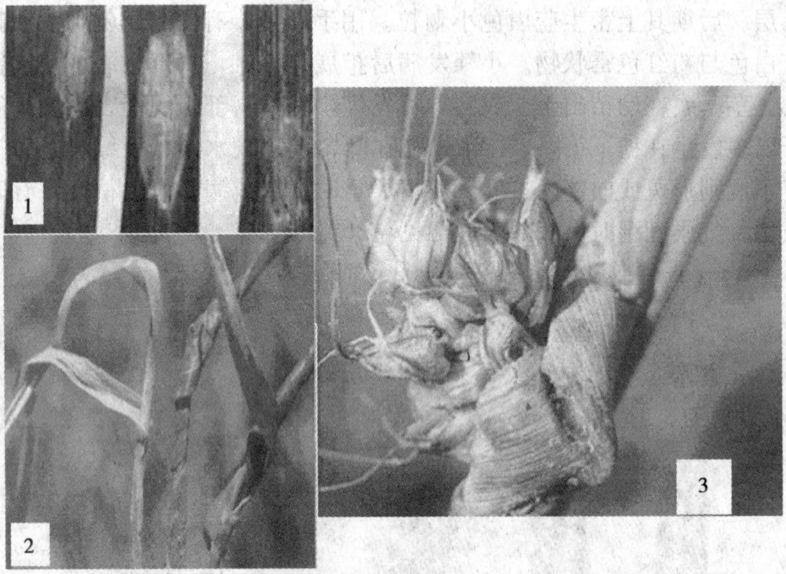

图 1—10　小麦霜霉病

1—叶片上的病斑　2—病叶　3—病穗

产生卵形至椭圆形退绿小斑，后变黑至灰褐色，边缘黄色，湿度大时病斑上生黑色霉层，严重时叶鞘和麦穗枯萎，侵染种子可导致黑胚。

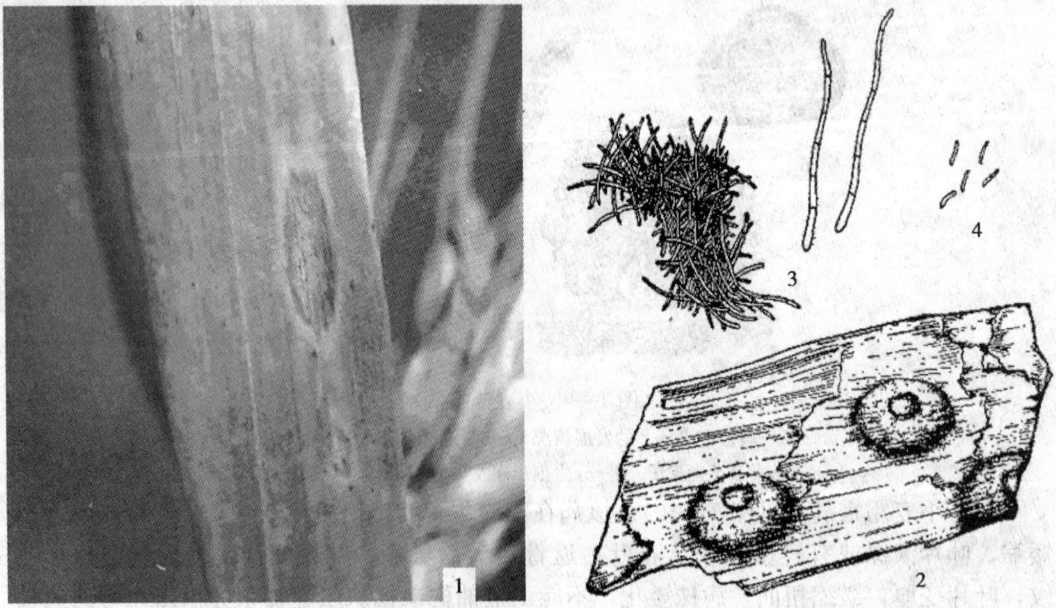

图 1—11　小麦叶枯病

1—症状　2—寄主表皮上的分生孢子器　3—分生孢子　4—小型分生孢子

2. 水稻病害

(1) 水稻烂秧病（见图 1—12）。传染性烂秧病一般有两种类型，以绵腐病类型为主，其次还有立枯病类型。

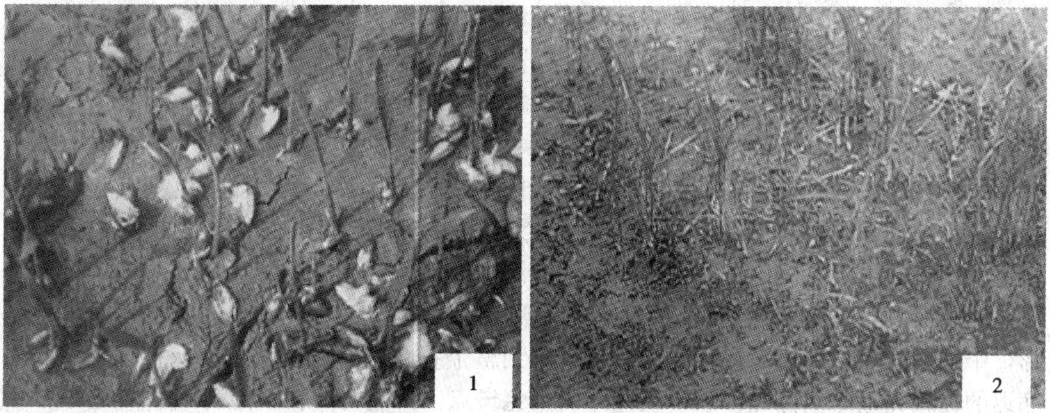

图 1—12　水稻烂秧病

1—水稻镰刀菌烂秧病　2—水稻绵霉烂秧病

1）绵腐病。播种后 5～6 天即可发生，一般在立针露青前发生较多。首先是不带谷壳的米粒感病，后传染给谷壳破损的稻粒。先是在米粒周围，稻壳破损处或幼芽胚轴部分产生白色网状物和少量乳白色胶状物，逐渐向四周扩大，长出向四周放射状的白色絮状菌丝体，后因氧化铁沉淀或藻类、泥土附着而呈铁锈色、绿褐色或泥土色。受害稻种内米粒腐烂变成牛奶状，不能萌发，或秧苗弯曲焦黄，基部腐烂而枯死。

2）立枯病。出苗前幼芽或根变褐、扭曲、腐烂；2 和 3 叶期茎基变褐，软化腐烂，心叶萎垂卷缩，全株青枯或变黄枯死，病部长出白色、粉红色或黑色霉层，秧苗易拔起。

(2) 稻瘟病。稻瘟病为真菌侵染所致，其整个生育期都有可能发生，根据发病时期和部位不同，可分为苗稻瘟、叶稻瘟、节稻瘟、穗颈稻瘟、谷粒稻瘟五种。新疆以叶稻瘟为主。

1）苗瘟。发生在 3 叶期以前，初在芽、芽鞘上出现水渍状斑点，后病苗基部变黑褐色，上部呈黄褐色或淡红色，严重时病苗枯死，潮湿时病部长出灰绿色霉层。

2）叶瘟。发生在 3 叶期后或株期。主要发生在分蘖至抽穗期，分白点型、急性型、慢性型和褐点型四种症状类型。

①白点型。为初期病斑、白色，多为圆形斑点，不产生分生孢子。感病品种在嫩叶上发生时，遇适宜温、湿度能迅速转变成急性型病斑。

②急性型。病斑呈暗绿色，针头至绿豆大小，近圆形水渍状斑，后发展为纺锤形斑点。正反两面密生灰绿色霉层，当田间大量出现急性型病斑时，往往是稻瘟病流行的先兆。当天气干燥或药剂防治后，可转变为慢性型病斑。

③慢性型。典型的慢性型病斑呈纺锤形或梭形，病斑外层为黄色晕圈（中毒部），

内圈褐色（坏死部），中央灰白色（崩溃部），两端有向外延伸的褐色坏死线，叶背面也产生灰绿色霉层。

④褐点型。病斑为褐色小点，多局限于叶脉间，中央为褐色坏死部，外围为黄色中毒部，无分生孢子，多发生在抗病品种或稻株下部老叶上。

3）节瘟。一般发生在穗颈下第一、二节上，多发生在抽穗后，初在节上产生褐色小点，逐渐环绕节部扩展，最后整个节部或部分节变黑褐色，凹陷弯曲，易折断，出现灰绿色霉层，造成白穗或瘪粒。

4）穗颈瘟。发生于穗颈、穗轴和枝梗上。初病斑呈水渍状，浅褐色小点，逐渐围绕穗颈、穗轴和枝梗及上、下扩展，呈褐色或深褐色。发病早的常造成枯折，引起白穗；发病晚的虽不造成白穗，但子粒多不饱满，瘪谷增多。

5）谷粒瘟。发生在谷壳及护颖上。在开花前后受侵染，发病早的病斑大而呈椭圆形，中间为灰白色。边缘褐色，以后可蔓延到整个谷粒，造成暗灰色或灰白色瘪谷。发病迟的在颖壳上产生椭圆形或不规则形的褐色斑点，严重时谷粒不饱满，米粒变黑。

水稻烂秧病菌如图 1—13 所示。

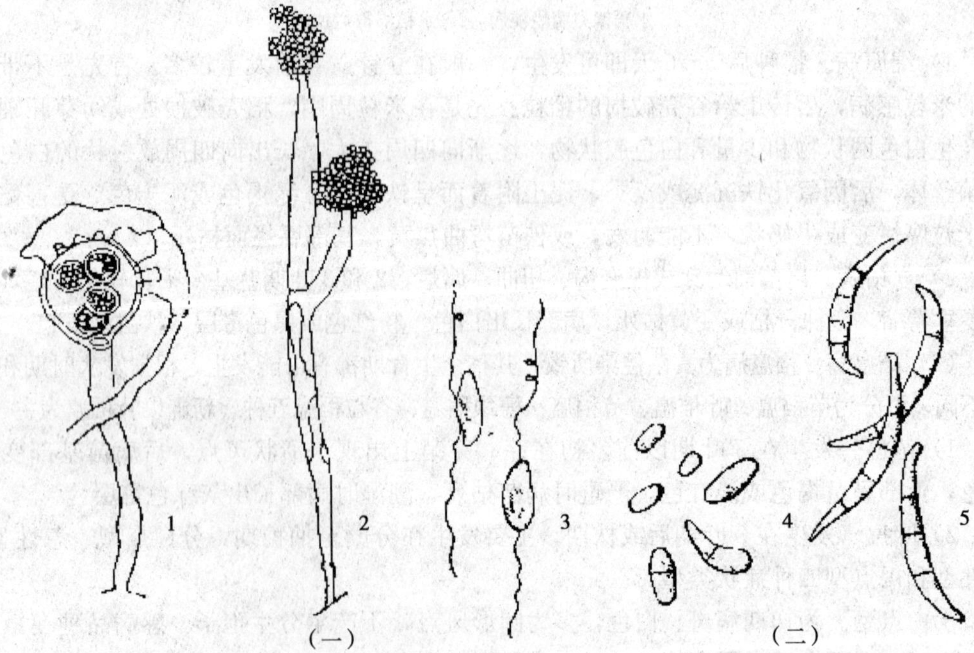

图 1—13　水稻烂秧病菌

（一）绵霉菌 1—藏卵器及雄器　2—孢子囊　3—游动孢子

（二）镰刀菌 4—小型分生孢子　5—大型分生孢子

稻瘟病诊断要点，病斑具明显褐色边缘，中央灰白色，潮湿情况下病部产生灰绿色霉层（见图 1—14、图 1—15）。

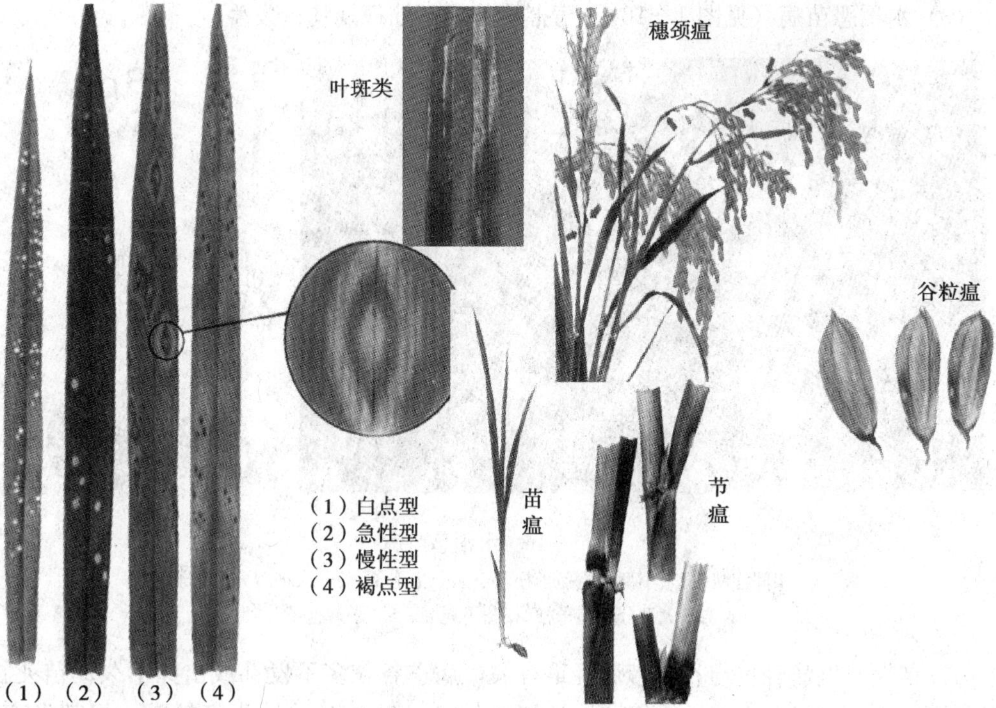

图 1—14　稻瘟病

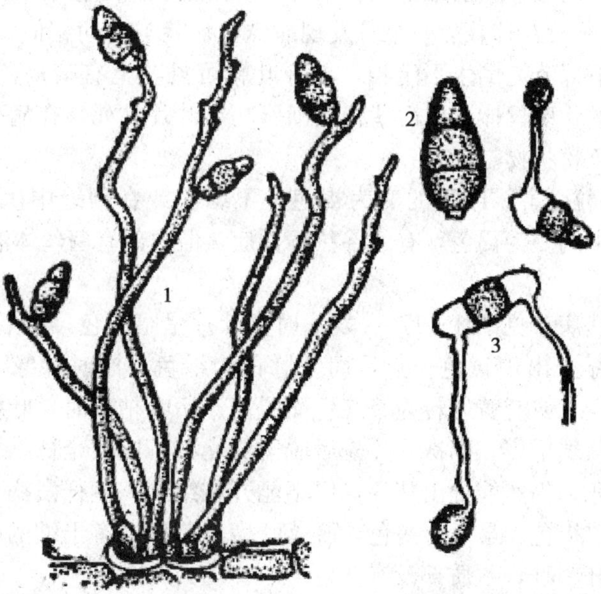

图 1—15　稻瘟病菌

1—分生孢子梗　2—分生孢子　3—分生孢子萌发

（3）水稻恶苗病（见图 1—16）。病害从苗期至抽穗期均可发生。

图 1—16　水稻恶苗病

1—田间症状　2—小型分生孢子梗及小型分生孢子　3—大小型分生孢子
4—大型分生孢子梗　5—子囊壳　6—子囊孢子

1）苗期。发病轻重与谷粒带病轻重有关，病重谷粒多不发芽或出芽不久幼苗死亡。病轻的种子出苗后长得高而纤细，植株淡黄绿色，叶狭长，披张度较大，根部发育不良，根毛少，部分秧苗在移栽前死亡，在枯死的秧苗上生淡红色或白粉状物。

2）田间症状。一般在移栽后一个月发现病株，症状与苗期相似，分蘖少或不分蘖，节间显著伸长，在下部节上倒生不定根，剥开叶鞘可见茎上有暗褐色条斑，剖开病茎，可见其内有白色蛛丝状菌丝体，以后茎秆逐渐腐朽，叶片枯死，在病死株的叶鞘和茎秆上生有淡红色或白色粉状物。

3）抽穗期。谷粒受害。严重的变为褐色，不结实或在颖缝中生有淡红色粉状物，轻病的谷粒基部或尖端变为褐色，有的谷粒不显症，但内部有菌丝体潜伏。

3. 棉花病害

（1）棉红叶茎枯病（见图 1—17）。发病时，叶片呈暗绿色，以后叶质变厚、皱缩、发脆，叶片光泽明显且出现黄色斑点，而叶脉仍为绿色，同时叶缘下卷，以后从上而下、自外向内渐渐变黄或变黄后转为紫红色而脱落。病叶枯落时，叶柄与茎秆连接处有干缩的褐斑，茎部顶端干焦。棉株叶片先后脱落成光秆，以致全株枯死。有时病叶脱落后，茎秆不立即枯死，仍然能抽出腋芽，但不能开花结铃。茎秆发病，初期为水渍状长条病斑，后扩大成红褐色，最后为褐色，脱落叶柄与茎秆处有干缩的褐斑，病株根部粗短，须根极少，剖开茎秆，木质部没有变色。

（2）棉黑斑病，也称棉轮纹病（见图 1—18）。苗期子叶或真叶发病时，叶面产生红绿色小点，随后逐渐扩展成 10～15 mm 的红褐色病斑，近圆形或不规则形，无明显同心

图 1—17　棉红叶茎枯病

轮纹。天气潮湿时，病斑表面产生明显的黑色霉层（病菌的分生孢子）。子叶叶柄受害时，出现黑褐色条斑，常造成子叶脱落。成株期叶片多为圆形或近圆形，有同心轮纹，病斑可干裂破碎，病叶枯萎脱落。

（3）棉花角斑病（见图 1—19）。棉花整个生育期都能遭受角斑病的为害。子叶发病后，背面先出现水浸状透明圆形病斑，然后扩大变成黑色，并能扩展到幼茎上，使幼苗

单元 1

图 1—18　棉黑斑病

1—叶片的症状　2～4—棉苗的症状　5—茎的症状　6—病原菌的分生孢子

折断死亡。真叶发病后，病斑为灰绿色水浸状，后变成深褐色，因周围受硬化的叶脉限制，故呈多角形病斑。有时病斑沿叶脉扩展，在叶脉周围形成褐色条斑，病叶皱缩扭曲。茎和枝条受害后，出现水浸状黑色病斑，发病严重的茎易折断。棉铃上的病表现为绿色透明油浸状斑点，病斑近圆形，几个病斑可相连成不规则形，以后病斑变成褐色或红褐色而收缩下陷。

（4）棉茎枯病（见图 1—20）。棉花整个生育期均可发病，苗期、蕾期受害重。子叶、真叶染病初生边缘紫红色、中间灰白色小圆斑，后病斑扩展或融合成不规则形病斑。病斑中央有的出现同心轮纹，其上散生黑色小粒点，即病原菌的分生孢子器。病部常破碎散落，湿度大时，幼嫩叶片出现水浸状病斑，后扩展迅速似开水烫过，萎蔫变黑，严重的干枯脱落，变为光秆而枯死。叶柄、茎部染病病斑中央浅褐色，四周紫红色，略凹陷，表面散生小黑点，严重的茎枝枯折或死亡。棉铃染病病斑与茎上症状相似。中间颜色较深，黑色。湿度大时病斑扩散迅速，致棉铃成为僵瓣，铃开裂不全或不开裂。

图 1—19　棉花角斑病

1—子叶的症状　2～3—叶片的症状　4—茎的症状　5—棉铃初期症　6—棉铃后期的症状　7—病原菌

图 1—20　棉茎枯病

1—叶的症状　2—棉苗的症状　3—叶柄的症状

4—茎的症状　5—病原菌的分生孢子器　6—病原菌的分生孢子

（5）棉红腐病（见图 1—21）。幼芽生病后变成红褐色，可烂在土中。出土的幼苗根部生病后，根尖先由黄变褐色腐烂，以后蔓延到全根，还可发展到幼茎地面部分，重病苗枯死。病斑不凹陷，土面以下受害的嫩茎和幼根变粗是该病的重要特征。子叶发病后，多在边缘生灰红色病斑，病斑常破裂，潮湿时产生红粉，即病菌孢子。铃上病斑形状不规则，外有红粉，后常黏在一起成为粉红色块状物，重病铃不开裂成为僵瓣。

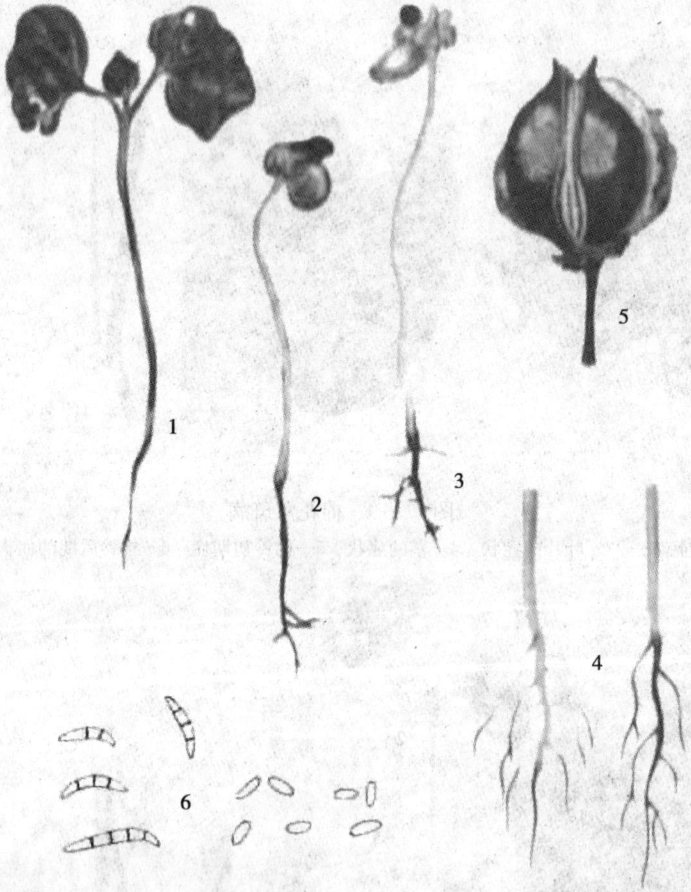

图 1—21　棉红腐病

1～3—棉苗症状　4—棉苗根部症状　5—棉铃症状　6—病原菌的分生孢子

4. 甜菜病害

（1）甜菜蛇眼病（见图 1—22）。种子若带菌，萌芽后不久即发病。幼苗在出土前即可被杀死，而一般则在出土后 3 天开始呈现症状，至长出第 3 对真叶时，病势稍缓和。受病幼苗胚茎变褐或变黑，在幼苗倒伏前，此种变色部在茎的接近地面处，甚为显著。严重受害的幼苗，茎基部十分缢缩，不久猝倒；病轻的幼苗病后尚能恢复，主根被杀死后，能抽生支根继续生长，但后果往往不良。叶受害初现褐色细小的病斑，逐渐扩大，圆形，黄褐色，大小颇不一致，小的直径仅 2～3 mm 病菌也可侵害采种甜菜的茎，在茎上呈褐色以致黑色的坏死条斑，后期中心部变灰色，边缘色泽较深，略凹陷，面上密布黑色细小粒点（分生孢子器），严重时可延害及全株。根块发病往往从根头部开始向下腐烂，从根块切面上可以看到黄褐色轮状的变色腐败部分向下发展，以后可以烂穿表皮，并造成裂口。病根内部除导管细胞外，全部变黑，表面干燥呈云纹状。待病势稍衰即有针头大小的分生孢子器出现，形状和叶片上产生的完全一样，不过排列不整齐，常呈灰黑色。

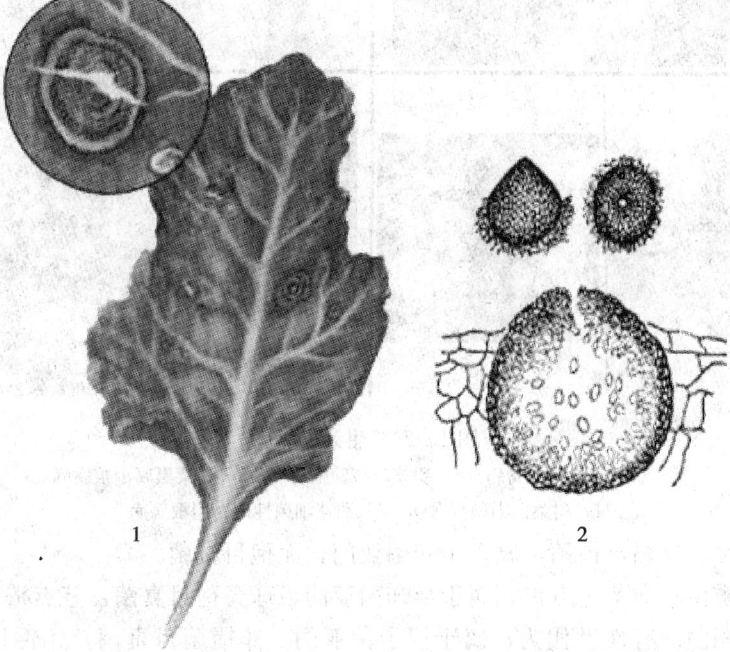

图 1—22　甜菜蛇眼病

1—症状　2—分生孢子及分生孢子器

（2）甜菜根腐病（见图 1—23）。甜菜根腐病是甜菜生长中后期块根腐烂的总称，根腐病由多种真菌和细菌所引起，真菌病原中凡能引起立枯病者大部分也是引起根腐病的病原，如丝核菌就是其中主要病原之一。尤其甜菜生育中后期，高温多湿的年份和低洼地、排水不良地块发病很重，对产量影响很大，严重地块甚至可造成绝产。

病害主要发生于根上。常见症状为块根大部或全部软化腐烂，地上部叶片在根部发病初期，白昼阳光下萎蔫下垂，夜间尚可恢复，但块根发病严重时，昼夜均呈现萎蔫，以后逐渐枯死。不同病菌引起的症状各有不同，主要有 5 种：

1）镰刀菌。黄色镰刀菌，属于半知菌亚门，瘤座孢目真菌。其他侵染甜菜块根的镰刀菌还有茄腐镰刀菌、尖孢镰刀菌等多种。

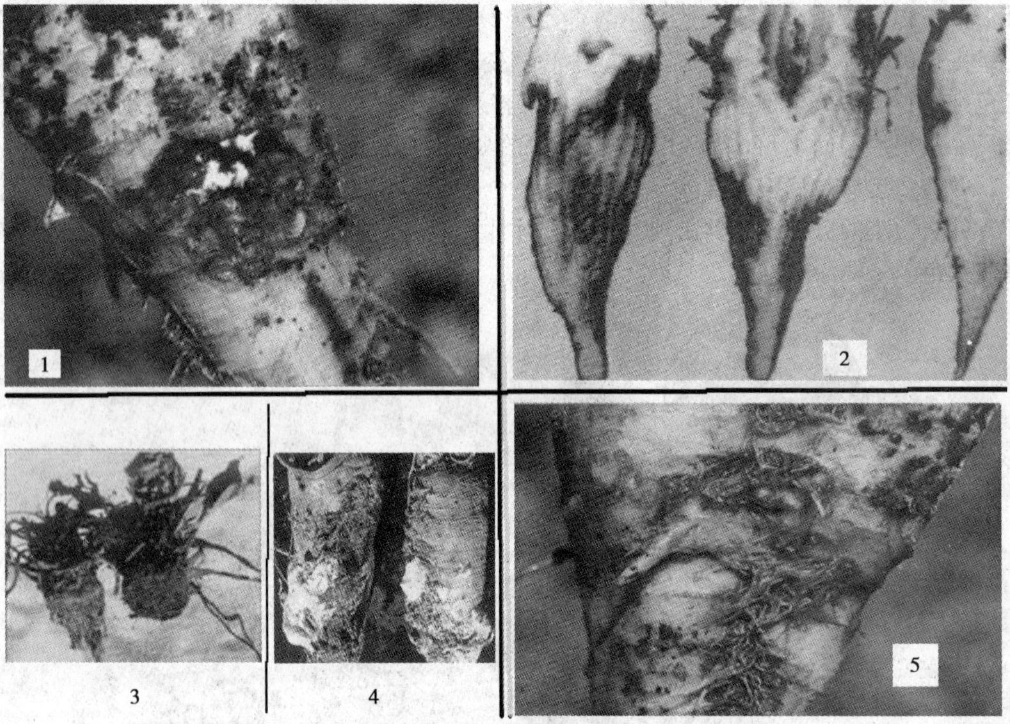

图 1—23　甜菜根腐病

1—甜菜镰刀菌根腐病　2—甜菜丝核菌根腐病　3—甜菜黑腐型根腐病

4—甜菜白绢型根腐病　5—甜菜细菌性尾腐型根腐病

2）丝核菌。立枯丝核菌，属于半知菌亚门，无孢目真菌。

3）茎点霉菌。甜菜茎点霉，属于半知菌亚门，球壳孢目真菌，茎点霉属。

4）白绢病菌。有性世代为，属于担子菌亚门，非褶菌目真菌。无性世代为，属于半知菌亚门，无孢目真菌。菌丝白色，疏松或集结成线形紧贴于基物上，菌核球形或椭圆形，平滑有光泽，黄褐色，如油菜子大小。

5）细菌。甜菜块根细菌性软腐病由欧氏杆菌属细菌侵染引起，其菌落黄色，杆状。

根腐病的一些病原菌寄主范围较广，除为害甜菜外，尚可为害很多种作物和蔬菜等。

(3) 甜菜褐斑病（见图 1—24）。此病主要为害成长叶片和叶柄，也为害茎和花，新叶则很少发病。一般多自下部老叶开始发病，逐渐向上部蔓延。叶片上最初生圆形小斑，呈褐色；以后病斑扩大成圆形，中央呈黑褐色或灰色，边缘呈紫褐色或红褐色；病斑逐渐变薄变脆，容易破裂或穿孔脱落，雨后或有露水时，病斑上可产生灰色霉状物。病斑大小因品种及外界条件不同而异，一般直径 1～3 mm。叶柄和茎部的病斑多呈褐色长圆形。严重时，叶片布满病斑，并数个病斑汇合成片，终致叶片枯死脱落。病原在自然情况下不侵染幼叶，只为害达到一定生理成熟度的叶片。因此，病斑常先在外层老叶上发生，如环境继续有利于发病，病菌就依次从外层向内层发展。其后，受病老叶陆续枯死脱落，新叶不断成长被害，使整个植株的根冠部粗壮肥大，青头很长，状似菠萝蜜。

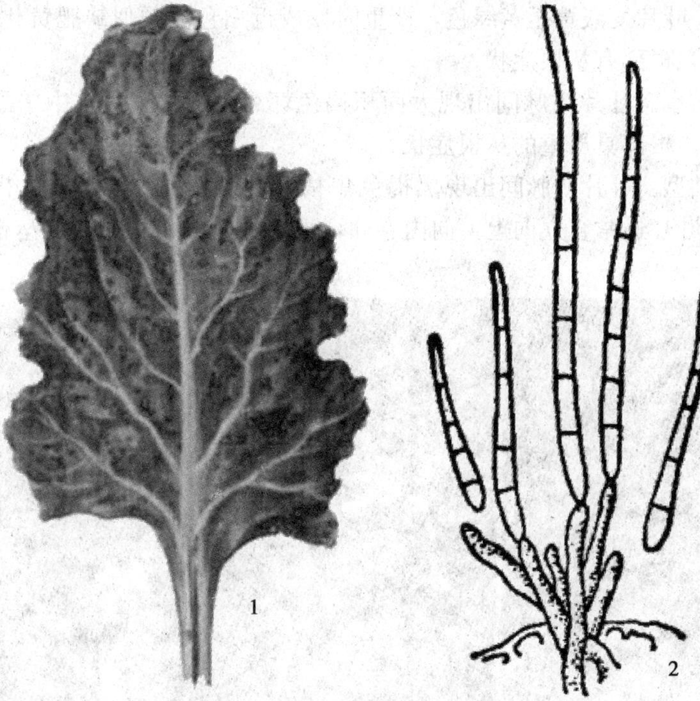

图 1—24　甜菜褐斑病

1—症状　2—分生孢子梗及分生孢子

病原菌为甜菜生尾孢菌（Cercospora beticola Sacc.），为半知菌真菌。病菌只能形成分生孢子。分生孢子梗从菌丝块上长出，色暗，常数 10 根丛生，自气孔伸出，大小（30～40）μm×（4～5）μm。顶端较狭，宽 1.6～3.2 μm。分生孢子无色，鞭状，顶端尖，基部较粗，有 6～11 个隔膜，大小（75～200）μm×（3.5～4）μm。湿度大时，孢子形状、大小变异较大。病菌的存活力具体表现为：附在种子外表的分生孢子可以存活 1—2 个月；在土中甜菜残余组织上的菌丝块能存活 5—10 个月；种子内部的菌丝体可存活 7—8 个月；干燥叶片中的菌丝块可存活 24 个月之久。病菌发育最适温度为 25～28℃，在 37℃以上或 5℃以下时，停止生长。孢子形成温度范围为 15～37℃，最适温度 29℃。

（4）甜菜丛根病（见图 1—25）。甜菜丛根病是世界范围分布的一种毁灭性病害，我国内蒙古、新疆于 1978 年、1981 年先后发现此病，减产 22%～44%。该病基本症状为根毛坏死，次生侧根、根毛异常增生或陆续坏死，大量次生侧根和根毛成团集结，块根、侧根剖面维管束有黄褐色条纹，且地上部症状多变。地面生长上可进一步分为坏死黄脉型、黄化型和黄色焦枯型及黑色焦枯型 4 种类型。

1）坏死黄脉型。在叶片上沿叶脉呈鲜黄色至橙黄色，后沿叶脉形成褐色坏死，根部具典型的丛根症状。

2）黄化型。叶片变淡黄至黄绿色，严重时变成近白色，颇似缺肥黄化，叶片变薄，叶片直立或狭长，根部有丛根症状。

3）黄色焦枯型。叶片主脉间出现大面积褐色坏死，叶片下垂，中午烈日下暂时萎蔫，早上可恢复，根部具严重的丛根症状。

4）黑色焦枯型。叶片叶脉间出现黑褐色焦枯，初期表现为零散的黑褐色大小不等的不规则枯斑，叶片通常直立向上，向内卷曲，根部根毛大量坏死，但丛根症状不很明显。

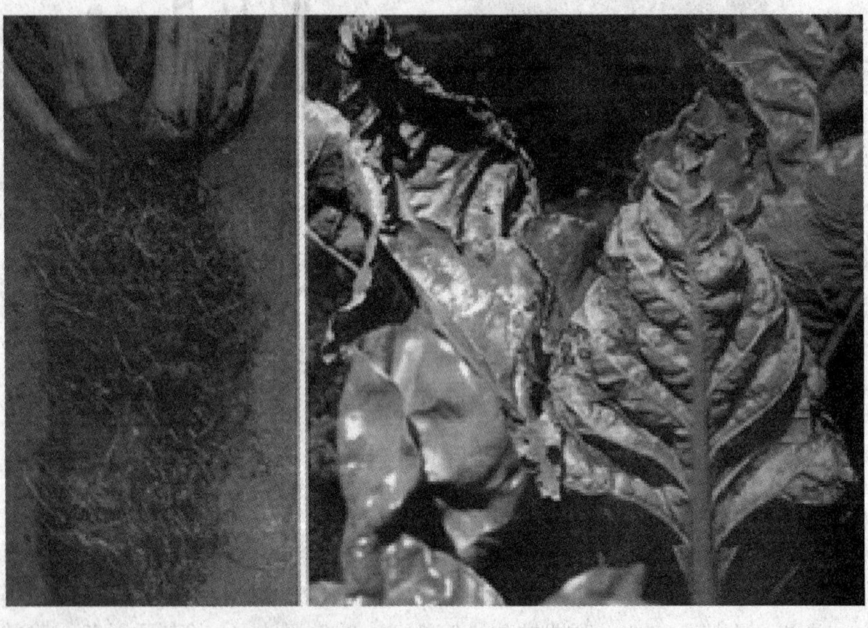

图 1—25　甜菜丛根病症状

病原为 beet necrotic yellow vein virus，简写为 BNYVV，称甘菜黄脉坏死病毒，属病毒。该病毒是引致甜菜丛根病坏死黄脉型、黄化型和黄色焦枯型的病原。病毒粒体杆状，直径 18 μm，其长度有 90 μm、110 μm、260 μm、400 μm 4 种。甜菜丛根病黑色焦枯型则由 TBRV（称番茄黑环）病毒的一个株系侵染引起。

5. 瓜类病害

（1）瓜枯萎病。

1）症状。枯萎病是一类幼苗期从根部侵染、维管束内寄生的全株性病害，但一般在幼苗期较少显症。染病植株多从开花、结瓜，特别是瓜果膨大期开始陆续显症。在晴天的中午，叶片出现似缺水状萎蔫，尤其是心叶萎蔫下垂较明显，至傍晚或次日清晨可恢复正常状况；但第二天中午萎蔫加重，傍晚、清晨恢复得慢些。如此反复，快的 2～3

天，慢的5～6天，病株就不能再恢复，并逐渐枯干死亡，田间常是连片发生。拔起病株检查，多数根部受损害不大，但主蔓茎基部外皮常出现纵裂，湿度大时表面长出一层粉红色霉层。将病株茎基部剖开，可见到维管束变褐色。而蔓枯病病株有的虽也表现全株萎蔫，但维管束不变褐，这是田间鉴别这两种病害的主要特征之一（见图1—26、图1—27）。

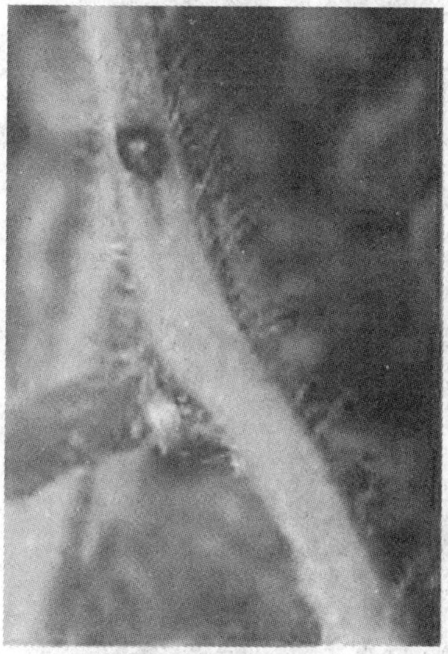

西瓜枯萎病病蔓上胶汁物溢出

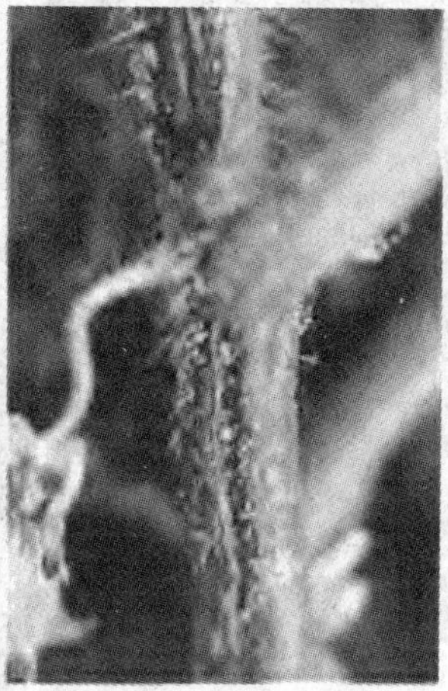

病蔓基部纵裂

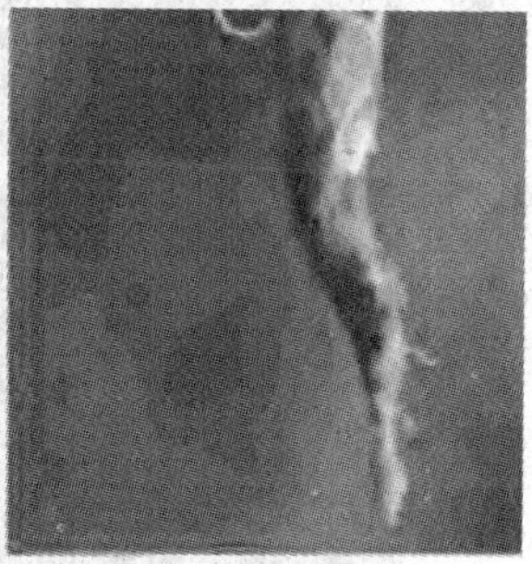

病株维管束变黄褐色

西瓜枯萎病田间发生为害状

图1—26　西瓜枯萎病

甜瓜枯萎病发病初期，叶面开始部分失绿

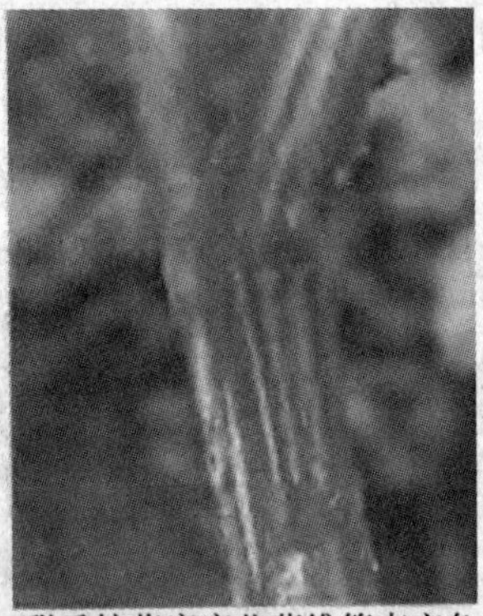

甜瓜枯萎病病茎蔓维管束变色

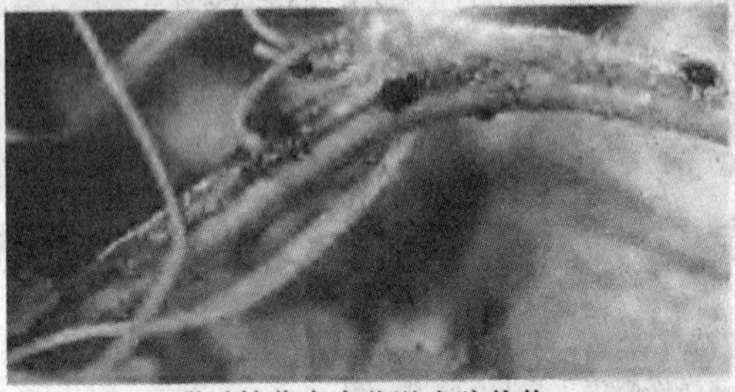

甜瓜枯萎病病茎溢出胶状物

甜瓜枯萎病后期发病状

甜瓜枯萎病发生中期，叶面失绿，开始枯萎

图 1—27　甜瓜枯萎病

2）病原。枯萎病的病原是一类称为尖镰孢的真菌。病菌的分生孢子分大小两种类型：大型分生孢子似镰刀形或新月形，淡色，基部有足细胞，3～5 个横隔膜，多数 3 个分隔，大小（30～60）μm×（3.5～5）μm；小型分生孢子长椭圆形，淡色、单胞或有一横隔，大小（5～26）μm×（2～4.5）μm（见图 1—28）。尖镰孢菌是一类土壤中常见的真菌，多数是植物的维管束寄生菌，引起枯萎病。然而在不同寄主上寄生的尖镰孢菌往往是不会交互侵染的（有不同的专化型）。该菌发育和侵染适温为 24～28℃，最高 35℃，最低温度 4℃，pH 范围 2.3～9，最适 pH 值 4.5～6。

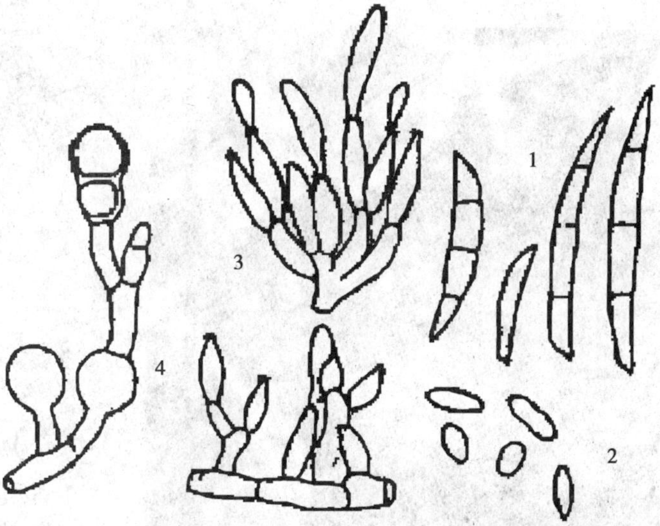

图 1—28　尖镰孢菌

1—大型分生孢子　2—小型分生孢子　3—分生孢子梗　4—厚垣孢子

（2）西瓜、甜瓜白粉病（见图 1—29、图 1—30）。

西瓜白粉病在叶背面发生白色霉层

西瓜白粉病病瓜

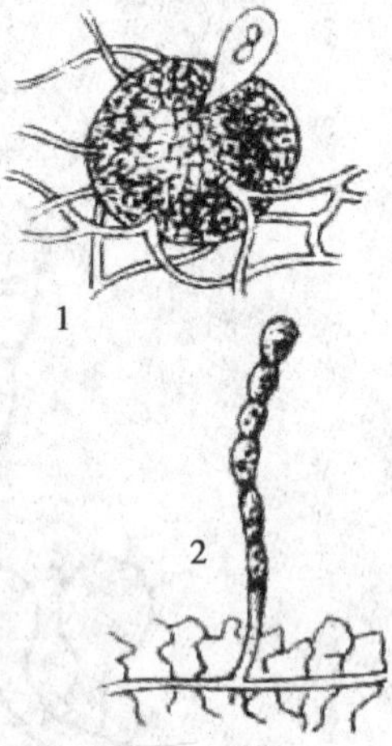

西瓜白分病病原菌

1—闭囊果、子囊和子囊孢子　2—分生孢子梗和分生孢子

图 1—29　西瓜白粉病

甜瓜白粉病病叶

甜瓜白粉病为害幼瓜果

图 1—30　甜瓜白粉病

1）症状。白粉病主要为害瓜类的叶片，也为害叶柄、茎蔓，而瓜果则较少染病。幼苗期即可受侵染，两片子叶开始出现星星点点的退绿斑，逐渐发展可使整个子叶表面覆盖一层白色粉状物，这是病菌的菌丝体、分生孢子梗和分生孢子。幼茎也有相似症状。染病子叶或整株幼苗逐渐萎缩枯干。成株叶片从下而上染病，在正反两面（通常以正面为多）出现分散的退绿斑点，很快在退绿斑点上长出一堆堆白粉状霉层，并可互相连接而使整片叶表层像撒满一层白粉似的，这不但降低叶片光合效能，而且进一步可使叶片甚至整株萎黄枯干。晚期病叶的霉层变灰白色，其中长出许多黑色小粒点，这是病菌的有性世代闭囊壳，在我国南方很少发现。叶柄和茎蔓染病，同样在病部会长出一堆堆白粉状霉层，严重时可使叶柄或茎蔓萎缩枯干。

2）病原。瓜类白粉菌的有性世代属子囊菌亚门，白粉菌目，有菊二孢百粉菌、单丝壳白粉菌、鞑靼内丝白粉菌三个种（见图 1—31）。

（3）西瓜、甜瓜蔓枯病（见图 1—32、图 1—33）。

1）症状。此病可为害茎蔓、叶等部位。苗期嫩茎受害出现油浸状斑、不规则形的暗褐色病斑，子叶的病斑圆形或半圆形，严重的可使病苗枯死，后期病部产生黑色小点。茎蔓是最主要的受害部位，多在根茎基部，先出现灰褐色至暗褐色梭形、椭圆形或不定形病斑，逐渐纵向或横向扩展，若病斑绕茎一周，病部以上的茎蔓逐渐萎蔫枯死。病部易裂，并分泌出黄褐色胶状物，干燥后呈红褐色，或黑色块状，周围长出许多黑色小粒点，此病只侵染皮层组织而不侵染维管束，纵剖病茎，导管仍为绿色，不变褐。果实膨大到成熟期发病变猛，蔓延迅速，严重时会造成绝收。

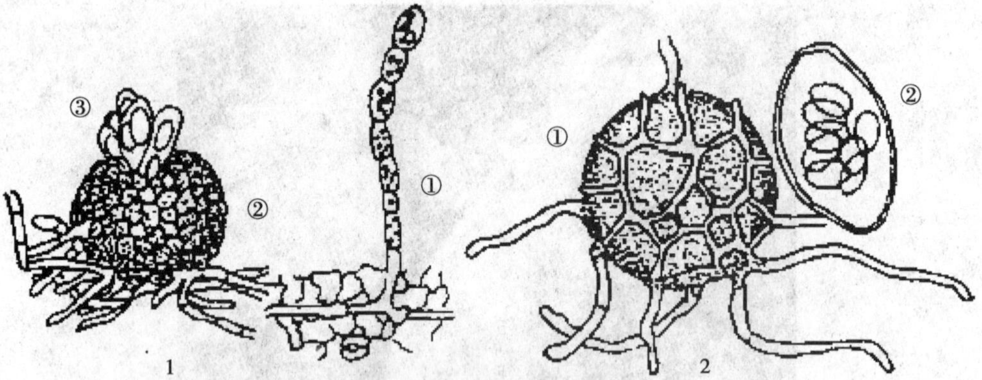

图 1—31　瓜类白粉病菌

1—菊二孢白粉病：①分生孢子及分生孢子梗　②闭囊壳　③子囊及子囊孢子

2—单丝壳白粉菌：①闭囊壳　②子囊及子囊孢子

西瓜蔓枯病病蔓

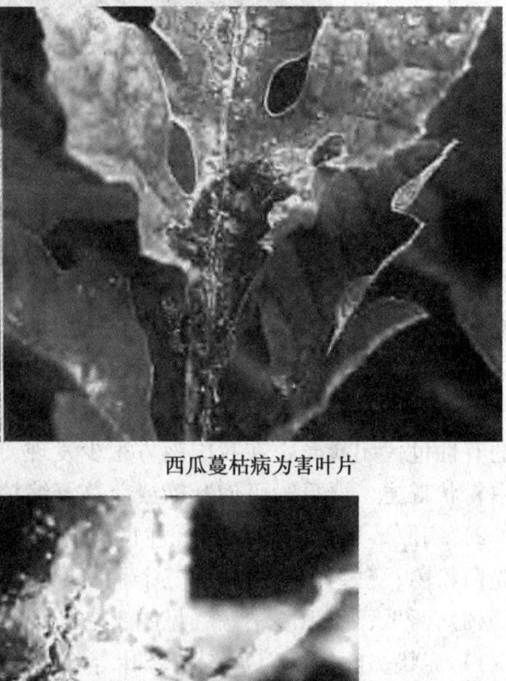

西瓜蔓枯病为害叶片

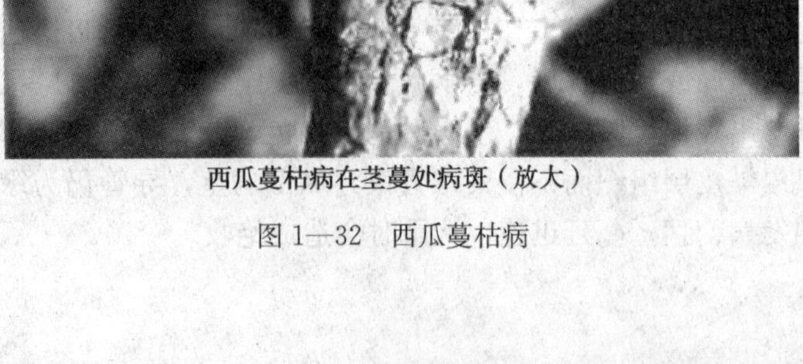

西瓜蔓枯病在茎蔓处病斑（放大）

图 1—32　西瓜蔓枯病

甜瓜蔓枯病为害瓜蔓

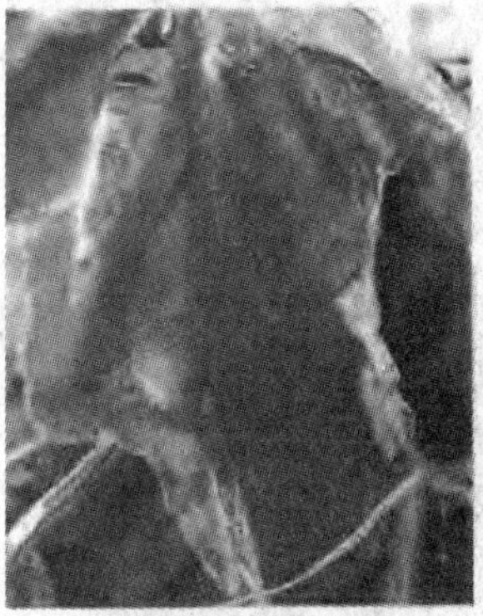

蔓枯病叶面病斑

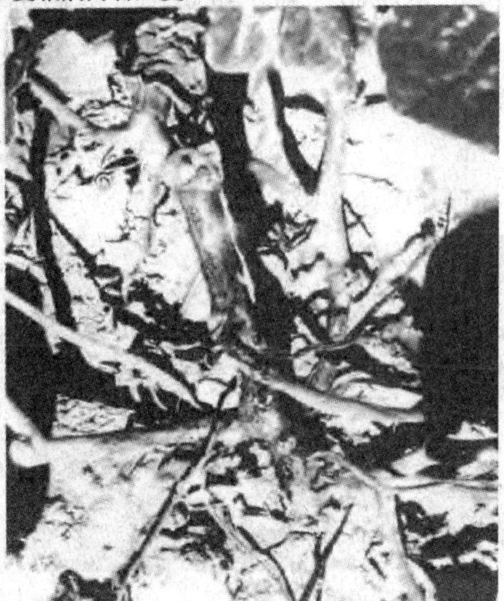

蔓枯病为害厚皮甜皮瓜的茎蔓

图 1—33 甜瓜蔓枯病

2）病原。瓜类蔓枯病菌属子囊菌亚门，座囊菌目，球腔菌属。蔓枯病菌主要侵害甜瓜、黄瓜、西瓜，还可以不同程度地侵染冬瓜、西葫芦、南瓜、丝瓜等葫芦科作物（见图 1—34）。

(4) 西瓜、甜瓜叶枯病。

1）症状。该病多发生在瓜生长的中后期，主要为害叶片，也侵害叶柄、瓜蔓及果实。叶片被害，多从基部叶片首先发病，病初在叶片上产生黄褐色小点，后逐渐扩大为中央灰白色，边缘隆起，水渍状，有不明显轮纹的近圆形或不规则形褐色大斑，直径可达 3～10 mm，在高温高湿条件下叶面病斑较大，轮纹也较明显；瓜蔓受害，蔓上产生褐色卵形或纺锤形小斑，其后病斑逐渐扩大并凹陷呈灰褐色，植株生命力降低，在高温和风害的影响下，叶片很快枯焦。果实受害，出现水渍状小斑，后变褐色，略凹陷，湿度较大时在病斑上出现黑色轮纹状霉层，随着病情的不断发展，部分病斑呈疮痂状，严重时瓜面龟裂而腐烂。受害严重的叶片，干枯死亡，使果实直接暴露在阳光下，易受日灼病的危害，严重降低品质和产量。

2）病原。属半知菌亚门，丝孢目、链格孢属。该菌分生孢子梗多单生或数根束生，褐色，不分枝，正直或有 1～2 个膝状节，顶端色淡，基部稍粗，具有 1～7 个隔膜，大小为（40～92.4）μm×（5.9～7）μm，分生孢子单生或 2～3 个串生，倒棍棒形，褐色，孢身具 2～9 个隔膜，数个纵隔膜。隔膜处稍缢缩，大小为（43.2～99）μm×（15.8～22.4）μm，胞细长，色淡。直而不分枝，有 2～5 个隔膜，大小为（39～116.2）μm×（3～4）μm，孢身至缘逐渐变细。没成熟的分生孢子色淡，纵隔少，而成熟的分生孢子色深而纵隔明显（见图 1—35）。

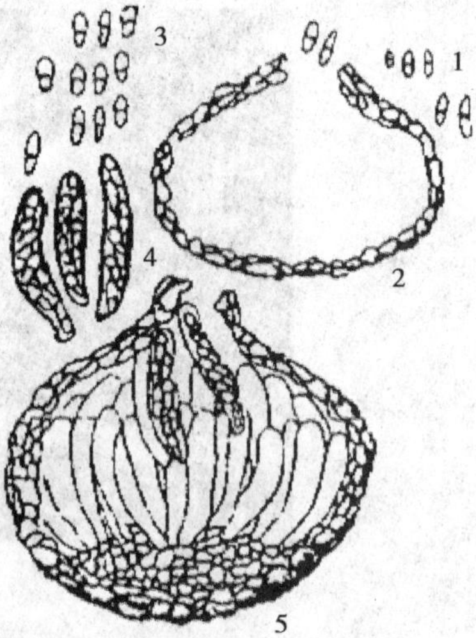

图 1—34　瓜类蔓枯病病菌
1—分生孢子　2—分生孢子器
3—子囊孢子　4—子囊　5—子囊壳

单元 1

西瓜叶枯病为害状

甜瓜叶枯病病株

西瓜叶枯病病叶

甜瓜叶枯病叶面病斑

图 1—35　西瓜、甜瓜叶枯病

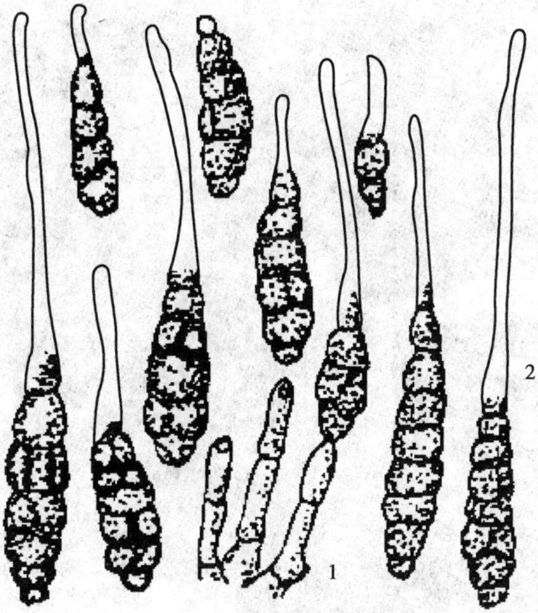

图 1—36　瓜类叶枯病病菌

1—分生孢子梗　2—分生孢子

（5）瓜疫病。

1）症状。此病可在瓜类生长全期发生。幼苗出土前染病可造成烂种、烂芽；苗期染病，可使茎基部及生长点出现似热水烫伤的暗绿色不定形病斑，病部很快呈暗黑褐色变软，并逐渐缢缩，使幼苗死亡；成株期以茎基、嫩茎节部和心部染病较常见，也产生暗绿至暗灰褐色湿润状病斑，病部变软缢缩，病斑以上的藤蔓或生长点逐渐萎蔫枯死，叶片染病多在叶缘处产生圆形或不规则形、暗灰褐色湿润状病斑，直径可达 2～3 cm，叶柄发病可使叶片萎凋。天气潮湿时，各染病部位可长出白色的稀疏霉层和菌丝（见图 1—37、图 1—38）。

2）病原。病原为真菌中鞭毛菌亚门、霜霉目、疫霉属的疫霉菌。疫病主要由辣椒疫霉菌、掘氏疫霉菌、寄生疫霉菌三种疫霉菌引起。菌丝无色，无隔膜。分枝多，老熟菌丝可长出瘤状及球状物。孢子囊无色，卵圆形至椭圆形，单胞，顶端有较扁平的或明显的乳状凸起。卵孢子球形，淡黄色，表面平滑。厚垣孢子球形，顶生或间生（见图 1—39）。

（6）瓜细菌性果斑病。

1）症状。主要为害叶片，也可为害果实和茎蔓。子叶上发病呈现圆形或不规则形的浅黄褐色、半透明点状病斑。真叶发病，叶片呈水渍状小点，随后逐渐扩大，受叶脉限制呈多角形或不规则形。潮湿时，叶背面病部溢出黄白色“菌脓”，后期病叶干枯，呈现黄褐色。病斑脆弱，易干裂脱落。果实在表面形成针尖大小的水渍小斑点，后期略凹陷，造成畸形瓜。发病后期，随病斑的不断扩大，周围的果面变油褐色，带有大量细

西瓜疫病为害茎蔓状

西瓜疫病被害叶正面

西瓜疫病为害瓜果

图 1—37　西瓜疫病

菌黏液，中央有或无开裂，果实内部果变褐，有时可到达子粒，致种子带菌，并在其中形成大小不等、干燥、栓质的空腔，常因腐生菌的侵入导致腐烂（见图 1—40）。

甜瓜疫病叶面病斑

甜瓜疫病病果

图 1—38　甜瓜疫病

图 1—39　疫霉菌

1—孢子囊　2—藏卵器

打瓜细菌性角斑病病叶

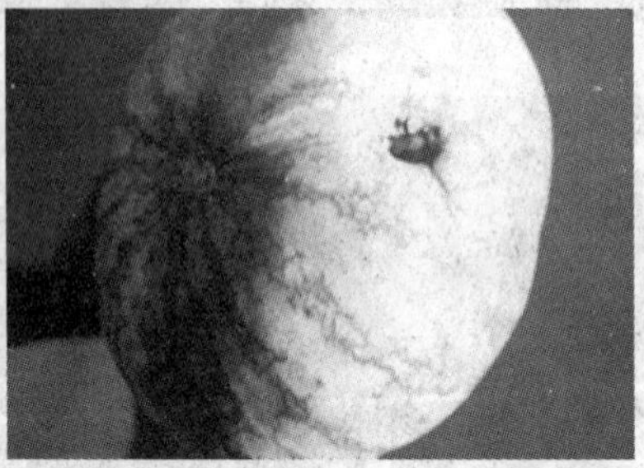

西瓜果腐病菌侵染打瓜田间症状

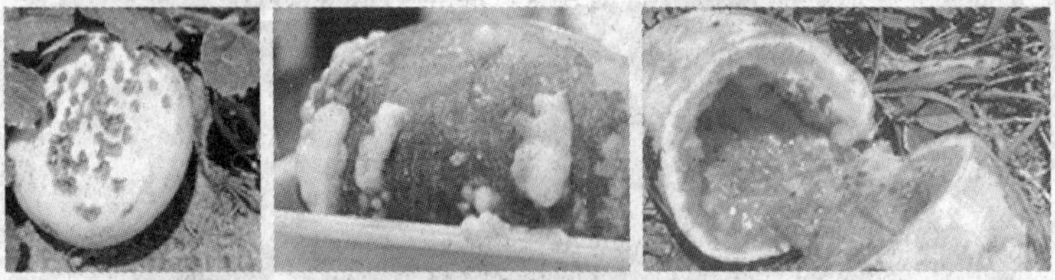

西瓜果斑菌侵染西瓜田间症状

甜瓜细菌性角斑病病叶

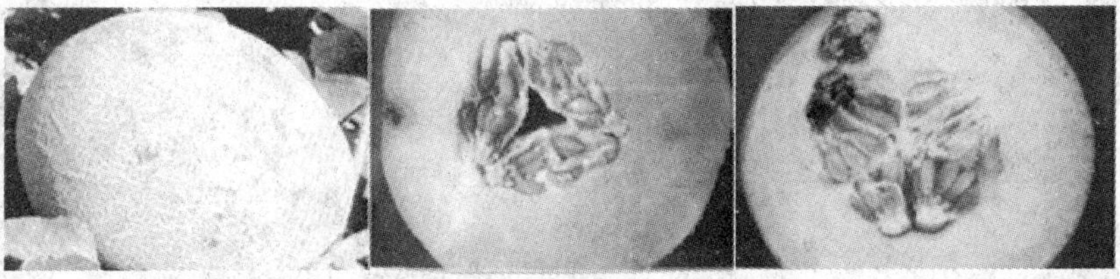

甜瓜细菌性角斑病症状

图 1—40　瓜细菌性果斑病

2）病原。一类为黄瓜角斑病菌引起，菌体为短杆状、单个或对生，具 1～5 根鞭毛，多数 2～3 根，革兰氏染色阴性，有荚膜，无芽孢，好气性。最适温度 26～29℃，最高温度 39℃，39℃以上被抑制。pH 值范围 5.9～8.8，最适值为 6.8，在新疆主要为害甜瓜。另一类为西瓜果斑病菌，菌株单极，生 1 根鞭毛。最适生长温度 33～35℃，最高生长温度为 41℃，在新疆主要为害甜瓜和打瓜（见图 1—41）。

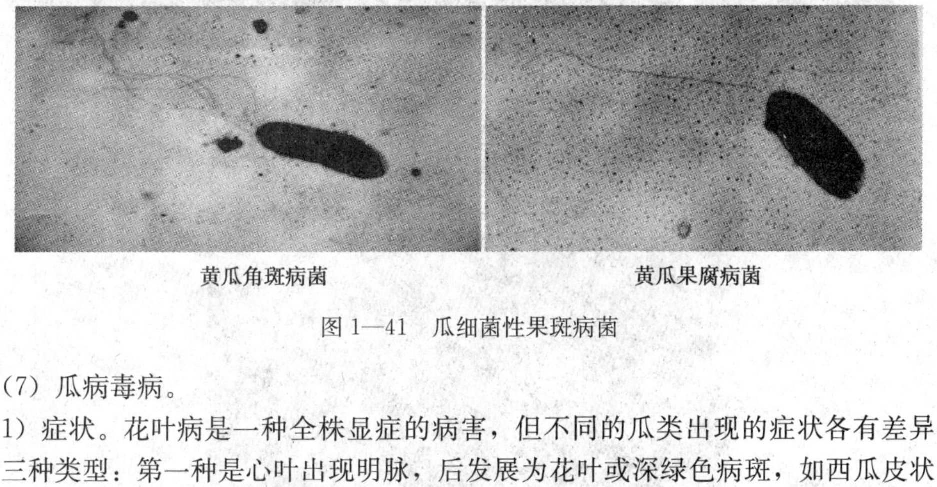

黄瓜角斑病菌　　　　黄瓜果腐病菌

图 1—41　瓜细菌性果斑病菌

（7）瓜病毒病。

1）症状。花叶病是一种全株显症的病害，但不同的瓜类出现的症状各有差异。主要有三种类型：第一种是心叶出现明脉，后发展为花叶或深绿色病斑，如西瓜皮状，畸形，干旱时病叶缩小，瓜蔓失去结果能力。第二种是黄化型，在叶片上初为退绿黄斑，后转为斑驳花叶，叶变黄、变厚，叶脉凸出，叶缘呈锯齿形，株形矮缩，节间短。第三种是坏死型，叶片上产生系统的不规则的坏死退绿斑点和条斑，严重时植株矮化（见图 1—42、图 1—43）。

2）病原。瓜类花叶病是一类病毒病害，有多种病原，其中主要的是：

①黄瓜花叶病毒（CMV），病毒粒体球形，直径 30 nm，致死温度 60～75℃，病汁液失毒稀释终点为 1 000～100 000 倍，传毒介体为菜蚜、桃蚜、棉蚜、甲虫等，病汁液接触也可以传毒。黄瓜、甜瓜、南瓜的种子有一定的带毒率。花叶病毒寄主范围很广，可侵染约 800 种植物。

西瓜花叶病病株

西瓜花叶病病叶

图 1—42　西瓜花叶病毒病

②南瓜花叶病毒（SqMV），粒体球形，直径 30 nm，致死温度 75℃，稀释终点为 100 000～1 000 000 倍，传毒介体为某些甲虫，病汁液接触可以传毒，种子也可以带毒。

③西瓜花叶病毒 2 号（WMV—2），粒体线状，15 nm×710 nm，致死温度 45～

甜瓜花叶病病叶面呈疱斑状

受甜瓜花叶病为害，瓜果发生凹凸不平坏死斑纹

图 1—43　甜瓜花叶病

50℃，稀释终点 100～100 000 倍，传毒介体为桃蚜、棉蚜，病汁液接触也可以传毒，种子可能带毒。

三、害虫识别

1. 棉蓟马

烟蓟马又称棉蓟马，已发展为世界性害虫，国内各省也均有分布，尤以我国北方发生普遍而严重。其寄主范围很广，据记载，仅在英国的寄主可多达 357 种，我国记载的也有 70 多种。主要以棉花、烟草、葱、蒜、洋葱、韭菜、瓜类、马铃薯等受害最重。花蓟马除为害棉苗外，在棉花的花内最多。蓟马是以锉吸式口器为害植株，即先磨破植物组织，然后吸取汁液。为害棉花的症状有以下几种：为害棉花生长点，使棉苗仅剩两片肥大的子叶，成为无头的“公棉花”。棉苗从真叶开始到 1～2 片真叶期，生长点被害，叶肥处长出 2～4 个枝根，形成“多头棉”。嫩叶受害后，叶片随着生长出现破孔或破烂状，俗称“烂叶”，破烂的叶片有时叶柄延伸很长。子叶和成长真叶被害后，叶背出现银白色斑点、斑块，银斑在真叶的叶脉附近更为明显，叶正面出现黄褐色斑点、斑块。上述四种为害以前两种对棉花产量和品质影响最大。

（1）烟蓟马（见图 1—44）。

成虫：雌虫体长 1.1 mm，黄至淡棕色，触角 7 节，第 1 节色淡，第 2～5 节黄棕，第 6～7 节灰褐色，头宽大于长，长如前胸，头顶单眼鬃 1 对，单眼间鬃较短，在前单眼后外侧，位于三个单眼中心连线外缘，后角鬃长约 45 μm，前翅淡黄，前脉基部鬃 7 根或 8 根，端鬃 4～6 根，后脉鬃 15～16 根，腹部背片第 2～8 节前缘有两端略细的栗色横条，第 8 节后缘梳两侧缺，腹片无附属鬃。雄虫未明。

卵：肾形，长 0.2 mm 左右。

一龄若虫：体长 0.37 mm，白色透明，头部和附肢与身体的比例显著地大。

二龄若虫：体长达 0.9 mm，颜色变化较大，可自浅黄色到深黄色。

前蛹和蛹：与二龄若虫相似，但有翅芽，触角置于头的背方。

（2）花蓟马（见图 1—45）。

成虫：触角 8 节，前胸前角有长鬃 1 对，长于任何别的前缘鬃，前缘自中线向外第 2 对鬃较长，后角有 2 对长鬃，仅中胸腹片内叉骨有长刺，前翅前、后脉鬃排列均匀。雌虫体长约 1.3 mm，棕黄或部分橙黄，前翅浓黄，触角棕黄色，但 3、4 节较淡、较粗，通常第 3 节约为宽的 2.5 倍。头宽大于身长，短于前胸，头前缘触角间向前延伸，呈三角形。雄虫体小而黄、长翅形。

二龄若虫：体长约 1 mm，基色黄，触角除第 1、2 节端部及第 3 节两端，第 4 节基部淡白外，余灰色，足、腹部第 9、10 节多带灰色，复眼红，触角 7 节，第 3 节有覆瓦状环纹。第 4 节有环状排列的微鬃，头、胸约占体长的 1/3；前胸腹面，中、后胸的背、腹面，腹部（第 9、10 节除外）的背、腹面的体表有数排微颗粒，体鬃较长，触角、头、足、胸及腹部腹面的鬃尖锐，胸、腹部背面体鬃微圆钝，腹侧边缘有隐约可见的锯齿。

2. 棉盲蝽

新疆棉田里主要是牧草盲蝽，偶然可见苜蓿盲蝽。棉盲蝽寄主植物种类很多，除棉花外还包括 28 科 97 种。其寄主又分为越冬寄主和侨居寄主。牧草盲蝽的越冬寄主主要是苜蓿、地肤、蒿类等；而苜蓿盲蝽主要是紫花苜蓿、苕子等。侨居寄主包括的主要有

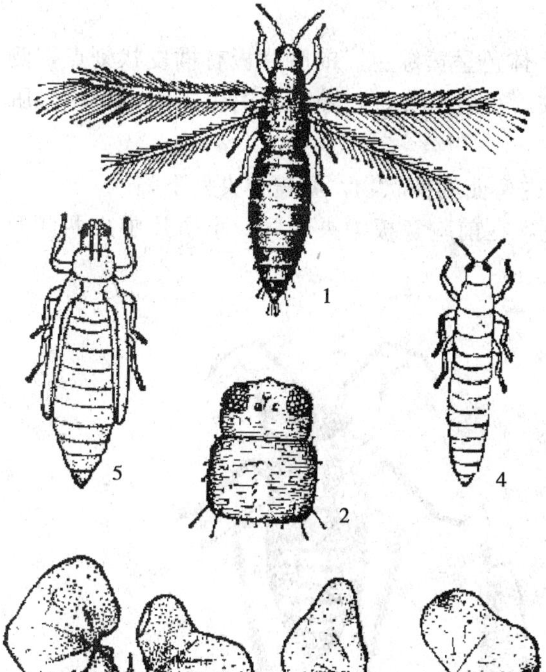

图 1—44　烟蓟马

1—成虫　2—头及前胸背面　3—卵　4—若虫

5—伪蛹　6、7—棉苗被害状

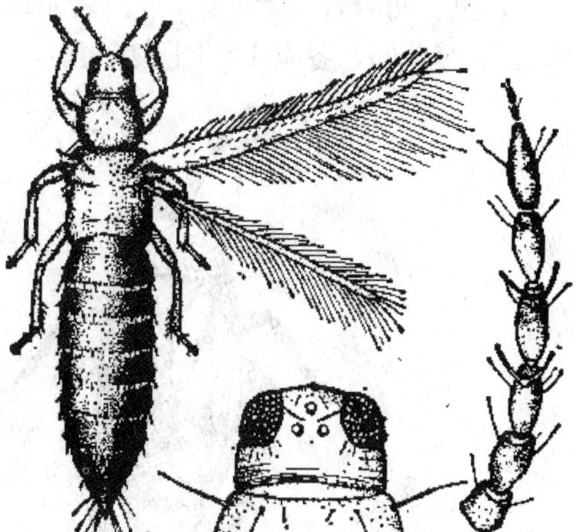

图 1—45　花蓟马

1—雌成虫　2—头及前胸背面

3—触角

棉、麦、玉米、高粱、谷子、豆类、苜蓿、柽麻、紫穗槐、向日葵、苘麻、胡萝卜等。为害状为：

（1）幼蕾受害：幼蕾开始出现时，受盲蝽刺吸式口器刺伤后，先变为黄褐色，后变为黑色，2～3 天后，干枯僵硬，形成“荞麦粒”而脱落。这是最主要的一种为害方式。

（2）大蕾受害：先是刺伤处出现褐色小点，后呈现黑斑，花瓣无法正常开放，棉蕾脱落。

（3）幼铃受害后，轻者出现褐色水浸斑，重者满布黑斑，僵化脱落，大铃受害呈现凹凸畸形。

（4）果枝生长点受害则生长点干枯，果枝或果节无法长出，子叶期生长点被害造成“公棉花”，1～3 片真叶期则形成多头棉。

（5）顶部嫩叶被害形成“破叶疯”，初呈现小黑点，随着叶片长大，小孔变大洞，造成不规则的烂叶。

1）牧草盲蝽（见图 1—46）。

成虫：长 5.5～6 mm，触角比身体短，体色呈黄绿色。前胸背板有橘皮状刻点，侧缘黑色，后缘有 2 条黑纹，中部有 4 条纵纹，小盾片黄色，中央黑褐色下陷，呈一心脏形纹。

卵：长约 1.1 mm，卵盖边缘有 1 个向内弯曲的柄状物，卵盖中央稍下陷。

若虫：初孵若虫黄绿色，5 龄若虫绿色，在前胸背板中央两侧，小盾片中央两侧及第 3、4 腹节间，各有 1 个圆形黑斑。

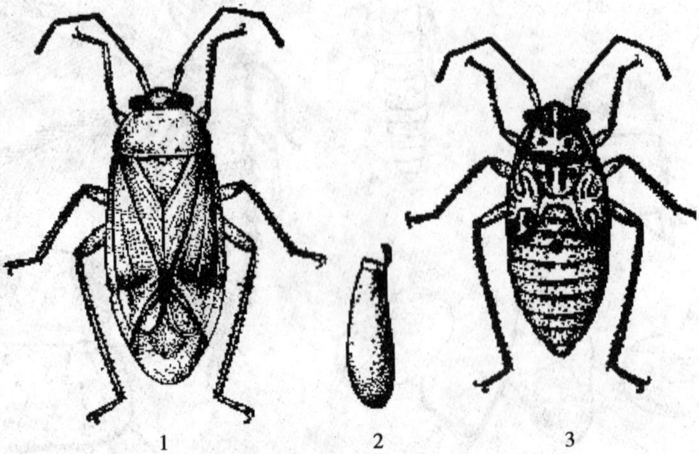

图 1—46　牧草盲蝽

1—成虫　2—卵　3—若虫

2）苜蓿盲蝽（见图 1—47）。

成虫：体长 7.5 mm，触角比身体长，体色黄褐色，前胸背板后缘有 2 个黑色圆点，小盾片中央有黑纹。

卵：长约 1.3 mm，卵盖平坦，黄褐色，边上有 1 个指状凸起。

若虫：初孵时全体绿色，5 龄时体为黄绿色，眼紫色，翅芽超过腹部第 3 节，腺囊口为八字形。

3. 双斑萤叶甲属于鞘翅目、叶甲科、萤叶甲亚科、长跗萤叶甲属。

分布在黑龙江、吉林、辽宁、内蒙古、河北、山西、浙江、湖北、湖南、四川、贵州；还有俄罗斯（西伯利亚）、朝鲜、日本、印度、越南、菲律宾、印度尼西亚、新加坡等国家。

寄主：禾本科、十字花科、豆科、杨柳科等。

成虫：长 3.6～4.8 mm，宽 2～2.5 mm，长卵形，棕黄色有光泽，头、前胸背板色较深，有时橙红色，鞘翅淡黄色，每个鞘翅基半部有一个近于圆形的淡色斑，周缘为黑色，淡色斑的后外侧常不完全封闭，它后面的黑色带纹向后突伸成角状，有些个体黑色

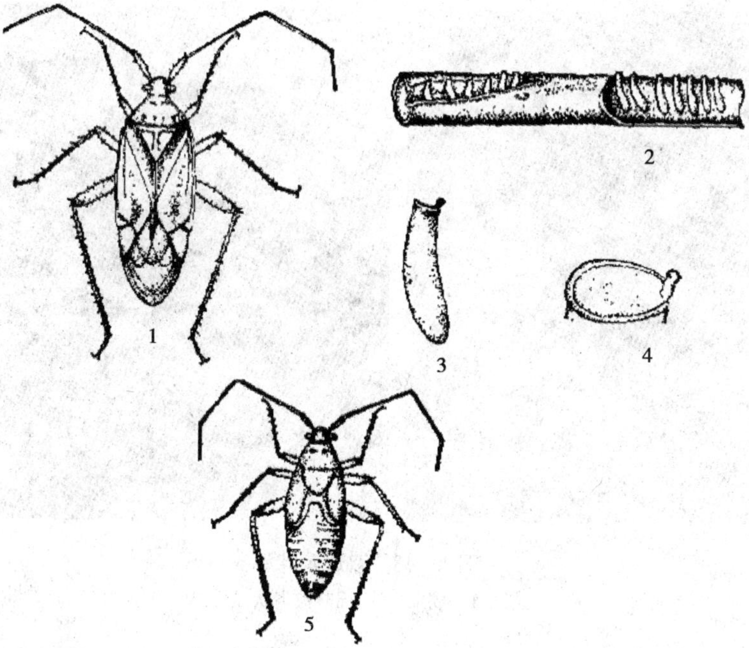

图 1—47　苜蓿盲蝽

1—成虫　2—棉叶柄上产卵状　3—卵

4—卵盖　5—五龄若虫

带纹模糊不清或完全消失。鞘翅缘折及小盾片一般黑色。触角（1～3 节黄色）、足胫节端半部与跗节黑色，腹面中、后胸黑色。头部三角形的额区稍隆，额瘤横宽，两瘤间有一细沟，具极细刻点，复眼较大，卵圆形，明显凸出。触角 11 节，长度约为体长的 2/3。前胸背板横宽，长宽之比约为 2∶3，表面拱突，密布细刻点，四角各具毛 1 根。小盾片三角形，无刻点。鞘翅长有密而浅细的刻点，侧缘稍膨出，端部合成圆形。后胫节端部具一长刺，后跗第 1 节很长，超过其余 3 节之和。雄虫腹部末节腹板后缘分为 3 叶，雄虫则完整（见图 1—48）。

卵：椭圆形，有些为红色，有些为黄色，卵壳表面有近等边的六角形网纹。

幼虫：长形，初产为白色，随着龄数增加，体色渐渐变为黄色。老熟幼虫化蛹前身体变粗，并稍弯曲。头部具触角 1 对，额缝、冠缝清楚，上颚端狭，具 3 个小齿。胸部 3 节，各具足 1 对，前胸背板骨化，颜色较深，腹部稍扁，共 9 节，自第 3 节以后明显膨阔。末腹节黑褐色，为一块铲形骨化板，端缘具较长的毛。气门 10 对，分布在胸部 2 对，1～8 腹节各 1 对。

蛹：长 2.8～3.5 mm，宽约 2 mm，黄色，体表具刚毛。前端为前胸背板，头部位于其下，小盾片三角形，前后翅位于两侧，前翅盖在后翅上，后胸背板大部分可见，腹

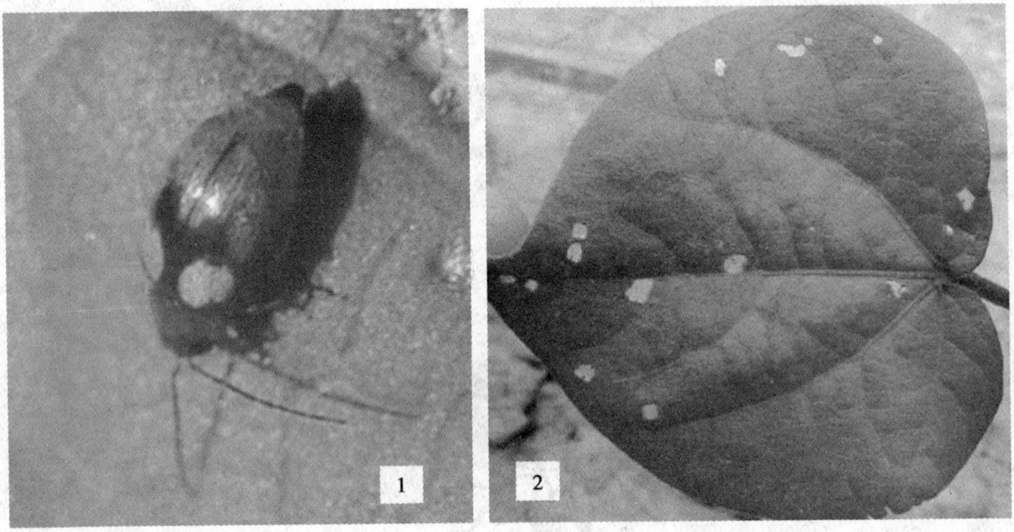

图 1—48　双斑萤叶甲

1—成虫　2—棉叶被害状

部 9 节，1～7 节各有气门 1 对，第 9 节末端有 1 对稍向外弯的刺。腹面可见头部、足、翅及部分腹节。触角自两复眼之间向外侧伸出，端部至前足近口器的地方，前、中足外露，后足大部分为后翅所覆盖。

4. 地老虎

（1）黄地老虎（见图 1—49）。

成虫：体长 14～19 mm，翅展 32～43 mm，前翅黄褐色，翅上有两个明显的褐色斑纹（肾状纹与环状纹），肾状纹外没有三角形黑斑，楔状纹明显。

卵：扁圆形，初产时乳白色，渐现淡红色斑纹。

幼虫：3 龄时体长 10～11 mm，土灰色有光泽，老熟幼虫 33～43 mm，黄褐色或灰褐色，或带桃红色，体表多皱纹，臀板上有两块偏黄色斑纹，中央断开，小黑点较多。

（2）小地老虎（见图 1—50）。

成虫：体长 16～23 mm，翅展 42～54 mm，体暗褐色。雌蛾触角丝状，雄蛾双节齿状前翅暗褐色，前翅前缘颜色较深，亚基线。内横线与外横线均为暗色双线夹一白线所成的波状线，前端部白线特别明显；楔状纹黑色，肾状纹与环状纹暗褐色，有黑色轮廓线，肾状纹外侧凹陷外有 1 条尖三角形剑状纹；亚缘线白色；锯齿状，其内侧有 2 条黑色剑状纹与前一条剑状纹尖端相对，是其最显著特征，后翅背面灰白色，前缘附近黄褐色。

卵：散产于地表，半球形，高 0.5 mm，宽 0.61 mm，表面有纵横交叉的隆起脊，

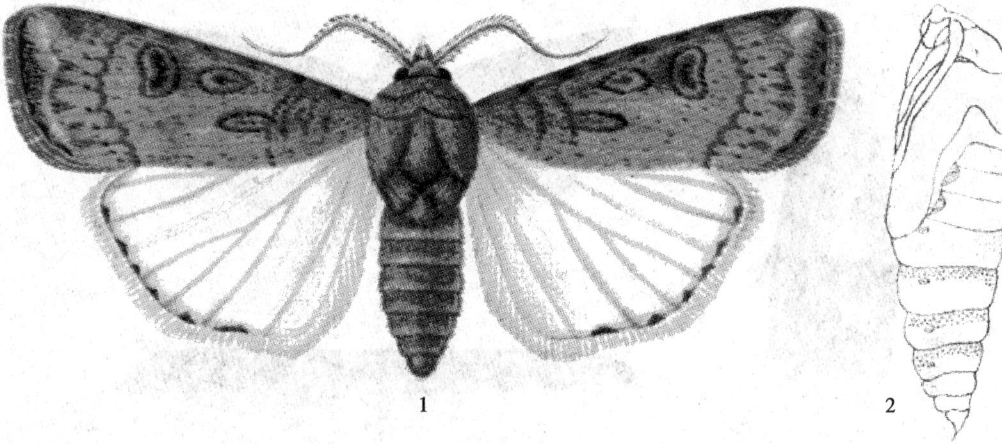

图 1—49　黄地老虎

1—成虫　2—蛹

初产时乳白色，孵化前灰褐色。

幼虫：多为 6 龄，少数 7～8 龄，成长幼虫体长 41～50 mm。体形稍扁平，黄褐色至黑褐色，体表粗糙，腹末臀板黄褐色，有对称的 2 条深褐色纵带。

蛹：体长 18～24 mm，宽 9 mm。红褐色或暗褐色，腹部第 4～7 节基部有 1 圈刻点，在背面的刻点大而深，腹端具臀棘 1 对。

5. 小麦皮蓟马（见图 1—51）

（1）形态特征。小麦皮蓟马又叫小麦管蓟马，是缨翅目管蓟马科微小的昆虫。

成虫：黑色，头部略呈长方形与前胸相辖。前翅仅有一条不明显的纵脉，并上延至顶端。腹部 10 节，腹部末端成管状，端部有 6 根细长的尾毛，尾毛间各生短毛 1 根。

卵：乳黄色，长椭圆形。

若虫初孵化时淡黄色，后转变为橙色、鲜红色，触角及尾管黑色，无翅。胸节各具 3 根长红毛，中胸及后胸各有翅芽 1 对，伪蛹与前蛹基本相似，但触角分节更不明显，紧贴于头的两侧，翅芽增长。

（2）为害症状。小麦皮蓟马的成、若虫锉破植物表皮，吮吸汁液。

1）使叶片出现灰白色细密斑点或黄条斑、局部枯死或全叶卷曲焦枯；为害生长点后，抑制生长发育，植株发黄凋萎或产生多头植株；花器和果实受害后，造成落花、落果或子粒空瘪。

2）成虫钻入花器内为害，影响小麦扬花，严重时造成小麦白穗。

3）成虫和若虫吸取麦粒的浆液，致使结实不饱满，麦粒空瘪，麦粒上出现褐黄色

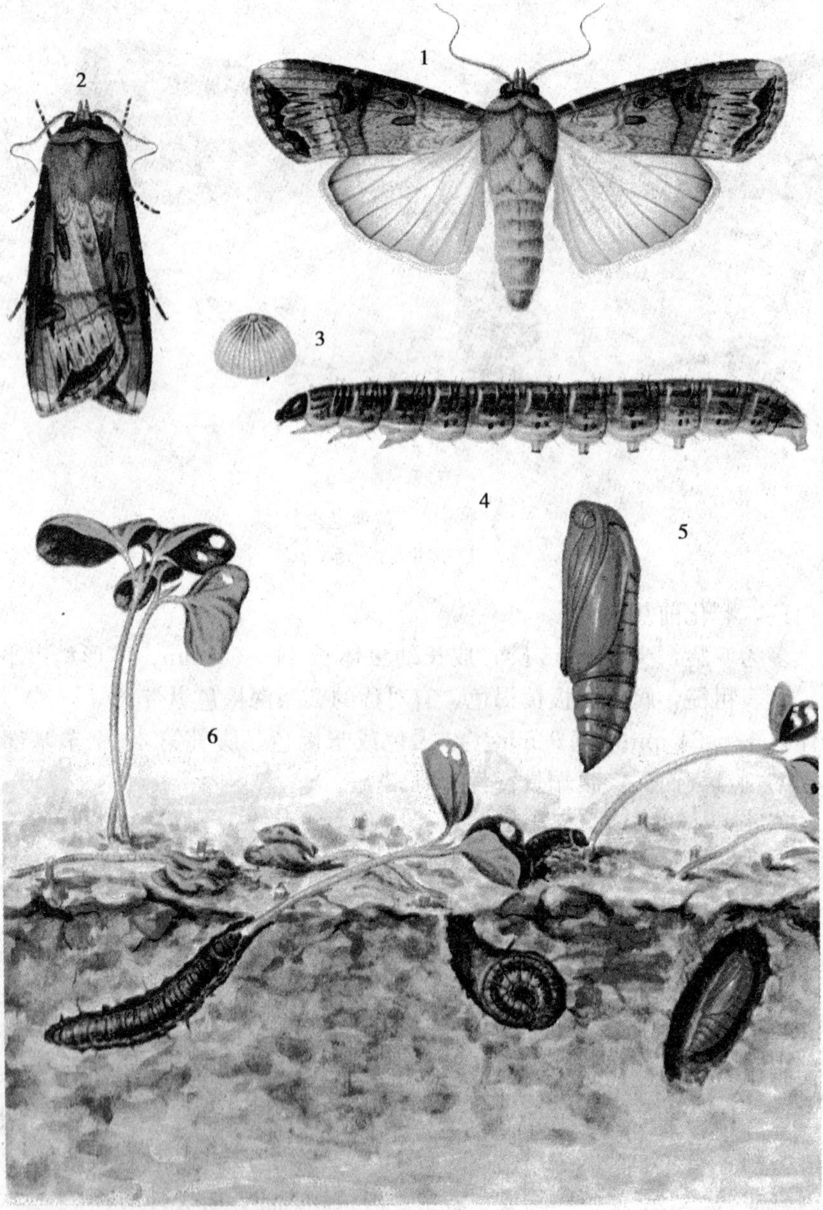

图 1—50　小地老虎

1—雄成虫　2—成虫静止状　3—卵　4—幼虫　5—蛹　6—幼虫为害状及入土化蛹

斑块，会降低面粉质量，减少出粉率。

6. 玉米蚜（见图 1—52）

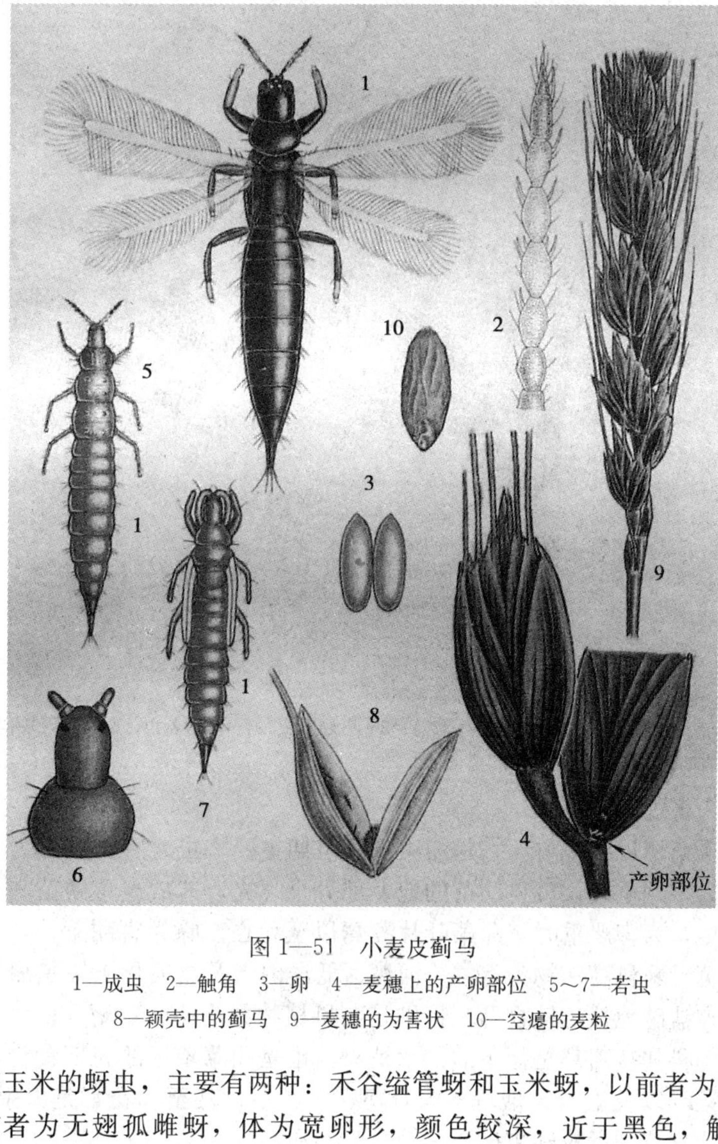

图 1—51　小麦皮蓟马

1—成虫　2—触角　3—卵　4—麦穗上的产卵部位　5～7—若虫
8—颖壳中的蓟马　9—麦穗的为害状　10—空瘪的麦粒

新疆为害玉米的蚜虫，主要有两种：禾谷缢管蚜和玉米蚜，以前者为主。两者肉眼较难区别，前者为无翅孤雌蚜，体为宽卵形，颜色较深，近于黑色，触角为体长的70%；后者为长卵形，颜色稍淡，为深绿色，触角为体长的40%。禾谷缢管蚜6月到8月是为害玉米的高峰期，大都集中在叶片背面，数量多时才为害穗部和茎秆。

玉米蚜有翅胎生雌蚜：体长16～20 mm，头胸部黑色发亮，腹部绿色，腹背的两侧各具3～4个黑点；触角黑色，6节，比体短，第3～5节有次生感觉圈，额疣显著；腹管和尾片均黑色。玉米蚜无翅胎生雌蚜：体长17～22 mm，淡绿色或暗绿色，体表常有一层蜡粉；复眼红褐色；触角短，约为体长的1/3，第3～5节无次生感觉团；腹管暗褐色，短筒状，端部梢缩；尾片短，中部稍收缩。

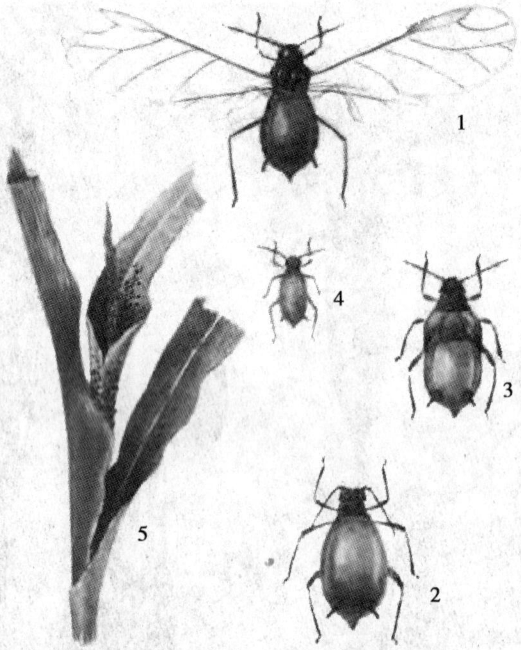

图 1—52　玉米蚜

1—有翅胎生雌蚜　2—无翅胎生雌蚜　3—有翅若虫　4—初孵若虫　5—玉米被害状

7. 甜菜象甲（见图 1—53）

（1）发生为害规律

甜菜象甲属鞘翅目象甲科。它是甜菜产区苗期主要害虫之一。成虫为害甜菜幼苗的子叶和真叶，为害严重时，可将幼苗的地上部分全吃光，造成严重缺苗甚至毁种。幼虫在土中啮食幼根，为害严重时，甜菜叶片萎蔫以至死亡。除为害甜菜外，还以玉米、烟草、向日葵、苋、藜科高作物为寄主。河湾、低洼内涝及盐渍化土壤是甜菜象甲最初的居留地。生长在盐碱地盐生植物群，特别是菊科植物如小藜、白藜、白滨、地肤等，苋科如野苋菜，菊科如盐蒿都是盐土的指示植物，也是甜菜象甲的先期食物。其他藜科植物如甜菜、菠菜等以及玉米、烟草、向日葵、三叶草，甚至棉花都是象甲取食的对象，一般来说成虫取食范围远较幼虫广泛。

甜菜象甲的成、幼虫均能为害，以刚出土的幼苗受害最重，4 月、5 月正值甜菜出苗期，甜菜象甲也到出土期，当时值野生寄主稀少，成虫又处于长期越冬的饥饿状态，需要大量取食以补充营养，并完成性成熟，于是对已经出土的甜菜幼苗大加为害，成虫咬断根茎，取食子叶和真叶，成虫一天为害 10～19 株，虫口密度大时，0.1 m^2 可捕到成虫 80 余头，造成严重缺苗断垄或毁种。随着甜菜根系的生长，6 月、7 月幼虫为害根部，由浅至深，将土层内块根咬食成洞穴，分支根增生，造成块根畸形，地上叶丛生，绿色减退，叶片枯萎发黄，边缘卷曲。

(2) 形态特征

成虫：体长 12～14 mm，体宽 4.9～5.6 mm。体壁黑色，密被分裂为 2～4 叉的灰至褐色鳞片，喙端被覆线形鳞片。前胸和鞘翅两侧以及和虫体腹面的鳞片之间散布灰白色毛。背面的鳞片形成 5 条条纹。中纹最宽，较暗，向前猛缩窄，其余 4 条条纹较淡，里面的两纹细而弯曲，延长到鞘翅行间 4 基部，外面的两纹宽。鞘翅中间有一条暗褐短斜带，后有一个明显翅瘤，行间 4 基部两侧和翅瘤外侧较暗。足和腹部散布黑色雀斑。

雌雄区别很明显，雄虫较瘦，腹部基部有凹陷，前足跗节 3 长于跗节 2，跗节 1～2 腹面的一部分为海绵状，跗节 3 腹面全部为海绵状。雌虫较肥大，腹部基部隆，前足跗节 3 和跗节 2 等长，跗节 3 腹面有像雄虫跗节 1、2 那样的海绵体，跗节 2 腹面仅有一个很小的海绵体。

幼虫：老熟幼虫体长为 10～15 mm，宽 5～6 mm，体肥胖，除头为黄褐色外，其余为乳白色，无足。肛孔两侧各有刚毛 1 根，肛节背方有横列刚毛 8 根。

蛹：体长 11～14.5 mm，乳白至黄色，各节后缘均有横列背刺，最末 3 节上背刺较长。

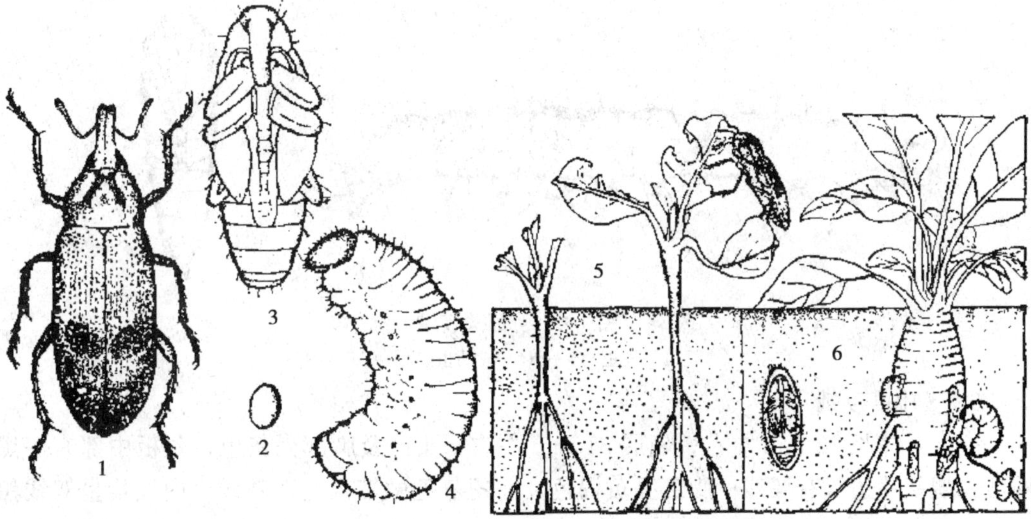

图 1—53　甜菜象甲

1—成虫　2—卵　3—幼虫　4—蛹　5—成虫为害状

6—幼虫在土中化蛹及为害状

8. 甜菜夜蛾（见图 1—54）

成虫：体长 10～14 mm，翅展 25～33 mm。体灰褐色。前翅内横线，亚外缘线为灰白色，外缘有 1 块黑色的三角形小斑，肾状纹与环状纹均为黄褐色，有黑色轮廓线。后翅银白色，略带粉红色，翅缘灰褐色。

卵：卵粒馒头形，直径0.5 mm，淡黄色到淡青色，卵粒重叠成卵块，有黄土色浅绒毛覆盖。

幼虫：老熟幼虫体长22～30 mm。体色变化较大，有绿色、暗绿色、黄褐色至黑褐色，3龄前多为绿色，3龄后头后方有两条黑色斑纹。不同体色的幼虫躯体部有不同的背线，或不明显。气门下线为明显的黄白色纵带，有时带粉红色。每节气门后上方各有一个明显的白斑，体色越深，白斑越明显，此为该虫的重要识别特征。

蛹：长约10 mm。黄褐色，第3～7节背面和第5～7节腹面有粗刻点。腹部末端具两根粗大的臀棘，垂直状，在每根臀棘后方各有1根斜向短毛。

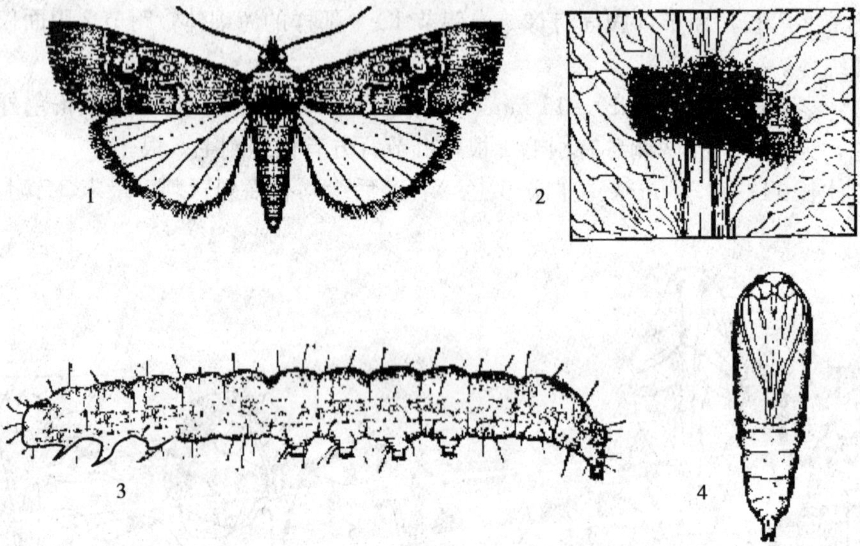

图1—54　甜菜夜蛾

1—成虫　2—卵　3—幼虫　4—蛹

9. 三叶草夜蛾

成虫：体长12 mm左右；翅展31 mm左右。头部及胸部褐灰色，颈板中部有一黑横线，翅基片边缘有黑线；腹部亮黄褐色；前翅灰色微带褐色，基线、内线均呈双线黑色波浪形，楔纹短小，褐色黑边，环纹斜圆形，灰黄色黑边，肾纹大，中央有黑褐纹，黑边，外线黑色锯齿形，亚端线灰黄色，在3、4脉上成大齿形，内侧2～4脉间有3个黑尖纹，外侧暗灰色，端线为一列黑点；后翅白色带污褐色，翅脉及暗区暗褐色。

幼虫：绿色或褐色，气门白色，亚背线上缘黑色。

10. 甜菜跳甲（见图1—55）

属鞘翅目，叶甲科。跳甲成虫以取害作物幼苗为主，可将子叶和真叶咬成筛孔或缺状，甚至咬断幼苗，造成毁种。这种跳甲还有嗜食野生的藜科与藜科杂草。

成虫：体椭圆形，后端稍尖，长1.7～2.2 mm，黑色，有暗绿光泽，体末端较圆，触角间隆起成脊形，前胸背板后缘有粗刻点，向下凹陷，鞘翅刻点成列，各列间又有小刻点。前中足胫、跗节暗褐色。

图 1—55　甜菜跳甲

11. 油菜露尾甲（见图 1—56）

属鞘翅目，露尾甲科。该害虫是北疆各地油菜种植区发生严重的一种害虫。寄主范围较广，主要有油菜、白菜、甘蓝、山芥菜、芥菜、萝卜、红花、胡萝卜、向日葵、马铃薯等 30 余种作物及杂草。以成虫和幼虫为害花蕾、主要取食花粉、雄蕊、花柄、萼片。受害严重的植株，造成花和花蕾干枯死亡，角果脱落。严重时有虫株率达 100%，油菜常减产 10%～40%，是十字花科作物花期的严重害虫。

成虫：体长约 3 mm，扁平椭圆形，黑色，有蓝绿色金属光泽。触角褐色，9 节，锤节 3 节，可放入头下侧沟中。足红褐色，前足胫节有小锯齿。体两侧近平行，鞘翅短，末端较平，不能全部覆盖尾节，上有不整齐浅刻点。

卵：长约 1 mm，椭圆形，白色，表皮光滑。

幼虫：灰白色，头部褐色，成长幼虫长 4～5 mm，头部黑色，胸、腹部白色，前胸背板有两块褐斑，其余各节也有褐色小疣，疣上有毛 1 根。

蛹：蜡白色，尾端分叉，翅芽达第 5 腹节，羽化前变黄色，羽化后变暗黑色。

12. 向日葵螟

向日葵螟，属鳞翅目，斑螟科；也有人将其列入螟蛾科。新疆各地均有分布，以北疆地区尤以玛纳斯河流域、五家渠垦区发生为重。幼虫蛀食向日葵种子，是为害的主要方面，特别喜食黑皮的品种。并且还咬食花盘和萼片，将咬下的碎屑和排出的粪便填充

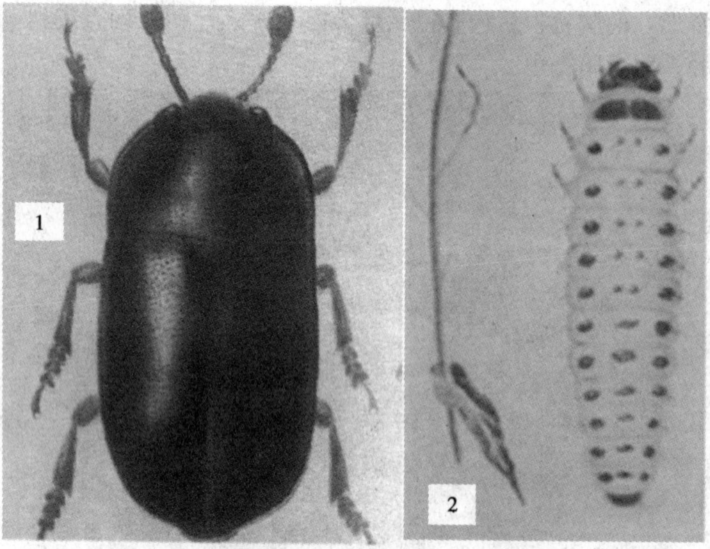

图 1—56　油菜露尾甲

1—成虫　2—幼虫

其中，污染花盘。在下雨时被害花盘全部腐烂，而后干枯，大大降低了产量和质量。

成虫：体长 8～12 mm，翅展 20～27 mm，灰色。丝状触角的基部柄节粗大，比其他节长 3～4 倍。前翅近中央处有 4 个黑色的斑点（内侧 3 个连在一起，外侧 1 个由两点连在一起），静止时前后翅紧包在体躯两侧，像一粒灰色的向日葵种子。

13. 稻水蝇蛆（见图 1—57）

稻水蝇蛆，以幼虫为害水稻，其蛹常固定在稻根上。所以又称为夹根虫。该虫分布于全疆各水稻种植区，是生活于盐碱水中的一种特殊蝇类，除为害水稻外，尚未见为害其他作物。

为害特性有幼虫（蝇蛆）蛀食稻种：在稻种刚刚萌发或在初生根生出之后，幼虫可蛀入稻种内部，稻种被蛀后，丧失发芽能力，造成严重的缺苗，这是为害最凶的一种方式。

蝇蛆咬食稻根：稻根被伤害或咬断后，扎根不牢，经微风一吹，即成漂秧。这种为害损失也很大。

蝇蛆阻碍根系生长：蝇蛆化蛹时，必须附着在他物上，如稻根、茎秆叶片以及田内漂浮物，妨碍幼苗及秧苗的正常生长，致使秧苗瘦弱而矮小。

形态识别：成虫复眼红褐色至黑褐色，头顶有金绿色光泽，胸部背面有紫色光泽，平衡棒及 3 对胸足均为黄色，腹部灰色而无光泽。卵乳白色。幼虫（蝇蛆）土灰色，头尖，内藏有黑色口钩 1 对。第 4～11 节的腹面均有突出的伪足 1 对；其末端有较整齐的小爪三排、前排长大，后排短小。幼虫尾端呼吸管成分叉状。蛹浅棕黄色，化蛹时由第

9 节与第 11 节伪足构成环状，用以固定在水稻根系或其他漂浮物上。

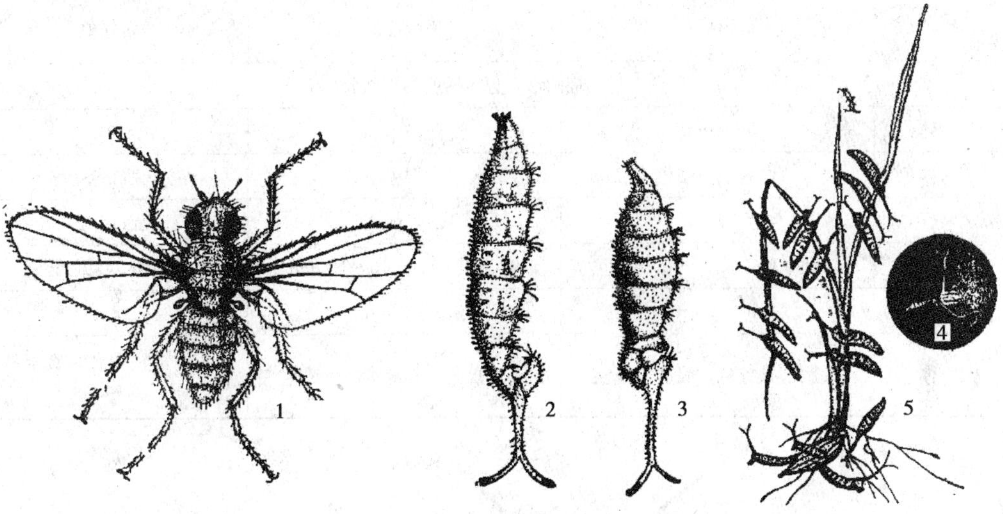

图 1—57　稻水蝇蛆

1—成虫　2—幼虫　3—蛹　4—幼虫为害稻芽　5—蛹固定在稻根上

14. 稻摇蚊（见 1—58）

新疆常见的摇蚊有三种：稻黑摇蚊、稻绿摇蚊和稻黄摇蚊。分布于水稻栽培地区。其中稻黑摇蚊是巴音郭楞蒙古自治州的焉耆、库尔勒、塔里木三个灌区水稻苗期的毁灭性害虫。三种稻摇蚊各虫态特征列表比较见表 1—9。

表 1—9　　三种稻摇蚊各虫态特征比较

虫态＼种类		稻黑摇蚊	稻绿摇蚊	稻黄摇蚊
成虫	体长	3.8～4.2 mm	3.5～4.0 mm	7～8 mm
	翅展	7～8 mm	6～7 mm	11～12 mm
	触角	雌虫丝状，短小；雄虫环毛状，粗大全部黑色	除柄节为黑色外其他部分灰黄色	全部为黄色
	复眼	黑色，呈马蹄形包围于触角的两侧	相同	相同
	前胸背板	暗灰色，有品字形的大黑斑，中间的黑斑可延伸到背板的后缘	草绿色，有较小的品字形黑斑	米黄色，品字形斑点为淡褐色
	胸足	深褐色，有时米黄色，各节末端深褐色	灰黄色，略呈烟黑	黄色
	腹部	米黄色，各节背面有黑斑	深绿色，各节相交处，黑色，有时各节背面有黑斑	灰黄色，各节背面中部有褐色云斑

续表

虫态 \ 种类		稻黑摇蚊	稻绿摇蚊	稻黄摇蚊
卵幼虫		乳白色，椭圆形，包于透明的带状胶质囊内		
	体长	5～8 mm	4～7 mm	15 mm 左右
	体色	白色或微红色	白色	血红色
	气门式	后气门式	后气门式	无气门式
	泥巢	泥巢型，长 20～30 mm	半泥巢型，长 10～15 mm	裸露型、无泥巢
蛹	体长	3.5～4.5 mm	3.2～4.0 mm	8～12 mm
	体色	头胸部铁青色，腹部微红色	头部褐色，胸部腹部草绿色	头胸部铁青色，腹部鲜红色

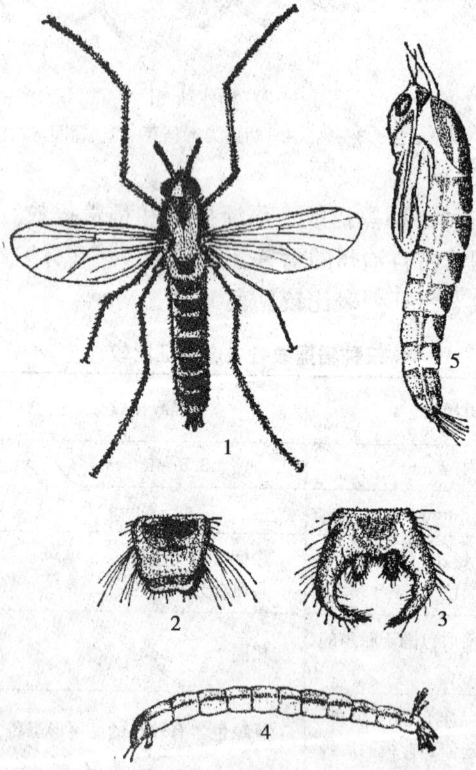

图 1—58　稻摇蚊

1—雌成虫　2—雄成虫腹部末端　3—雄成虫腹部末端

4—幼虫　5—蛹

单元 1

稻摇蚊以幼虫为害水稻的胚根、幼芽和叶片。水稻的萌动期，幼虫咬食胚芽，如果仅部分被害，则形成偏根苗或独根苗；若全部受害，则成为无根苗，造成种苗糜烂，导致水稻绵腐病的发生。特别是在早春气温偏低，幼苗瘦弱，生长延续的情况下，受害的田中常出现水稻烂种、死苗、漂秧和幼苗黄弱，影响保苗，重害田甚至毁种。

15. 瓜蚜

又名棉蚜，属同翅目，蚜科。无翅孤雌蚜：卵圆形，体深绿、草绿至黄色，前胸与中胸背面有断续灰黑色斑。腹部各节节间斑黑色。第 7、8 节背中有狭短灰黑横带，胸部各节及腹部第 2～4 节各有缘斑 1 对，腹管后斑大。触角第 1、2、6 节及第 5 节端部 1/3，喙的第 3 节及第 4、5 节，胫节端部 1/7～1/5 及跗节、腹管、尾片及尾板灰黑至黑色。中胸腹岔无柄。腹管长圆筒形，有瓦纹、缘凸和切迹。尾片圆锥形，近中部收缩有瓦纹，曲毛 4～7 根，一般 5 根。尾板末端圆，有长毛 16～17 根。生殖板有毛 9～13 根。

有翅孤雌蚜：长卵圆形。体头、胸黑色，腹部深绿、草绿乃至黄色，早春和深秋多深绿，夏季多黄色。触角第 3 节有小圆形次生感觉圈 4～10 个，一般 6～7 个，第 4 节0～2 个。但秋季有翅性母蚜触角第 3 节次生感觉圈增至 7～14 个。一般 9 个，第 4 节0～4 个。

16. 黄守瓜

黄守瓜属鞘翅目、叶甲科。我国为害瓜类的守瓜主要有 3 种，除黄守瓜外，另 2 种为黄足黑守瓜和黑足黑守瓜。黄守瓜分布于河南、陕西、华东、华南、西南等地，在长江流域以南地区为害最烈；黄足黑守瓜主要分布在长江流域以南各省；黑足黑守瓜在西北陕西、甘肃及其余各省（区）均有分布，其中以黄守瓜最为常见。黄守瓜食性广泛，可为害 19 科 69 种植物，几乎为害各种瓜类。受害最烈的是西瓜、南瓜、甜瓜、黄瓜等，也为害十字花科、茄科、豆科、向日葵、柑橘、桃、梨、苹果、朴树和桑树等。黄守瓜成虫、幼虫都能为害。成虫喜食瓜叶和花瓣，还可为害南瓜幼苗皮层，咬断嫩茎和食害幼果。叶片被食后形成圆形缺刻，影响光合作用，瓜苗被害后，常带来毁灭性灾害；幼虫在地下专食瓜类根部，重者使植株萎蔫而死，也蛀入瓜的贴地部分，引起腐烂，丧失食用价值（见图 1—59）。

成虫：体长 7～8 mm。全体橙黄或橙红色，有时略带棕色。上唇栗黑色。复眼、后胸和腹部腹面均呈黑色。触角丝状，约为体长之半，触角间隆起似脊。前胸背板宽约为长的 2 倍，中央有 1 个弯曲深横沟。鞘翅中部之后略膨阔，刻点细密，雌虫尾节臀板向后延伸，呈三角形突出，露在鞘翅外，尾节腹片末端呈角状凹缺；雄虫触角基节膨大如锥形，腹端较钝，尾节腹片中叶长方形，背面为 1 个大深洼（见图 1—60）。

卵：卵圆形。长约 1 mm。淡黄色。卵壳背面有多角形网纹。

幼虫：长约 12 mm。初孵时为白色，以后头部变为棕色，胸、腹部为黄白色，前胸盾板黄色。各节生有不明显的肉瘤。腹部末节臀板长椭圆形，向后方伸出，上有圆圈状褐色斑纹，并有纵行凹纹 4 条。

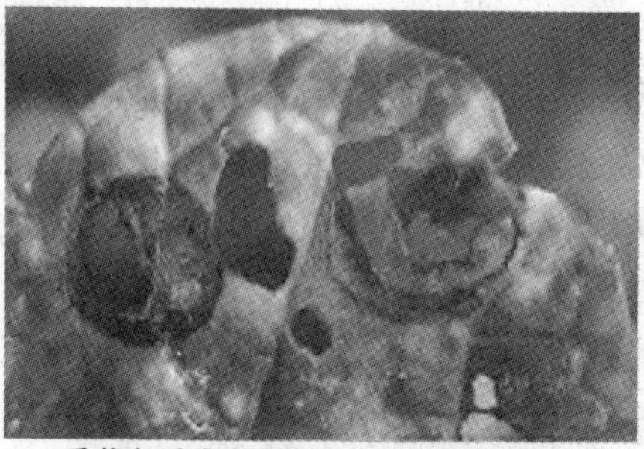

受黄守瓜成虫为害的西瓜叶典型受害状

受黄守瓜成虫为害的甜瓜叶

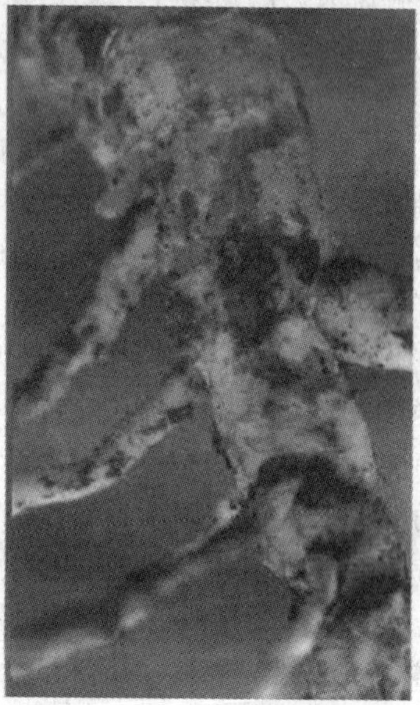

瓜根被黄足黑守
瓜幼虫为害状

黄足黑守瓜在土中结茧化蛹

图 1—59　黄守瓜为害状

图 1—60　黄足黄守瓜

蛹：纺锤形。长约 9 mm。黄白色，接近羽化时为浅黑色。各腹节背面有褐色刚毛，腹部末端有粗刺 2 个。

3 种黄守瓜成虫的区别：

鞘翅红黄色，足棕黄或棕红色，有些个体中、后足黑色，有时前足胫节和跗节亦为深色黄守瓜。

鞘翅黑色，有时略带紫蓝色或青色光泽；前胸背板棕黄或棕色。中、后胸腹板及足黑色，触角烟色为黑足黑守瓜。

中、后胸腹板及足橙黄或橙红色，足有时部分黑色为黄足黑守瓜。

17. 瓜种蝇

种蝇又名灰地种蝇，俗称地蛆、根蛆，属双翅目、花蝇科。是多食性害虫，幼虫为害瓜类、豆类及十字花科植物。幼虫蛀入初萌发的种子胚乳，使种子不能发芽而腐烂。蛀入幼苗茎内为害则造成死苗（见图 1—61）。

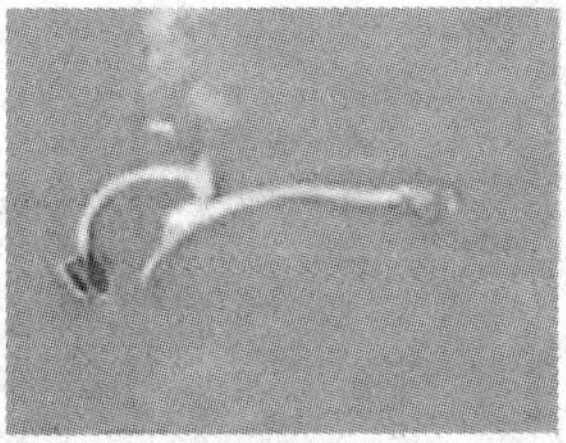

受瓜种蝇为害的瓜苗

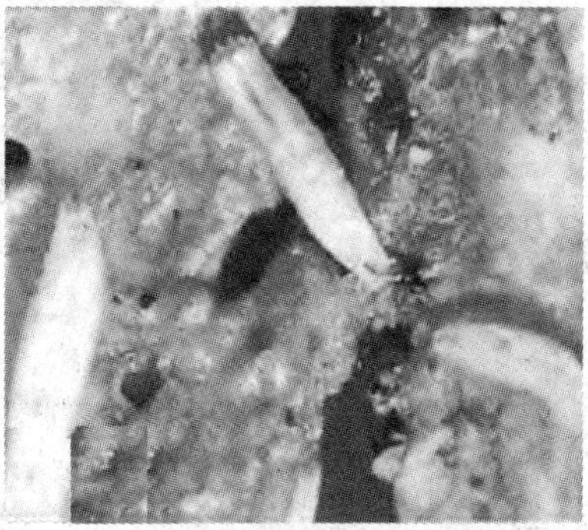

瓜种蝇幼虫及其为害状

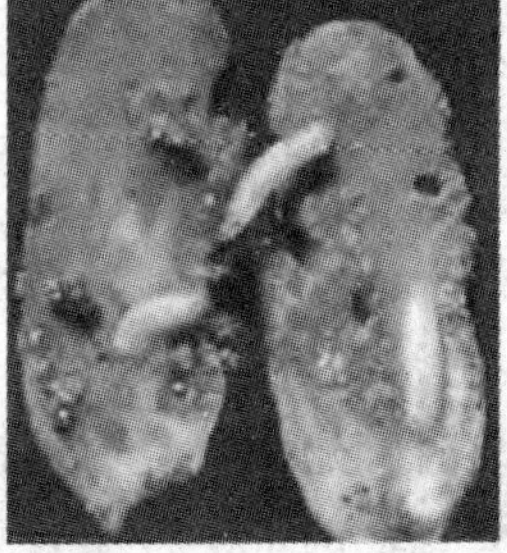

瓜种蝇幼虫为害种子

受瓜种蝇幼虫为害的瓜秧根茎

图 1—61　瓜种蝇为害状

成虫：体长 4～6 mm，暗黄色至暗褐色，头部银灰色。雄虫两复眼几乎相接触，触角黑色。胸部背面有 3 条黑色纵纹。腹部背面中央有一条黑色纵纹，各腹节间有一条黑色横纹，使腹背形成明显的小方块。雌虫略大于雄虫，颜色较浅，两复眼距离较宽，腹部背面中央纵纹不明显。

卵：乳白色，长约 1 mm，长椭圆形，稍弯，表面有网状纹。

幼虫：老熟幼虫体长 7～8 mm，白色至浅黄色，头退化，仅有 1 对黑色口钩。虫体前端细，尾端粗。

蛹：长约 5 mm，长椭圆形，红褐色，尾部有 7 对突起（见图 1—62）。

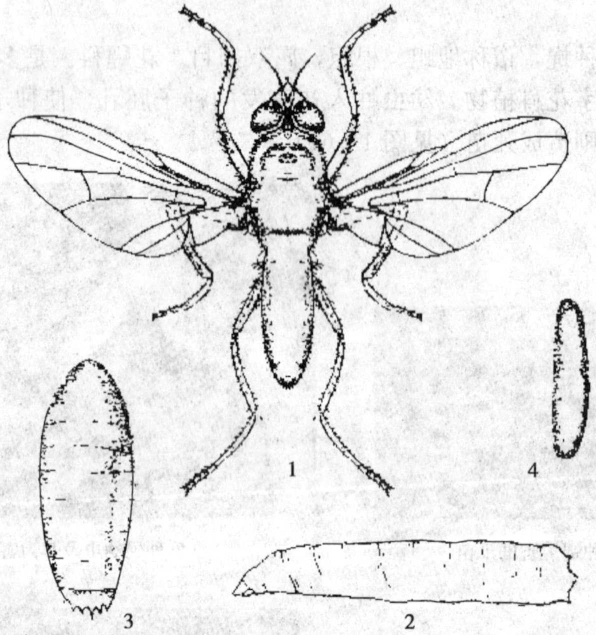

图 1—62　灰地种蝇

1—成虫　2—幼虫　3—蛹　4—卵

四、天敌的识别

1. 七星瓢虫

七星瓢虫雌虫呈半球形背面光滑无毛。刚羽化时鞘翅嫩黄色，质软，3～4 小时后逐渐由黄色变为橙红色，同时两鞘翅上出现 7 个黑斑点，位于小盾片下方者为小盾斑 1 个，小盾斑被鞘缝分割成两半。另外，在每一鞘翅上各有 3 个黑斑，鞘翅基部靠小盾片两侧各有 1 个小三角形白斑。头黑色，额与复眼相连的边缘上各有 1 个淡黄色斑。复眼黑色，其内侧凹入各有 1 个淡黄色小点，有时与黄斑相连。触角栗褐色，稍长于额宽，锤节紧密，侧缘平直，末端平截。唇基前缘有窄黄条，口器黑色，上颚外侧黄色。前胸背板黑色，两前角上各有 1 个近于四边形的淡黄色斑。小盾片黑色。前胸腹板突窄而下陷，有纵隆线，后基线分支。足黑色，胫节有 2 个刺距，爪有基齿。腹面黑色，但中胸后侧片白色。第 6 腹节后缘凸出，表面平整。雄虫第 6 腹节后缘平截，中部有横凹陷坑，上缘有一排长毛。七星瓢虫成虫如图 1—63 所示。

卵橙黄色，长卵形，两端较尖。成堆竖立在棉叶背面。每块卵一般 20～40 粒。一龄幼虫体黑色，二龄时第 1 腹节背面两侧各有 1 个黄色矮刺疣，三龄时第 1、4 腹节背面各有 2 对黄色矮刺疣。头部黑色，有稀疏淡色长毛。前胸背盾黄色，其上有 4 块黑斑，中央 2 块靠近，两侧两块小，中、后胸背盾合成 2 块呈瓜籽形，中央色浅，两侧黑色。腹部每 1～8 节背面刺疣黑色，而腹部第 1、4 节的外 2 对刺疣黄色，腹部腹面灰色，足灰黑色。

图 1—63　七星瓢虫

蛹体黄色。前胸背板前缘有 4 个黑点，中央 2 个呈三角形，前胸背板后缘中央有 2 个黑点，两侧角有 1 个黑斑。中胸背板有 2 个黑斑。腹部第 2～6 节背面左右有 4 个黑斑，腹末带有末龄幼虫的黑色蜕皮（见图 1—64）。

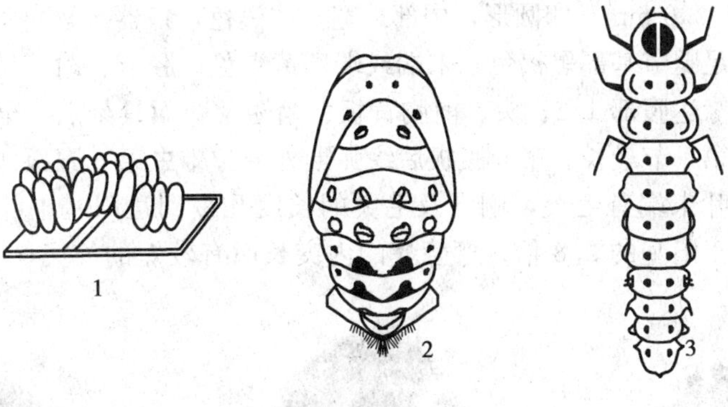

图 1—64　七星瓢虫的其他虫态

1—七星瓢虫卵　2—七星瓢虫蛹　3—七星瓢虫幼虫

2. 多异瓢虫（见图 1—65）

雌虫体长 4～4.7 mm。头前部黄白色，后部黑色，或颜面有 4 个黑斑，毗连或融合，有时与黑色的后方部分连接，复眼黑色，触角、口器黄褐色。前胸背板黄白色，基部通常有黑色横带向前 4 叉分开，或构成 2 个“口”字形斑。鞘翅黄褐色到红褐色。两鞘翅上共有 13 个黑斑，除鞘缝上、小盾片下有 14 个黑斑外，其余每一鞘翅上有黑斑 6 个。黑斑的变异很大，向黑色型变异时，黑斑相互连接或部分黑斑相互连接；向浅色型变异时，部分黑斑消失。腹面黑色，仅侧片部分黄白色。足基部黑色，端部褐色。唇基前缘在两前角之间齐平，触角锤节紧密。前胸背板后缘有细窄的边缘。前胸腹板无纵隆线，跗爪中部有小齿。捕食各种蚜虫。

3. 十一星瓢虫（见图 1—66）

雌虫体长 4～5 mm。虫体卵圆形，扁平拱起，头部黑色。复眼下部内凹处有小黄斑。前胸背板前角有三角形黄白色斑。小盾片黑色。鞘翅黄色，在小盾片下有 1 个大圆形黑斑，横跨两翅，另外每翅有 5 个黑斑，鞘翅斑纹变异较大。鞘缝无条纹。腹面黑色，中、后腹腹板后侧片黄色。足黑色。第 6 腹节表面不下凹，后缘渐缓外突。雄虫第五腹节后缘齐平；第六腹节表面中间全部凹陷，后缘内凹。

老熟幼虫体深灰色或灰黑色。头灰色，两侧及后缘色较深。前胸背板枯黄色，有 4 块灰黑色背盾，中央 2 块靠近，合成近圆形，两侧 2 块较小，近椭圆形。中、后胸背板中央均有黄灰色小方斑，背盾各合成两块，长形，横列，灰黑色，侧面刺疣黄白色。

腹部背面第 1、4 节 3 对刺疣依次为黑色、橙黄色、橙黄色，其余刺疣均为黑色，腹部各节中央有黄白色方形小斑。胸部和腹部腹面浅灰色，中央较淡。足深灰色或灰黑色。

捕食棉蚜、麦二叉蚜、麦长管蚜、菜缢管蚜、甘蓝蚜、桃蚜等。

4. 深点食螨瓢虫（见图 1—67）

雌虫体长 2～2.6 mm，卵圆形，中部最宽。体黑色，口器、触角黄褐色，有时唇基亦为黄褐色。步足腿节基部黑褐色，末端或端部黄褐色；胫节、跗节褐黄色。后基线呈完整宽弧形，后缘达腹部 1/2。头、前胸背板、鞘翅及腹面具刻点，全身密生白毛。腹部能见 6 节，以第 1 节最长。第 6 腹板后缘弧形外突。雄虫第 6 腹板凹入。雄性外生殖器阳基细长，侧叶末端有毛突，侧叶及毛突的长度几乎到达阳基中叶的末端。弯管细长，其长度相当于阳基的 2.8 倍；弯管囊的内突长而有较短的外突，中部有横凹陷坑，上缘有一排长毛。

图 1—65　多异瓢虫

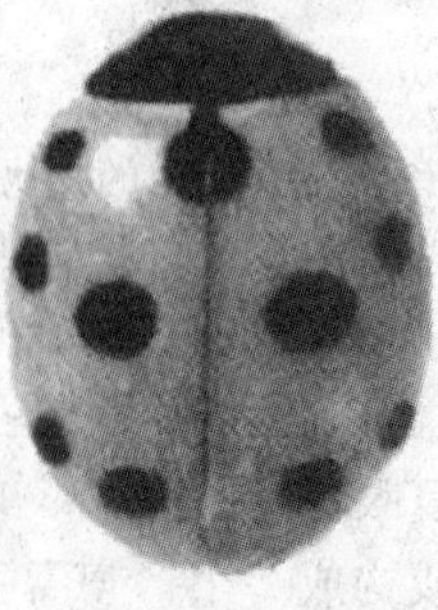
图 1—66　十一星瓢虫

图 1—67　深点食螨瓢虫

卵长椭圆形，长 0.45 mm，宽 0.21 mm 左右。初产时淡黄白色，后变为黄色，孵化前变黑色。老熟幼虫体长 3 mm，灰黑色。胸部各节具不规则背盾 2 块。腹部第 1～8 节两背线处各具一多边形褐斑，该斑各顶角处及中部分别着生 1 根淡色刚毛。侧突及侧下突呈疣状。

蛹为离蛹，体长 3.48 mm，宽 1 mm。刚化蛹时为橘黄色，几小时后变黑，化蛹时间愈长颜色愈暗。体密生长刚毛，腹部第一节背面有 2 个较大毛疣，第 2～6 节背面各有 4 个毛疣，各毛疣上有 4～5 根刚毛。

深点食螨瓢虫以成虫阶段在树皮裂缝、墙缝、土块缝隙和枯枝落叶下越冬。一年可发生 3～4 代。在春天气温上升到 12℃以上时开始活动，到 10 月份进行越冬。成虫的活动能力受气温的影响，高温干旱对其发育有抑制作用。在早晨和傍晚气温较低时，不爱活动，稍受惊动，落地假死。反之，在午间温度较高时，活动能力较强，受触动即迅速爬行或飞行。

深点食螨瓢虫在 24～28℃，相对湿度 78%的条件下，完成一个世代需 20～26 天。其中卵期 3～4 天，一龄幼虫期 2 天，二龄幼虫期 2～3 天，三龄幼虫期 2 天，四龄幼虫期 2 天，全幼虫期 8～9 天；蛹期 6～8 天；成虫寿命 32～52 天。越冬代成虫寿命长达 220 天。

一头成虫日平均捕食成螨 15 头和卵及幼螨 21 头，各龄幼虫平均捕食 25 头，四龄幼虫日食量最高可达 40 头以上。

5. 丽草蛉（见图 1—68）

成虫体长 9～10 mm，前翅 14～15.5 mm，后翅 11～13 mm。体绿色，虫头部有对称的三叉形褐色斑纹，前胸背板有倒“八”形斑纹，除胫节黄褐色，腿节末端及胫节基部有褐斑。二龄幼虫头部背面有具 3 对黑褐斑，常有分枝或部分愈合，变化较大，前胸背板有“］［”形斑纹，体背面两侧有较粗的亚背线。三龄幼虫头部背面有对称三叉形斑纹，前胸背板有“八”形斑纹，胸部有黑褐色斑纹。茧为白色，圆球形，表面光滑无杂物。

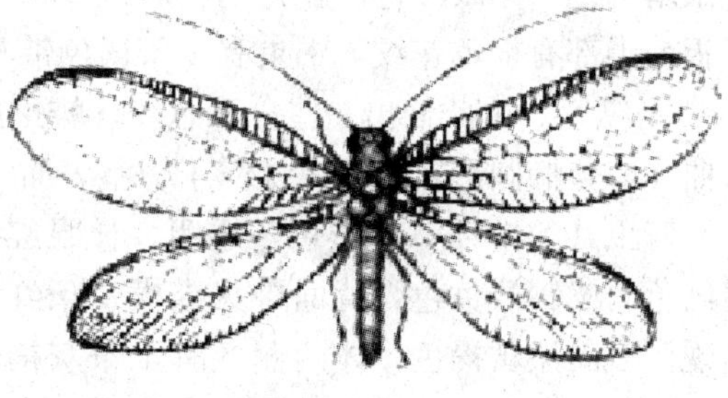

图 1—68　丽草蛉

6. 叶色草蛉（见图 1—69）

成虫体长 8～10 mm，翅展 26～28 mm，前翅 14～15 mm，后翅 11～12.5 mm。体绿色，下颚须和下唇须黄褐色。头部有 9 个黑斑：中斑 1 个、角上斑 1 对、角下斑 1 对（新月形）、颊斑 1 对、唇基斑 1 对（长形）。叶色草蛉成虫与丽草蛉大小、色泽相似，主要区别是：前翅的前缘横脉列只有靠近亚前缘脉的一端为黑色，其余均绿色，径中横脉连在内中室的顶角，不呈直线。卵椭圆形，单粒散产。

一龄幼虫头部有两个“V”形斑纹，前胸背面有“H”形斑纹，中胸前有“H”形斑纹。二龄幼虫头部有两个三叉形斑纹，前胸背板有“］［”形斑纹，中胸斑纹呈“八”字形，后胸为心脏形。三龄幼虫头部背面有对称三叉形斑纹，胸部有两条粗大的亚背线，腹部体侧有断续的纵纹。茧为灰白色，近圆球形，表面光滑无杂物。

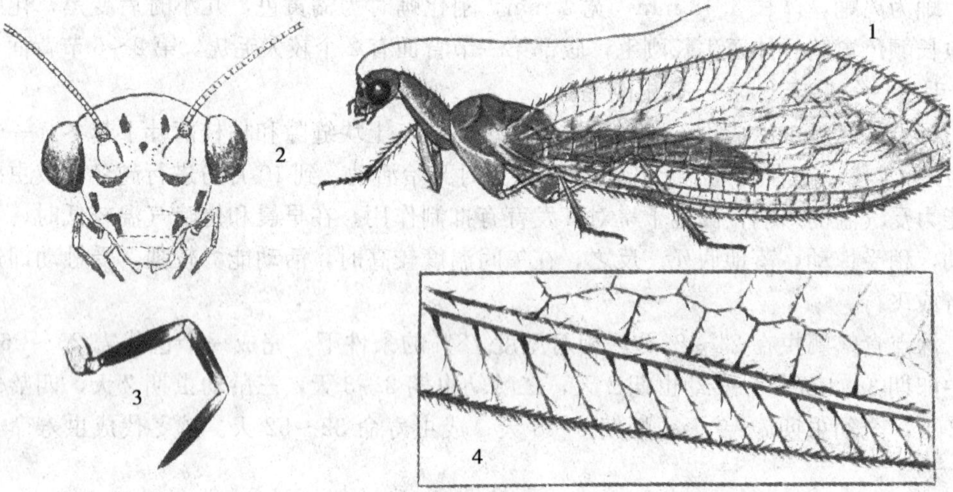

图 1—69　叶色草蛉

1—成虫　2—成虫头部正面　3—下唇须　4—成虫前翅前缘横脉列

7. 华姬蝽（见图 1—70）

成虫体长 7～8 mm，宽 3 mm。全身为淡黄褐色。头部狭长，头顶有黑褐色花纹，复眼暗褐色，单眼红色。触角为棒状，4 节。喙管弯曲呈弧形，末端与腹部紧贴。前胸背板前半部有褐色花纹，中央有 1 条褐色带与中胸小盾片三角形褐斑相连。前翅膜片有 3～4 个纵室，由此伸出一些分叉脉纹。雌虫尾部有一剑状产管。卵为半透明，呈圆柱形弯曲，卵盖椭圆形，有网纹裸露于嫩茎表面，单行排列。

若虫共 5 龄期，淡黄色，透明。长眼红色，后渐变为暗红色。二龄淡黄色，背面中央纵横一条红线。翅芽开始出现。三龄淡黄褐色，体两侧各有 1 条灰褐色纵带。翅芽已达腹部第 2 节。四龄淡黄褐色，翅芽达腹部第 4 节，并有 1 对单眼出现。五龄翅芽已达腹部第 5 节。其他特征与成虫相同。

图 1—70　华姬蝽

8. 塔六点蓟马（见图 1—71）

成虫体长 0.90 mm 左右，淡黄至橙黄色。头顶平滑。单眼区呈半球形隆起，形似花菜；单眼间有 1 对长鬃，在单眼区前方接近两触角窝有 1 对短鬃。触角 8 节，较短，约为头长的 1.50 倍，第 2 节最大，近似圆形，末端 2 节最小。前胸长约与头长相等周缘黑褐色长鬃 6 对，靠近前缘和后缘中部各 1 对，两侧缘共 3 对。

卵　若虫　蛹　雌成虫

图 1—71　塔六点蓟马

9. 棉蚜茧蜂（见图 1—72）

雌蜂黄褐色，体长 1.90～2.10 mm。头横形，比胸部宽，褐色，圆滑有光泽。触角 13 节，自柄节至鞭节末端由黄褐色渐变为深褐色。前胸黄褐色，中胸背板和侧板、小盾片、后胸、并胸腹节褐色。中胸盾片、小盾片圆滑有光泽。盾纵沟仅上部深而明显。并胸腹节具五边形小室。翅密被细毛，翅脉淡褐色；翅后脉为径脉长的 2.3 倍；没有中间脉和第 1 径间脉，第 2 径间脉一般色淡且明显。中脉仅存第 2 径间脉下一小段。腹部褐色，腹柄节背板、第 2、3 节背板间缝黄色。腹柄节微皱，具中脊。足黄褐色。雄蜂体比雌蜂小。卵为菱形。幼虫白色，头部具大而突出的上颚。蛹黄褐色，卷曲于丝质的茧内。

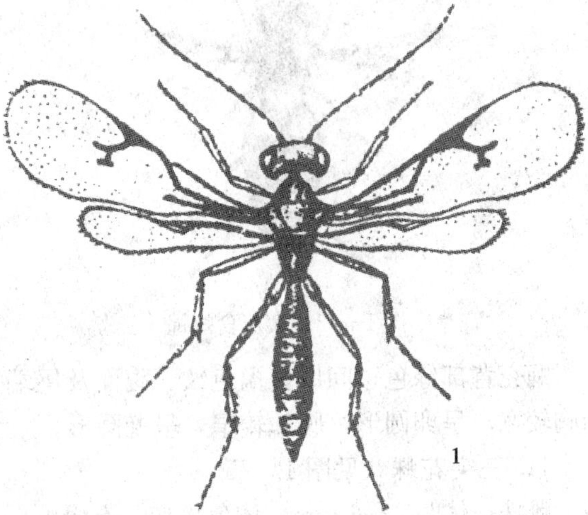

图 1—72　棉蚜茧蜂

10. 大灰食蚜蝇（见图 1—73）

雌成虫体长 9～10 mm。眼棕黄色，中突棕色。触角棕黄至黑褐色，中胸背板暗绿色，具黄毛。小盾片棕黄色，毛同色，有时混有少数黑毛。腹部黑色，第 2～4 腹节背板各有一对大黄斑，第 2 腹节背板黄斑的外缘前角超过背板边缘。第 3、4 背板上的黄斑完全分开，第 4、5 节背板后缘黄色。雄虫第 3、4 背板上的黄斑中间常相连，第 5 节背板大部分黄色。尾节外露且大，亮黑色。幼虫纵贯体背中央有一条前狭后宽的黄纵带，第 4～10 节背部正中各有一条黑纹，第 5～10 节上黑纹较粗，且两侧各有一条前端向内后端偏外的褐色斜纹。背中央黄色纵带的两侧黄褐色，中间杂以黑、白、紫等色彩。体背和两侧有刺突，末端呼吸管甚短，黑色。

成虫体长 9～10 mm。额与眼黄色，毛亦同色。触角基部 2 节深褐色，第 3 节棕黄色，口缘深褐色。雌性蝇正中具有 1 条前宽后窄的黑色纵纹。小盾片黄色，毛亦同色。中侧片后端大半部、腹侧片上端（接近中侧片处）白色，上被白毛。雄蝇后足转节具 1 根短粗刺。腹部棕黑至黑色，第 2 腹节背板大型黄斑 1 对，相互远离，第 3、4 背板各有 1 条黄色宽横带，接近背板前缘，第 4、5 节背板后缘黄色。雄尾节棕黄色。雌蝇第 5、6 背板仅边缘棕黄色。成虫刚羽化时，额与颜、中胸背板两侧缘、第 2～4 腹节背板上的横带均为黄绿色。

老熟幼虫全体翠绿色，背中线上有 1 条前窄后宽的黄白色纵带。腹部后端常杂有不同程度的黑斑。尾端呼吸管短，深褐色。第 1～3 体节上各有刺突 8 个，第 4～10 体节上各有刺突 10 个，尾板两侧各具 1 根刺。后呼吸管明显短于体刺毛。气门板淡黄褐色，气门褐色（见图 1—74）。

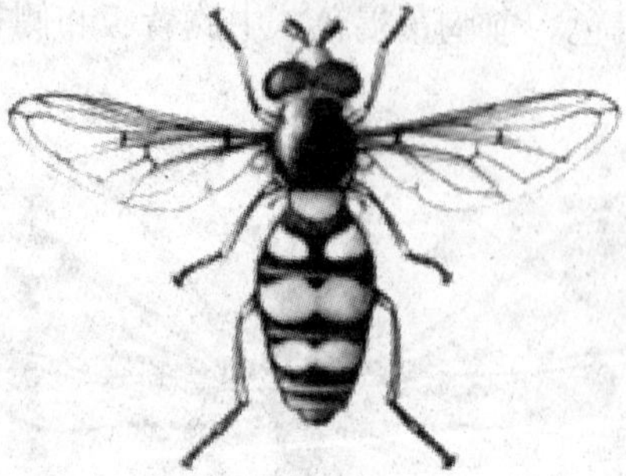

图 1—73　大灰食蚜蝇

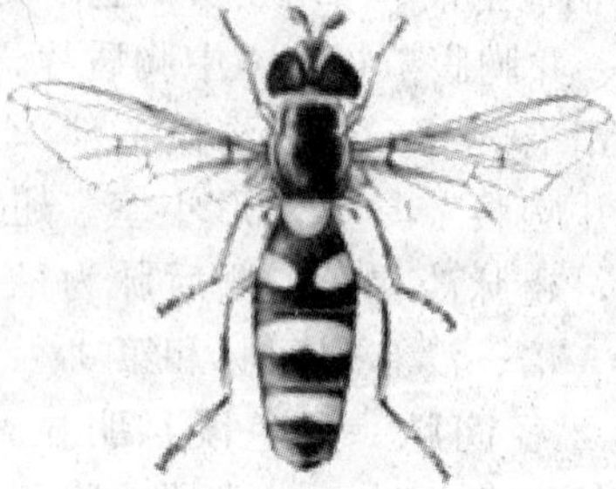

图 1—74　短翅细腹食蚜蝇

蛹壳背部绿色，间以黄褐色纹。腹面及尾端褐色。复眼淡黄色。体柔嫩、肥胖，头和胸较宽，呈卵圆形，腹部较窄，呈椭圆形。

11. 三突花蛛（见图 1—75）

雌蛛：体长 4～6 mm。体色多变，有绿、白、黄色。两眼列均后曲，前侧眼较大并靠近，余眼等大，均位于眼丘上。心脏斑心形，长宽几乎相等。前两对步足长，各步足具爪，有齿 3～4 个。腹部呈梨形，前宽后窄，腹背斑纹变化较大，有三种基本类型：无斑型、全斑纹型及介于两者之间的中间斑纹型。

雄蛛：体长 3～5 mm。背甲红褐色，两侧各有 1 条深褐色带纹，头胸部边缘呈深褐色。有 2 对步足的膝节、胫节、后跗节的后端为深棕色。触肢器短而小，末端近似 1 个小圆镜，胫节外侧有 1 个指状突起，顶端分叉，腹侧另有 1 个小突起，初看似 3 个小突起，因此而得名。

幼蛛：三突花蛛幼蛛一般蜕皮 5 次有 6 个龄期，亦有 5 个龄期（雄）、8 个龄期和 9

个龄期（雌）。各龄期的特征：

一龄：体长 1.20～1.50 mm。全体黄色、透明无斑纹。二列眼均后曲，占据头部整个宽度，除前中眼略小外，其他 6 只眼等大。体毛不直立，背甲处有 3～4 根刺。头胸部与腹部几乎等长，呈圆形。步足粗壮，爪不显，在卵袋内。

二龄：体长在 1.90 mm 左右。体橘黄色，透明。眼丘出现。体毛和刺直立，胸板桃形，腹部扁平，背面有银白色斑块。第 1、2 对步足长于第 3、4 对步足。

三龄：体长 1.70～2.50 mm。头胸部黄白色或浅绿色。半透明或不透明。腹部长于头胸部。腹背心脏斑明显。第 1、2 对步足的颜色较第 3、4 对的颜色稍深。

四龄：体长在 2.30～3.40 mm。头胸部浅绿色或浅黄色，腹部有白、黄、浅绿色组成不规则云状斑，心脏斑有的个体不明显，有的个体呈“干”状或“三”形。

五龄：体长 2.90～4.30 mm。雌雄蛛已开始可以区别：雌蛛头部橘红色，腹部黄白、黄绿色，鳞状斑连接较密。腹部呈梨状，明显大于头胸部，出现各种斑纹。少数个体外，雌器处已突出。雄蛛体色较雌蛛绿。背甲从侧眼向后方呈现出一对褐色环带。第 1、2 对步足明显有褐色环纹。触肢末端已开始膨大呈荷苞状。

六龄：雌体长 3.70～6.30 mm。头胸部白色、米黄色至绿色。腹部黄白色和银白色，腹侧到腹末有斜形环带，有的个体有斑纹。生殖器已隐约可见。

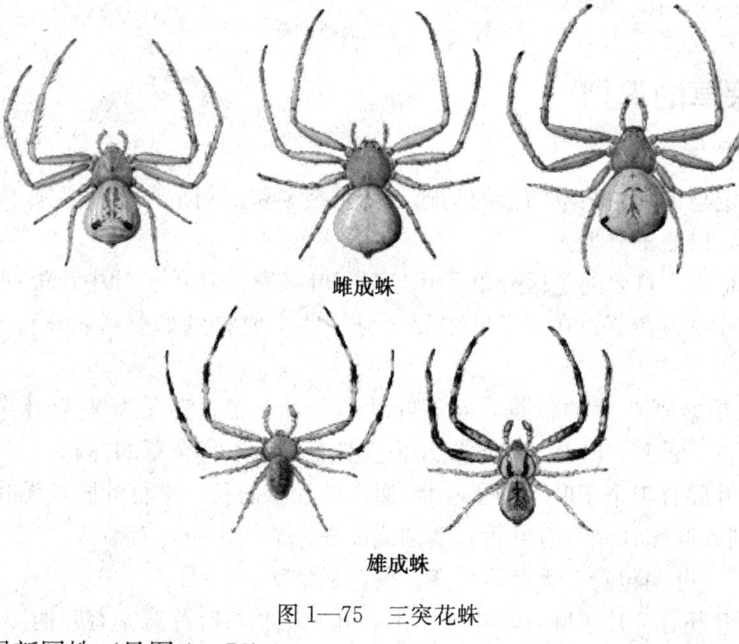

图 1—75　三突花蛛

12. 黄褐新圆蛛（见图 1—76）

雌蛛体长 9～16 mm。全体呈黄色，而头胸部的色泽较深，为黄褐色，中央及两侧均有黑色纵斑。中眼区呈倒梯形，前边大于后边。前、后侧眼靠近。螯肢黄白色，螯爪短小，为黑褐色。胸板黑色并具忽粗忽细的淡褐色线纹。步足黄白或淡黄色，多刺。腹部卵圆形，背面黄色，前端有 2 个黑点，中部显有 2 个弯曲的黑斑，后部有 4 条黑色横纹。腹部腹面黑褐色，两侧各有 1 条较宽的黄白色纵纹。纺器附近有 1 对黄白色圆斑。

雄蛛体长 7 mm，除体躯瘦小外，其色泽及斑纹皆同雌蛛。

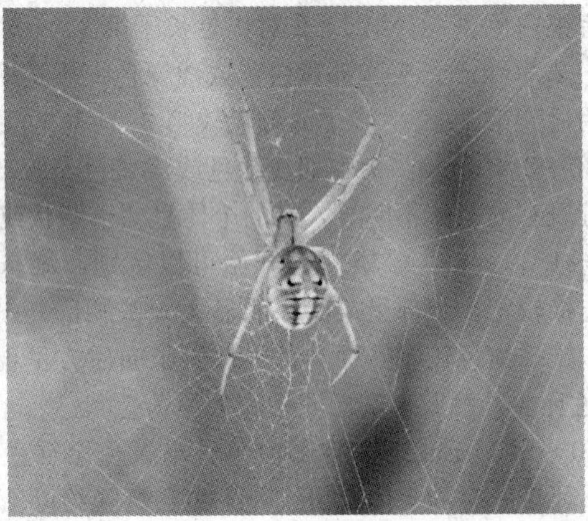

图 1—76　黄褐新圆蛛

五、农田杂草的识别

1. 杂草的形态

杂草的鉴定与识别是杂草防治的基础，而要鉴定和识别杂草，就必须了解和掌握杂草的形态特征，以便于分类。

在化学除草中，首要的是区分单子叶与双子叶杂草。在单子叶中，根据形态特征要区分禾本科与莎草科杂草；在双子叶中要区分一些主要科别如蓼科、藜科、十字花科、菊科等杂草。

形态特征是鉴别杂草的依据，花、叶片、子叶、根、茎是鉴别双叶杂草的根据；芽、叶片、叶舌、舌基、叶耳、叶鞘以及根则是鉴别禾本科杂草的标志。

（1）单子叶胚有 1 个子叶（种子叶），通常叶片窄而长，平行叶脉，无叶柄。

1）禾本科。叶鞘开张，有叶舌。茎圆或扁平。节间中空，有节。

2）莎草科。叶鞘包卷，无叶舌。茎三棱，通常实心，无节。

（2）双子叶胚有 2 片子叶，草本或木本，叶脉网状，叶片宽，有叶柄。

1）苋科。营养体含红色素。叶对生或互生，无托叶。花小，不显著。

2）蓼科。茎节膨胀。单叶互生，叶柄基部的托叶常膨大成膜质托叶鞘。花小，花簇由鞘发出，瘦果。

3）藜科。叶互生，无托叶。花不显著，密集，小坚果。

4）菊料。头状花序，花两类，内部为管状花，外部为舌状。

5）十字花科。常有根生叶。花两性，总状花序，萼片4枚，花瓣4枚，雄蕊6枚，4长2短，称为四强雄蕊；雌蕊由两心皮结合而成，子房上位，角果。

6）旋花料。缠绕草本，有的有乳液。腋生聚伞花序，花大形，花冠漏斗状，子房上位，蒴果。

7）唇形科。茎四棱。单叶对生。轮状聚伞花序，不整齐两性花，小坚果。

（3）杂草形态在防治上的应用。生产上应用除草剂时，一般根据除草剂品种的作用特性，按照形态特征，将杂草划分为：

1）多年生阔叶杂草双子叶，种子与营养器官繁殖，如田旋花、苣荬菜、蓟等。此类草耕翻后能够再生，由于借助于根茎与根芽进行繁殖，所以应用大多数土壤处理除草剂难以防治，通常采用传导性茎叶处理剂能够杀死地下繁殖器官。

2）大粒一年生阔叶杂草双子叶，种子繁殖，种子直径超过2 mm，发芽深度达5 cm，如果种子在药层下发芽，则应用土表处理的除草剂难以防治，如苍耳、鸭跖草、苘麻等。

3）小粒一年生阔叶杂草双子叶，种子繁殖，种子直径小于2 mm，一般在0～2 cm土层发芽，如藜、苋、荠、野西瓜苗等，用土壤处理除草剂可有效地防治。

4）多年生禾本科杂草种予及营养器官繁殖，由于以地下营养器官繁殖为主，故用土壤处理除草剂难以防治，耕翻后能再生，宜用传导性苗后茎叶处理除草剂进行防治。此类杂草有狗牙根、假高粱、香附子等。

5）大粒一年生禾本科杂草种子直径超过2 mm，发芽深度达5 cm以上，用土表处理除草剂难以防治，如野黍、双穗雀稗等。

6）小粒一年生禾本科杂草种子直径小于2 mm，发芽深度1～2 cm，土表处理除草剂能有效防治，如稗、马唐、金狗尾草。

2. 杂草的分类

通常，杂草学中最常用的是科、属、种、亚种与变种；全世界有花植物约450科，其中少数几个科中约200种杂草会在农业生产上造成损失，主要科及每科中的杂草种数是：蔷薇科44种，莎草科12种，菊科32种，蓼科8种，苋科8种，十字花科7种，豆科6种，旋花科5种，大戟科5种，藜科4种，锦葵科4种，茄科3种。

（1）按照一般分类系统，大多数杂草都属于被子植物。根据子叶数，被子植物分为两个亚纲，单子叶亚纲的杂草只有一个子叶，而双子叶亚纲则有两片子叶；单子叶不分枝，叶狭窄或线形，叶脉平行；双子叶分枝，叶阔，网状叶脉，这种叶片及生长类型的差异决定其竞争能力及所要采取的防治措施。

（2）根据发生时期分类。根据杂草在田间发芽与出苗时期的早晚可分为：

1）冬生杂草（越年生杂草）。此类杂草在 9—10 月份开始发生，主要危害越冬作物。如繁缕、看麦娘、播娘蒿、荞等，这些都是冬小麦田重要杂草。

2）早春杂草。此类杂草在 3—4 月份发生，危害冬小麦、春小麦、亚麻及其他春播作物，如藜、萹蓄、问荆等。

3）晚春杂草。此类杂草在 4—7 月份发生，危害大多数作物，如升马唐、鸭跖草、画眉草、苍耳、反枝苋等。

（3）根据株形分类。根据杂草出苗后植株的形状进行分类：

1）直立型杂草。农田大部分杂革植株直立，如稗、苋、苍耳、藜等。

2）匍匐型杂草。茎平铺地面，如蒺藜、马齿苋、地锦草等。

3）半直立型杂草。茎斜立，如荩草、马唐、牛筋草等。

4）蔓生型杂草。此类杂草茎蔓生，缠绕或匍匐分枝，如田旋花、圆叶牵牛、卷茎蓼等。

5）浮游型杂草。多为稻田杂草，沉水或飘浮于水面，如紫背浮萍、品藻、眼子菜、小茨藻等。

（4）根据生活型分类。越冬芽在土壤中所处的位置是长期自然选择所形成的对环境的适应性。根据植物生态学中常用的越冬芽的位置进行分类：

单元 1

1）一年生杂草种子繁殖。一年内只结实一次。此类杂草很多，如反枝苋、藜、稗、金狗尾草、苘麻、苍耳等。

2）多年生杂草种子与营养器官繁殖。冬季地上部死亡，营养器官仍存活，次年萌发新枝。

①地中杂草越冬芽在土壤中越冬，其中有根茎、块茎、块根及鳞茎等，如苣荬菜、苦菜。

②半地中杂草越冬芽接近地表，如蒲公英等。

③地表杂草越冬芽在地表，如酢浆草等。

④沼泽、水中杂草越冬芽在水中越冬，如眼子菜，此类杂草多为稻田杂草。

（5）防治分类。从防治的观点出发，根据杂草的生物学特性，按照它们的生育特点进行分类，这种分类的实用性较强。

1）旱田杂草的防治分类。

①一年生杂草。此类杂草在其生活史中只开花结实一次，种子繁殖。在我国北方地区，一年生杂草多在春季发芽、出苗，当年夏季或秋季开花、结实；由于各地气温的变化，故其发生时期差异很大，例如稗草在上海于 4—8 月份发芽、出苗，辽宁省 5 月上中旬发芽、出苗，黑龙江省 5—6 月份发芽、出苗。

②越冬杂草。此类杂草春季发芽、出苗，当年秋季开花结实；如秋季发芽、出苗，则当年形成叶簇，次年夏季抽茎、开花与结实；种子繁殖，如荠、葶苈等。

③二年生杂草。此类杂草需要度过两个完整的夏季才能完成其生育周期，如秋季发芽、出苗，则需生育至第三年才能开花、结实；通常第一年发育庞大的根系，积累营养物质并形成叶簇，次年春季从根颈处抽苔，夏季开花、结实，种子繁殖，多分布于我国华北及东北地区，如飞廉、黄花蒿、益母草。

④多年生杂草。此类杂草的主要特点是开花结实后地上部死亡，次年春季从地中营养器官重新萌发，生成新株，其一生中可结实多次，既进行种子繁殖，也进行无性繁殖，因而难以防治。根据地下营养器官的特点，多年生杂草可分为以下几类：

a. 根茎杂草。地下茎有节，节上的叶退化，在适宜条件下每个节生出一或数个芽，从而形成新枝；凡是有节的根茎断段都能长成新株并进行繁殖，如问荆、狗牙根等。

b. 根芽杂草。根上着生大量芽，在适宜条件下由芽生出萌发枝形成新株；任何根的断段均易产生不定芽而萌发，如苣荬菜、苦菜等。

c. 直根杂草。此类杂草既有主根，又有很多小侧根，主根入土很深，其下段很少或完全不分支，根颈处生出大量芽，这些芽露出地面便形成强大的株丛，而由一小段根也可成为新株，但仍以种子繁殖为主，如车前草、蒲公英等。

d. 球茎杂草。此类杂草在土壤中形成球茎，利用球茎进行繁殖，而其种子繁殖能力很低，如香附子等。

e. 鳞茎杂草。在土壤中形成鳞茎，到生育的第三年鳞茎便成为主要繁殖器官，如小蒜等。

f. 寄生杂草。根据寄生特点，寄生杂草可分为全寄生与半寄生，前者地上部器官无叶绿素，不能进行光合作用，寄生于寄主植物的根、茎或叶上，吸收寄主营养物质进行生长；后者虽含有叶绿素并能合成部分营养物质，但主要还是依靠寄主供给的营养物质而生长。

在全寄生杂草中，主要有根寄生与茎寄生两类，列当属是根寄生的典型代表，寄生于向日葵、番茄、烟草、茄子、大麻、亚麻及瓜类作物。茎寄生杂草的主要代表是菟丝子属，主要寄生于大豆、亚麻及十字花科作物。

2）稻田杂草的生态分类。

①旱生型。此类杂草在有水层时易于死亡，多生于田埂及灌排渠道，大部分为旱田杂草。

②湿生型。喜充分湿润的土壤，也能在旱田生长，水层在 15 cm 及幼苗长期淹水便死亡。如稗草是世界各地稻田中最重要的杂草。

③沼生型。根生于土中，茎叶部分在水中，部分露出水面，无水层时生育不良或死亡，但水层深浅对其生育影响不大，如久雨花、鸭舌草、牛毛毡。

④水生型。根生于土中、叶片沉没或漂浮于水中，缺乏水层、特别是土壤干旱时易死亡，如眼子菜。

⑤漂浮型。漂浮于水面或水中，降低水温和土温，如小浮萍、紫背浮萍。

⑥藻类型。低等绿色植物，土壤干燥时便死亡，它们生于水中，根不入土，整株漂浮于水中，如水绵、网水绵。

（6）根据作物分类。生产上往往根据作物种类进行杂草调查与分类，如麦田杂草、大豆田杂草、棉田杂草、玉米田杂草、蔬菜田杂草等。不同作物田间杂草种类往往因轮作及土壤耕作情况而发生变化。

3. 常见杂草的形态识别

（1）藜（见图1—77）。别名：灰菜、白藜。

图1—77　藜

1）形态识别。藜为藜科一年生草本植物，高60～100 cm。茎直立，具纵棱或条纹，多分支。叶互生，具长柄；叶片菱状卵形或近三角形，先端尖，基部宽楔形，叶缘具不规则的锯齿，叶背被粉粒。花两性；数个集成团伞花簇，多数花簇排成圆锥状花序，顶生或腋生。花被5片，宽卵形。雄蕊5根；柱头2裂。苞果包于花被内或顶端稍露，果皮膜质，有明显的蜂窝状网纹。种子为双凸镜形，黑色或黑褐色，具光泽，表面具不明显的浅沟纹，直径约1 mm。

2）生长特性。种子繁殖：种子发芽最低温度为10℃，最适温度为20～30℃。种子出土深度在4 cm以内，土壤深层未萌发的种子可保持数年的生命力。3—5月份出苗，

6—9 月份为花果期。一株高大的植株可结成千上万粒种子。种子细小，随风、灌溉浇水进行传播。种子从早春至晚秋随时可萌发出苗，幼苗可耐受－5℃低温。生于农田、沟边、路旁、村庄附近荒地。

（2）萹蓄（见图 1—78）。别名：地蓼、扁竹、猪牙菜、踏不死。

图 1—78　萹蓄

1）形态识别。萹蓄为蓼科一年生草本植物，高 10～40 cm。茎平卧或斜升，具分支。叶互生，椭圆形或长倒卵圆形，长 0.5～3 cm，叶全缘。托叶鞘膜质，2 裂，白色透明，具网纹。花生于叶腋，花被 5 深裂，裂片具白色或粉红色的边缘。有雄蕊 8 个柱头，3 个呈分离状。瘦果三棱状卵形，长 1.8～2.5 mm，表面具微颗粒，无光泽，包于宿存花被内。

2）生长特性。种子繁殖：种子萌发最适温度为 10～20℃。种子出土深度为 4 cm 以内。3—4 月份为出苗期，6—9 月份为花果期。种子成熟即可脱落，借风力、灌溉浇水及收获物进行传播。种子落地经越冬休眠后萌发。适生性强，酸性和碱性土壤均可生长。生于耕地、田边地头、道路旁、沟渠边。

（3）野燕麦（见图 1—79）。别名：燕麦草、乌麦、铃铛草。

1）形态识别。野燕麦为禾本科一年生或越年生草本植物，高 40～120 cm。秆直立，丛生或单生，袜体光滑。叶片条形，长 10～30 cm；叶舌透明膜质；叶鞘松弛。圆锥花序开展，分支轮生，疏生小穗；小穗长 1.8～2.5 cm，含 2～3 朵花，穗柄细长，弯曲下垂，顶部膨大，穗轴密生白硬毛，基盘密生短毛。芒从稃背中下部处伸出，长 2～4 cm。第二外稃和第一外稃近相等。颖果长圆形，被淡棕色柔毛，腹面具纵沟，长 6～8 mm。适生于土地肥沃疏松较湿润的农田及沟渠边。为麦田恶性杂草。

图 1—79　野燕麦

2）生长特性。种子繁殖。以幼苗或种子越冬。种子发芽适宜温度 15～20℃，10℃以下或 25℃以上均不利于种子萌发。种子出土深度在 12 cm 以内。野燕麦的发生期因各地气候不同而有较大差异，但大致可分为春麦区发生型和冬麦区发生型。春麦区发生型一年有两个出苗期，即春季 4—5 月份出苗，比小麦晚 6 天左右；秋季 9 月下旬左右出苗。冬麦区发生型主要集中在 10—11 月份出苗，部分地区在春季 3 月份左右出苗。一株野燕麦可结数百粒种子，多者可达数千粒。种子主要通过混入麦种中达到远距离传播，也可通过收获物、风及灌溉浇水进行传播。野燕麦多生于农田、沟渠边、道路旁及荒地。

（4）芦苇（见图 1—80）。别名：苇子、芦柴。

1）形态识别。芦苇为禾本科多年生草本植物，高 100～300 cm。地下具长而粗壮的根状茎。秆直立，中空，多节，节下部常有白粉。叶片长宽条形，粗糙，先端渐尖；叶舌有毛；叶鞘筒状抱茎。圆锥花序顶生，长 10～40 cm，分支纤细；小穗长 1.2～

图 1—80 芦苇

1.6 cm. 含 4～7 朵小花，基盘具长丝状柔毛；第一小花常为雄性，其他为两性。颖及外稃均有 3 条脉。颖果长圆形。

2）生长特性。以地下根茎繁殖为主，种子也可繁殖。根茎入土深度可达 100 cm 以上，主要集中在 20～30 cm 深的土中形成交错的根茎层。4—7 月份地下茎芽随时可萌发，7—8 月份为花期，8—9 月份为果期。单株可结数千或数万粒种子。种子落地后随风进行传播。芦苇再生力强，地下根茎耕断后可形成新的植株，其适生性强，酸性和碱性土壤均可生长。芦苇生于低湿低洼地、沟渠边、浅水塘、湖泊边、海岸滩涂上。

（5）稗草（图 1—81）。

为禾本科一年生草本植物。秆斜升，高 50～130 cm。叶片条形宽 5～10 mm，中脉白色，无叶舌，圆锥花序直立或下垂。小穗排列于穗轴分枝的一侧，绿色或带紫色，每小穗含 2 朵花。第一外稃具 5～7 条脉，有长 5～30 mm 的芒。第二外稃顶端有小火头并且粗糙，边缘卷抱内稃。

图 1—81　稗草

（6）狗尾草（见图 1—82）。别名：绿狗尾草、谷莠子、狗尾巴草。

图 1—82　狗尾草

1）形态识别。狗尾草为禾本科一年生草本植物，高 30～100 cm。秆疏丛生，直立或基部膝曲上升。叶片条状披针形；叶鞘松弛；叶舌毛状。圆锥花序呈圆柱状，直立或稍弯垂，刚毛绿色或变紫色；小穗椭圆形，长 2～2.5 mm，长至数枚簇生，成熟后与刚毛分离而脱落；第一颖卵形，长约为小穗的 1/3；第二颖与小穗近等长；第一外稃与小穗等长，具5～7 条脉，内稃狭窄。谷粒长圆形，顶端钝，具细点状皱纹。颖果椭圆形，腹面略扁平。

2）生长特性。种子繁殖，种子发芽适宜温度为 15～30℃。种子出土适宜深度为 2～5 cm，土壤深层未发芽的种子可存活 10 年以上。我国北方 4—5 月份出苗，以后随浇水或降雨还会出现出苗高峰；6—9 月份为花果期。一株可结数千至上万粒种子。种子借风、灌溉浇水及收获物进行传播。种子经越冬休眠后萌发。适生性强，耐旱耐贫瘠，酸性或碱性土壤均可生长。生于农田、路边、荒地。

（7）田旋花（见图 1—83）。别名：箭叶旋花、中国旋花、小旋花。

图 1—83　田旋花

1）形态识别。田旋花为旋花科多年生草本植物。茎匍匐或缠绕。叶互生，卵状长圆形或披针形，先端钝尖，基部戟形或箭形；叶柄长 1～2 cm。花单生叶腋，花梗细长；苞片 2 片线形，远离萼片；萼片 5 片，倒卵形，边缘膜质；花冠漏斗形，顶端浅裂，粉红色；雄蕊 5 枚，基部具鳞毛，子房 2 室，柱头 2 裂。蒴果球形或圆锥形，内含种子 4 粒。种子三棱状卵圆形，黑色或黑褐色，长约 4 mm，宽 2～3 mm。

2）生长特性。根茎及种子繁殖。地下根状茎横走，多集中在 30 cm 的耕作层中。田旋花再生力强，地下根茎被耕地机械切断后仍可长出新的植株。根芽 3—4 月份出苗，种子 4—5 月份出苗，5—8 月份陆续开花结籽，9—10 月份地上部枯死。种子主要通过灌溉浇水及混杂于收获物中进行传播。生于湿润的耕地、田边地头、路边、村落旁及荒地。

（8）苣荬菜（见图 1—84）。别名：取荬菜、甜苣菜。

图 1—84　苣荬菜

1）形态识别。苣荬菜为菊科多年生草本植物，高 20～50 cm。株体折断后有白色液体流出。地下具长匍匐根。茎直立，上部分枝或不分枝。基生叶长圆状披针形或广披针形，先端钝尖，基部渐狭成柄，叶缘具缺刻或齿状，中脉白色较宽。茎生叶互生，无柄，基部耳状稍抱茎。头状花序，在茎顶排成伞房状；呈苞钟状，总苞片 3～4 层，密生绵毛；花均为舌状花，鲜黄色。瘦果长椭圆形，稍扁，有纵棱，红褐色，长约 3 mm；冠毛白色。

2）生长特性。以地下根茎繁殖为主，种子也可繁殖。以根茎或种子越冬。我国中北部地区 4—5 月份出苗，6—10 月份为花果期，7 月份种子开始渐次成熟。根茎多分布在 5～20 cm 的土层中，耕翻土地切断的根茎可长成新的植株。种子有冠毛可借助风进行传播。种子经越冬休眠后萌发。生于较湿润的农田、沟渠边、荒地及盐碱地。

（9）刺儿菜（见图 1—85）。别名：小蓟、刺儿蓟、小恶鸡婆。

1）形态识别。刺儿菜为菊科多年生草本植物，高 20～50 cm。地下具长匍匐根。茎直立，无毛或有蛛丝状毛。叶互生，无柄；叶片椭圆形或长椭圆状披针形，叶缘具齿，齿上生刺，两面被蛛丝状毛。头状花序单生茎顶，雌雄异株。雄株花序小；雌株花序

图 1—85　刺儿菜

大。总苞片多层，苞片披针形，先端具长尖刺。花冠紫红色，均为筒状花。瘦果椭圆形或长卵形，略扁，冠毛羽状，先端弯曲。

2）生长特性。以地下根芽繁殖为主，种子也能繁殖。以根芽或种子越冬。3—4 月份出苗，5—9 月份为花期，6—10 月份为果期。种子有冠毛可借助风进行传播。根芽在生长季节随时都可萌发生长。刺儿菜再生能力强，地上部被铲除或地下根茎被切断后可再生成新的植株。生于农田、沟渠边、路旁及荒地。

（10）苘麻（见图 1—86）。别名：青麻、白麻。

1）形态识别。苘麻为锦葵科一年生草本植物，高 30～150 cm。株体披柔毛。茎直立，上部分枝。叶互生，有长柄；叶片圆心形，先端尖，基部心形，边缘有锯齿。花单生叶腋，黄色；花梗长 1～3 cm，近基部有节。花萼为杯状 5 裂。花瓣 5 瓣，呈倒卵形，长约 1 cm。心皮 15～20 片轮生。蒴果半球形，直径约 2 cm，分果 15～20 个，有粗毛，

图 1—86　苘麻

顶端有两长芒。种子肾形，灰黑色，具星状毛。

2）生长特性。种子繁殖。我国中北部 4—5 月份出苗，6—8 月份为花期，8—9 月份为果期。种子出土深度在 6 cm 以内，土壤深层的种子可保持数年不丧失发芽力。一株可结数百至数千粒种子。种子借助风、灌溉浇水及收获物进行传播。适生性强，酸性和碱性土壤都可生长。生于农田、路边、荒地。

（11）苍耳（见图 1—87）。别名：痴头婆、虱麻头、为菊科一年生草本植物。

1）形态识别。茎自立，粗壮，多分枝，高 30～100 cm，有钝棱级长条状斑点，叶互生具长柄，叶片三角状卵形或心形，边缘有不规则的齿裂，两面有毛。头状花序呈球形或椭圆形，淡绿色，数个聚生于枝顶或叶腋。花期在夏季。果呈倒卵形，有小钩刺，通过种子繁殖。

2）生长特点。此草适生于湿润或稍干旱的环境，常见于农田、荒地和路边。棉花豆

图 1—87　苍耳

类作物受害较重，也是棉花蚜虫的寄主。

(12) 马齿苋（见图 1—88）。别名：马齿菜、瓜子菜、红猪母菜。

1) 形态识别。马齿苋为马齿苋科一年生肉质草本植物，全体无毛，紫红色，尝之有酸味：草自基部分枝，匍匐或先端倾斜向上。叶互生，柄极短，形状似瓜子。花小，黄色，腋生或顶生。果椭圆形，成熟时从中部开裂。种子扁，黑褐色。花果期 5—10 月份。通过种子繁殖。

2) 生长特性。此草生于较肥沃而湿润的农田、地边、路旁、荒地，菜地、旱作地常见。一年能发生 2～3 代。

(13) 异形莎草（见图 1—89）。别名：红头草、球花蒿草、球花蒿草、球穗莎草、三方莎草、碱草。

1) 形态识别。为莎草科一年生簇生草本植物。株高 10～70 cm。秆直立，扁三棱

图 1—88　马齿苋

图 1—89　异形莎草

形，黄绿色。质地柔软，叶略短于秆，条形，宽 2～4 mm，叶梢红褐色，苞片 2～3 枚，叶状。长于花序，花序为长侧枝聚伞花序，有 3～8 条不等长的辐射枝，梗端单生由多数微细小穗集成的头状花序，淡褐色全黑褐色。坚果呈倒卵形或三棱形，黄褐色。

2）生长特性。此草喜生于水田边和潮湿地，是稻田中极普遍的一种杂草。

第五节　预测预报及田间调查

培训目标

→ 掌握病虫害的大田普查技术

一、棉花病虫害大田普查

1. 棉盲蝽

（1）普查方法。于棉盲蝽危害高峰前进行普查，按当地类型田比例取样，普查10块以上有代表性棉田，每块田10点取样，每点随机查10株，调查统计有虫株数、成、若虫量、花蕾被害率（见表1—10）。

表1—10　　　　棉田盲蝽虫量及危害普查表

年　　单位：　　　　　　　　　　　　　　调查人：

日期		地点	面积	盲蝽种类	调查株数	成虫	若虫	百株虫量	被害率					
									被害嫩头	被害率	被害蕾数	蕾被害率	被害幼铃数	幼铃被害率
月	日				株	头			个	%	个	株	个	%

（2）发生防治基本情况汇总调查。结合大田普查进行（见表1—11）。

表1—11　　　　棉田盲蝽发生防治情况汇总表

盲蝽种类	发生程度（级）	发生面积（亩）	防治面积（亩）	防效（%）	施药棉田平均防治次数（次）	年度发生程度（级）
牧草盲蝽						
苜蓿盲蝽						

2. 棉蓟马

（1）普查方法。于5月中、下旬棉盲蝽危害高峰前进行普查，按当地类型田比例取样，普查10块以上有代表性棉田，每块田棋式10点取样，每点查10株，调查统计有虫株数、成、若虫量、棉花被害情况（见表1—12）。

表1—12　　棉田蓟马及危害普查表

年　　单位：　　　　　　　　　　　　　　　　　　调查人：

日期		地点	面积	生育期（真叶数）	调查株数	被害株数	被害率	多头棉株数	无头棉株数	子叶真叶被害株数	虫量		折百株虫量
月	日		亩		株		%	株			成虫（头）	若虫（头）	

（2）发生防治基本情况汇总调查。结合大田普查进行（见表1—13）。

表1—13　　棉田盲蝽发生防治情况汇总表

盲蝽种类	发生程度（级）	发生面积（亩）	年度发生程度（级）	防治情况
牧草盲蝽				
苜蓿盲蝽				

3. 棉黑蚜、棉长管蚜

（1）普查方法。分别于各类苗期蚜虫发生高峰期普查，普查10块以上有代表性棉田，按当地类型田比例取样，每块田10点取样，每点随机查20株，调查统计有蚜株数，有蚜株率和卷叶株数，有蚜株率和卷叶株率（见表1—14）。

表1—14　　苗期棉蚜普查表

年　　单位：　　　　　　　　　　　　　　　　　　调查人：

调查日期		地点	类型田	条田面积（亩）	蚜虫种类	调查株数	有蚜株数	有蚜株率%	卷叶株数	卷叶株率%	防治情况	备注
月	日					株			株			

（2）发生防治基本情况汇总调查。结合大田普查进行（表1—15）。

表 1—15　　**棉花苗期蚜虫发生防治基本情况**

蚜虫种类	发生程度（级）	发生面积（亩）	防治面积（亩）	防效（%）	施药棉田平均防治次数（次）	年度发生程度（级）
棉黑蚜						
棉长管蚜						

（3）棉田主要天敌调查。

1）伏期棉蚜及棉蚜天敌调查。

①调查时间。自伏期棉蚜危害开始至伏期蚜危害末期。

②调查田块。选择生长中等偏上棉田一块，发生期不施药或很少施药防治。

③调查方法。采用 5 点取样，每 5 天调查一次（历年“伏蚜”严重的地区，必要时可改为 3 天调查一次）。每株主茎上的上（第一展开叶）、中、下（第一果枝主茎叶）三片叶蚜量和蚜霉菌寄生情况，并调查油斑株、卷叶株、计算油斑株率、卷叶株率。对天敌的调查于上午 9 时前或下午 4 时以后，调查全株天敌发生种类和数量（包括株间和地面）调查株数和点数与调查棉蚜发生情况相同。

④上报时间。调查后每周上报一次（见表 1—16）。

表 1—16　　**伏蚜消长及天敌情况调查表**

年　　单位：　　　　　　　　　　　　　　　　　　调查人：

日期		50株蚜量	折百株蚜量	折百株蚜霉菌素	有蚜株数	油斑株数	卷叶株数	油斑株率	卷叶株率	天敌种类及数量													折天敌单位	益害比
										七星瓢虫	异色瓢虫	多异瓢虫	龟纹瓢虫	黑襟毛瓢虫	食蚜蝇幼虫	小花蝽	大眼睛长蝽	草间小黑蛛	三突花蟹蛛	僵蚜数	食蚜绒螨	华姬蝽		
月	日		头			株		%								头							个	

2）天敌单位换算方法。

①异色瓢虫、七星瓢虫、十三星瓢虫等蚜量大的瓢虫成、幼虫都以一个虫体作为一个天敌单位。

②龟纹瓢虫、多异瓢虫成、幼虫，大草蛉、中华草蛉、普通草蛉的幼虫，食蚜蝇的

幼虫，拟环狼蛛以两个虫体为一个天敌单位。

③黑襟毛瓢虫成、幼虫，草间小黑蛛以四个虫体为一个天敌单位。

④捕食螨类、捕食蓟马以十个虫体作为一个天敌单位。

⑤被寄生蜂寄生的蚜虫以 120 头僵蚜为一个天敌单位。

4. 棉花黄萎病

（1）调查时间。黄萎病在我区由于气候原因，一般只有一个明显的发病高峰，即每年 7 月中下旬为其发病高峰，普查工作在此时进行。

（2）调查地点。对当地历年发生和发生较重的地区进行重点普查，普查的田块尽可能多一些，普查面积一般不低于栽培总面积 5%。

（3）调查取样方法。每块田平行取 8～10 个点，每点查 50 株。调查结果填入下表（见表 1—17、表 1—18）。

表 1—17　大面积普查发病情况记载表

年　　　单位：　　　　　　　　　　　　　　　　　　调查人：

条田号	面积	品种	连作年限	种子来源	土壤质地	调查株数	病株数	死株数	发病率%	严重度分级					病情指数	肥水管理	灌溉方式	症状类型
										0	1	2	3	4				

表 1—18　棉花黄萎病普查汇总表

单位名称	棉花播种面积（亩）	发病面积（亩）	无病连队或条田（个）	有病连队或条田（个）	黄萎病面积（亩）							
					发病率 0.1%以下	发病率 0.1%～0.5%	发病率 0.5%～2.0%	发病率 2.1%～5%	发病率 5%～10%	发病率 10%～20%	发病率 20%～30%	发病率 30%以上

（4）病区划分标准。

①无病区：无病株。

②零星病区：发病率在 0.5%以下。

③轻病区：发病率在0.5%～2.0%，没有明显发病中心。

④中度病区：发病率在2.1%～5%，有较明显发病中心。

⑤重病区：发病率在以5%以上，有明显的发病中心，全田较普遍发病。

二、小麦主要病虫害的大田普查

1. 小麦皮蓟马

(1) 普查方法。在小麦穗期防治前（未防治的在发生高峰期）进行1次大面积大田普查，普查以高、中产田为主，普查的田块尽可能多一些，普查面积一般不低于栽培总面积5%。每块田平行取10个点，每点查50个麦穗。

(2) 普查内容。调查受害白穗率，有虫穗数（见表1—19）。

表1—19　　小麦皮蓟马大田普查表

年　　单位：　　　　调查人：

日期	调查地点	田块类型	面积	调查穗数	白穗数	有虫穗率	白穗率
日/月			亩	穗	头	%	
加权平均							

(3) 发生防治基本情况汇总调查。结合大田普查进行（见表1—20）。

表1—20　　发生防治基本情况汇总表

年　　单位：　　　　调查人：

时间	种植面积（亩）	发生面积（亩）	防治面积（亩）	发生程度	被害率（%）	备注
穗期						

2. 小麦细菌性条斑病

(1) 大面积普查。在小麦拔节期、扬花期各普查一次，调查取样方法同系统调查方法相同，普查面积一般不低于栽培总面积5%（见表1—21）。

表1—21　　小麦细菌性条斑病病情普查表

年　　单位：　　　　调查人：

调查日期	调查地点	类型田	品种	面积	调查叶片数	病叶率	防治情况
				（亩）	片	%	
加权平均值							

（2）发生防治基本情况汇总调查。结合大田普查进行（见表 1—22）。

表 1—22　　发生防治基本情况汇总调查表

年　　单位：　　　　　　　　　　　　　　　　　　调查人：

时间	种植面积（亩）	发生面积（亩）	防治面积（亩）	发生程度	被害率（%）	备注
拔节期						
扬花期						

（3）病情严重程度分级标准。

0 级：无病斑。

1 级：叶片有少量斑点或条斑很少，细短，病斑面积不超过叶面积 1/5。

2 级：条斑少，细长，病斑面积占叶片的 2/5。

3 级：条斑多，宽长，黄色，病斑占叶片的 1/2。

4 级：条斑很多，宽长，枯黄，病斑占叶片的 3/5。

5 级：条斑连片，不规则，枯黄，占叶片面积 4/5 以上，或穗茎感病。

计算公式：

$$病情指数=\frac{\sum（各严重度级别\times 各级叶片数）}{调查总叶数\times 5}\times 100\%$$

$$发病率=\frac{调查病株数}{调查总株数}\times 100\%$$

3. 小麦全蚀病

（1）调查时间。在小麦苗期、成熟期各普查一次。

（2）调查取样方法。普查的田块尽可能多一些，普查面积一般不低于栽培总面积 5%。每块田平行取 8～10 个点，每点查 15 株（见表 1—23）。

表 1—23　　大面积普查发病情况记载表

年　　单位：　　　　　　　　　　　　　　　　　　调查人：

日期	地点	类型田	品种	面积	调查株数	病株数	发病率	防治情况	备注
加权平均值									

（3）发生防治基本情况汇总调查。结合大田普查进行（见表 1—24）。

表 1—24　　　　　　　　　发生防治基本情况汇总调查表

年　　　单位：　　　　　　　　　　　　　　　　　　　　　　　　调查人：

时间	种植面积（亩）	发生面积（亩）	防治面积（亩）	发生程度	被害率（%）	备注
拔节期						
扬花期						

三、甜菜主要病虫害的大田普查

1. 甜菜白粉病

（1）普查方法。于 7 月初和 8 月初组织 2 次病情普查，正确指导防治。普查的田块尽可能多一些，普查面积一般不低于栽培总面积 5%，每块田平行取 8～10 个点，每点查 50～60 株。调查结果填入下表（见表 1—25）。

表 1—25　　　　　　　　　甜菜白粉病病情普查记载表

年　　　单位：　　　　　　　　　　　　　　　　　　　　　　　　调查人：

日期	条田	品种	面积	总株数	病株数	发病率	防治情况	备注
			亩	株		%		
加权平均								

（2）发生防治基本情况汇总调查。结合大田普查进行（见表 1—26）。

表 1—26　　　　　　　甜菜白粉病发生防治基本情况汇总调查表

年　　　单位：　　　　　　　　　　　　　　　　　　　　　　　　调查人：

时期	种植面积（亩）	发生面积（亩）	发病率（%）	防治面积（亩）	发生程度	备注

（3）测报参考资料。以株为单位的甜菜白粉病病情分级标准：

0 级：全株无病。

1 级：1/4 以下叶片有病斑。

2 级：1/4～1/2 叶片有病斑。

3 级：1/2～3/4 叶片有病斑。

4 级：全株叶片有病斑，或整株枯死。

计算公式：

$$病情指数=\frac{\sum（各严重度级别\times各级株数）}{调查总株数\times 4}\times 100\%$$

$$发病率=\frac{调查病株数}{调查总株数}\times 100\%$$

2. 甜菜褐斑病

（1）在病害发生高峰期组织 1 次病情普查。普查的田块尽可能多一些，普查面积一般不低于栽培总面积 5%，每块田平行取 8～10 个点，每点查 50～60 株（见表 1—27）。

表 1—27　　甜菜褐斑病病情普查记载表

年　　单位：　　　　调查人：

日期	条田	面积	总株数	病株数	发病率	防治情况	备注
加权平均值							

（2）发生防治基本情况汇总调查。结合大田普查进行（见表 1—28）。

表 1—28　　发生防治基本情况汇总调查表

年　　单位：　　　　调查人：

时间	条田数目	发病条田数目	种植面积（亩）	发生面积（亩）	防治面积（亩）	发生程度	备注
					—		

3. 甜菜象甲

（1）调查时间。4 月上旬至 5 月初。

（2）调查田块。选择不同播期有代表性的甜菜田 3 块。

（3）调查取样方法。每块田随机取 5 点，每点取 50 株，共调查 250 株，每 5 天调查虫量、苗被害率。危害高峰期 2 天调查 1 次（见表 1—29）。

表 1—29　　甜菜象甲消长调查表

年　　单位：　　调查人：

日期	调查株数	有虫株数	成虫	幼虫	百株虫量	苗被害率	死苗率
	株		头				

四、瓜类病害的大田普查

1. 瓜类白粉病

(1) 调查时间。在瓜类坐果中期、采收前期各普查一次。

(2) 调查取样方法。按当地土壤类型、品种布局比例普查当地瓜田 8～10 块，普查面积一般不低于栽培总面积 5%，每块田平行取 8～10 个点，每点查 10 株。调查结果填入表 1—30。

表 1—30　　瓜类白粉病病情普查表

年　　单位：　　调查人：

调查日期	作物	条田号	品种	生育期	调查株数	病株数	发病率%	防治情况	备注
					株				

(3) 发生防治基本情况汇总调查。结合大田普查将调查各种作物的发生及防治情况进行汇总（见表 1—31）。

表 1—31　　发生防治基本情况汇总表

年　　单位：　　调查人：

调查时间	作物种类	品种	种植面积（亩）	发生面积（亩）	防治面积（亩）	发生程度	平均发病率%	备注
坐果期	甜瓜							
采收前期								

2. 瓜类霜霉病

(1) 调查时间。在瓜坐果期、采收前期各进行一次调查。

(2) 调查地点。选择当地主栽品种 8～10 块，以一、二类田为主，调查面积不少于当地种植面积的 5%。

（3）调查取样方法。每个地块棋盘式取 8 点，每个点调查 10 个枝蔓，每个枝蔓自上而下调查 5 片叶，分别统计病叶率、病情指数。调查结果填入表 1—32。

表 1—32　　瓜类霜霉病田间普查表

年　　　单位：　　　　　　　　　　　　　　　　　　　　调查人：

日期	地块	作物	品种	生育期	总叶数	病叶数	病叶率	严重度					病情指数	肥水管理	防治情况	备注
								0	1	2	3	4				
					片		%	片					%			

（4）发生防治基本情况汇总调查。结合大田普查将调查各种作物的发生及防治情况进行汇总（见表 1—33）。

表 1—33　　发生防治基本情况汇总表

年　　　单位：　　　　　　　　　　　　　　　　　　　　调查人：

调查时间	作物种类	品种	种植面积（亩）	发生面积（亩）	防治面积（亩）	发生程度	平均发病率%	备注
坐果期	甜瓜							
采收前期								

（5）严重度分级标准。叶片分级标准。

0 级：无病叶。

1 级：病斑面积小于整片叶面积的 10%。

3 级：病斑面积占整片叶面积的 11%～25%。

5 级：病斑面积占整片叶面积的 26%～40%。

7 级：病斑面积占整片叶面积的 41%～65%。

9 级：病斑面积大于整片叶面积的 65%。

计算公式：

$$病情指数=\frac{\sum（各严重度级别\times各级叶片数）}{调查总叶数\times 9}\times 100\%$$

$$发病率=\frac{调查病株数}{调查总株数}\times 100\%$$

3. 瓜类细菌性角斑病

（1）调查时间。在瓜果实膨大期、采收前期各普查一次。

（2）调查取样方法。普查的田块尽可能多一些，普查面积一般不低于栽培总面积5%。每块田平行取8～10个点，每点查10～20株。调查结果填入表1—34。

表1—34　　瓜类细菌性角斑病病情普查表

年　　单位：　　　　　　　　　　　　　　　　　　调查人：

调查日期	作物	地点	类型田	品种	调查株数	病株数	果实发病率	植株发病率	严重度分级					病情指数	防治情况	备注
									0	1	2	3	4			
					株		%	%	株					%		
平均																

（3）发生防治基本情况汇总调查。结合大田普查将调查的病情及防治情况进行汇总（见表1—35）。

表1—35　　发生防治基本情况汇总表

年　　单位：　　　　　　　　　　　　　　　　　　调查人：

调查时间	病害种类	种植面积（亩）	发生面积（亩）	防治面积（亩）	发生程度	平均发病率（%）	备注
	甜瓜细菌性角斑病						
	甜瓜细菌性条斑病						

单元测试题

一、名词解释

1. 有效积温法则
2. 致病性
3. 耐病
4. 抗病
5. 水平抗病性
6. 病害流行
7. 平均严重率
8. 病情指数

9. 化蛹率

10. 越冬前虫口减退率

11. 防治效果

12. 发生面积

13. 化学防治面积

二、填空题（请将正确的答案填在横线空白处）

1. 植物的抗虫性可表现为________、________和________三个方面。这三个方面也称为植物“抗虫三机制”。

2. 昆虫的天敌主要包括________、________和________三类，它们是影响昆虫数量变动的重要因素。

3. 各种病原物的寄生性根据其寄生能力的表现，分为________和________两大类。

4. 病原物对寄主的反应一般可分为________、________、________和________四种。

5. 按照寄主植物对于病原物生理小种的特异性的有无，分为________与________两类。

6. 真菌侵入途径包括________、________和________三种方式。

7. 传染性病害的侵染循环主要包括三个方面：________；________；________________。

三、判断题（下列判断正确的打“√”，错误的打“×”）

1. 在自然界中，很多昆虫可以躲避夏季的高温，它们都以滞育状态越夏。（ ）

2. 由于昆虫有一定的过冷却点，不随季节变化而变化，所以昆虫的耐寒是不变的。（ ）

3. 用黄皿诱蚜，进行蚜虫测报和防治，是利用蚜虫对黄色的趋性。（ ）

4. 专性寄生物的寄生能力最强，只能从寄主的活细胞中汲取养分，它们不能在人工培养基上培养。（ ）

5. 从病原物的寄生性和好生专化性的关系来看，大部分的情况是，寄生性强的寄生物，往往有比较广的寄主范围；寄生性比较弱的病原物，往往有比较窄的寄主范围。（ ）

6. 有的病原物对寄主细胞和组织的直接破坏性很强，这一类病原物在侵入之前或者侵入后不久即能分泌一些物质，如酶或毒素等，杀死寄主的细胞组织，然后从杀死的细胞和组织中获得营养，这一类的病原物都属于专性寄生物。（ ）

7. 垂直抗病品种在生产上表现为具有显著的抗病效果，且又不易丧失其抗病力变为高度感病。（ ）

四、单项选择题（下列每题的选项中，只有1个是正确的，请将其代号填在横线空白处）

1. 依昆虫活动与光照强度的关系，可分为________。

A. 白天活动的、黄昏活动的、昼夜活动的、夜间活动的

B. 白天活动的、昼夜活动的、夜间活动的

C. 白天活动的、黄昏活动的、夜间活动的

D. 白天活动的、早晨活动的、黄昏活动的、昼夜活动的、夜间活动的

2. 下列哪一选项是棉蚜一类天敌________。

A. 异色瓢虫、七星瓢虫、十三星瓢虫成、幼虫

B. 异色瓢虫、七星瓢虫、十三星瓢、多异瓢虫成、幼虫

C. 龟纹瓢虫、多异瓢虫成、幼虫，大草蛉、中华草蛉、普通草蛉的幼虫

D. 异色瓢虫、七星瓢虫、十三星瓢虫成、幼虫，大草蛉、中华草蛉、普通草蛉的幼虫

3. 下列棉花黄萎病病区划分标准正确的是________。

A. 零星病区：发病率在 0.1%以下

B. 轻病区：发病率在 0.5%～2.0%，没有明显发病中心

C. 中度病区：发病率在 2.1%～5%，有较明显发病中心

D. 重病区：发病率在以 3%以上，有明显的发病中心，全田较普遍发病

五、简答题

1. 简述有效积温法则的应用。
2. 简述昆虫水分的获得、散失的途径。
3. 简述寄生性和致病性改变的途径。
4. 简述病原物的主要越冬或越夏场所主。
5. 如何区分瓜蔓枯病和瓜枯萎病。

单元测试题答案

一、名词解释

1. 昆虫和其他生物一样，完成其发育阶段（卵、幼虫、蛹、成虫或整个世代）需要从外界获得并积累一定的热能，而完成此发育阶段所需的总热量是一个常数。昆虫各发育阶段只有达到发育起点温度才开始发育，发育起点以上温度的积温即为有效积温。

2. 致病性是指病原物为害寄主的能力，主要是生活活动对于受病寄主发生不良影响的能力。

3. 植物受某种病原物使染后，表现典型症状，但对寄主的生长、发育、产量和质量等都没有明显影响的，称为耐病。

4. 一种植物对某种病原物具有抵抗能力，但不能完全避免被其侵染，寄主表现为轻微发病的，称为抗病。

5. 水平抗病性即非小种特异性抗病性，它对某一病原物的全部小种都具有同等水平的抵抗能力，其抗病效能通常是中度抗病性，但对病原物全部小种的抗病性都有效。

6. 植物病害在一个地区内或在一个时期内大量发生的，称病害流行。

7. $平均严重率=\frac{各级严重率总和}{调查总株数}\times100\%$

8. 病情指数＝普遍率×严重率

9. $化蛹率=\frac{蛹数+蛹皮数}{总虫数+蛹+蛹皮}\times100\%$

10. $越冬前虫口减退率=\frac{越冬前虫口密度-越冬后虫口密度}{越冬前虫口密度}\times100\%$

11. $防治效果=\frac{防治前虫口密度-防治后虫口密度}{防治前虫口密度}\times100\%$

12. 指通过各类有代表性田块的抽样调查，其病虫发生密度（或为害率）达到防治指标的面积。

13. 化学防治面积包括有针对性的，且作为主要防治方法的种子药剂处理面积，其中水稻种子处理面积指为防治病虫采用药剂处理的秧田面积。在统计防治面积时应注意，各种病虫不同代（次）的防治面积要分别统计，同一代（次）病虫用药多次的，以各次用药面积累加计算。一次用药兼治多种病虫时，凡针对不同病虫对象自行加入相应农药混配防治的，要分别统计防治面积；一种农药（包括工厂生产的复配农药）兼治多种病虫时，只统计主治对象的防治面积。

二、填空题

1. 不选择性　抗生性　耐害性
2. 致病微生物　天敌昆虫　食虫动物
3. 专性寄生物　非专性寄生物
4. 免疫　抗病　耐病　感病
5. 水平抗病性　垂直抗病性
6. 直接穿过寄主表皮层　自然孔口　伤口
7. 病原物的越冬和越夏　初次侵染和再次侵染　病原物的传播途径

三、判断题

1. ×　2. ×　3. ×　4. √　5. ×　6. ×　7. ×

四、单项选择题

1. A　2. A　3. B

五、简答题（答案略）

第2单元

综合防治

第一节 综合防治计划的起草

培训目标 → 了解棉花、玉米、小麦上主要病、虫发生规律的基本知识

一、主要病、虫害发生规律

1. 棉田主要病、虫的发生规律

（1）棉铃虫的发生规律。棉铃虫在全国一年发生3～7代。在北疆一年发生3代，南疆发生4～5代，多为4代。近年来棉铃虫在棉田发生为害均较严重，世代重叠和各龄幼虫均可同期发生，过去仅第二代在棉田为害重，现在各代棉铃虫发生均较严重。

棉铃虫以蛹在2～25 cm深土中越冬，尤以2～5 cm土中为主。棉田、玉米和菜地埂为棉铃虫蛹的主要越冬场所。

棉铃虫成虫飞翔能力强，成虫具有趋向蜜源植物和杨树枝叶的习性，也具趋光性，尤其对3330A^0波长的光源趋性最强。成虫羽化的当晚即可交配，2～3天后开始产卵，产卵历期6～8天，前3天产卵最多。棉铃虫卵一般散产，成虫喜产卵于生长茂密、花蕾多的棉花嫩尖、嫩叶等幼嫩部分。通常棉株中、上部着卵量多，顶尖和顶三嫩叶上卵量约占全株卵量的85%。第三代卵以蕾、花、铃的苞叶上最多。同时，棉铃虫产卵对寄主有明显的选择性，同等条件下，在苘麻上的着卵量远远高于其他植物。

初孵化的幼虫吃掉卵壳的大部或全部后，转移到心叶背面栖息。当天不食不动，第二天多在生长点或果枝嫩尖上取食，食量小、为害状不明显。第三天蜕皮后变为二龄幼虫，开始蛀食幼蕾；幼虫还有转株为害习性，多在夜间或清晨转移，此时施药易接触虫体，效果好；三龄以上幼虫具有互相残食习性，也可取食其他害虫的幼虫。

二代棉铃虫低龄幼虫由外向内侵害花蕾，约有90%幼虫从花蕾的侧中部侵入，侵入任何部位都有可能中止而转移，极少数幼虫继续向下取食子房和胚珠。

第三代幼虫于8月中、下旬出现，虽然棉田营养条件已恶化，但种群数量大时，蛀食青铃，导致棉花吐絮难、脱落或霉烂，对产量亦可构成严重威胁。

老熟幼虫化蛹前数小时停止取食，从棉株上落地，爬行到田埂疏松处入土化蛹，少数在田间土中化蛹。幼虫在土中做蛹室后化蛹，在土中2～5 cm越冬，蛹最多可深达25 cm以下。据南疆调查棉铃虫越冬蛹的数量由多到少依次为复播玉米田、棉田、蔬菜地和冬麦地。

棉铃虫在温度25～28℃、相对湿度75%～90%、雨量分布均匀情况下发生严重。暴雨对卵和幼虫有冲刷作用，土壤湿度过大对蛹羽化成虫不利，现蕾早、生长茂密的棉田，棉铃虫发生早而重。

（2）棉蚜的发生规律。根据棉蚜发生地区和寄主种类的差异、有性生殖的有无，将其生活史可划分为：

1）不全周期型。终年营孤雌生殖，无有性繁殖阶段，在温室、花房、宅院的花卉、蔬菜等植物上不断繁殖、扩迁。一类棉蚜终年生活在同一种寄主植物上，即同寄主不全周期型；另一类棉蚜在室内、外不同寄主植物上迁飞转换寄主，多数春季迁入农田，秋季再迁回室内，即异寄主不全周期型。

2）全周期型。棉蚜春、夏、秋季均营孤雌生殖，秋末产生雌雄两性蚜，交配产卵越冬。棉蚜在黄金树、石榴、花椒、扶桑等植物上终年生活，秋末雌雄交配产卵越冬，即同寄主全周期型；棉蚜秋末迁飞到越冬寄主（第一寄主）交配产卵越冬，春季卵孵化为干母，干母产下干雌繁殖2～3代，产生有翅蚜迁飞到侨居寄主（第二寄主）棉花、瓜类、花卉等植物上进行孤雌生殖，秋季再迁回第一寄主，产生雌雄两性蚜，交配产卵越冬，即异寄主全周期型。

掌握棉蚜的生活史类型，对于控制虫源，阻断迁飞途径和制定综合防治措施有重要作用。同寄主的生活史类型似乎与棉田无关，但这几种类型是可以变化的，随着环境条件和棉蚜种群数量的变化，其生活史类型也在发生变化，依然是棉田棉蚜的虫源基地。

棉蚜在新疆棉区年发生30～40代（其中棉田约30代，早春及晚秋共5代，冬季室内5～10代）。现以棉蚜异寄主不全周期型和全周期型年生活史为依据，将棉蚜年生活史分为六个阶段进行描述。

（3）棉蚜的越冬。

1）棉蚜在花房、温室、宅馆室内越冬。棉蚜在扶桑、菊花类、桑叶牡丹、石榴、黄瓜、西葫芦、火棘、栀子花等30多种寄主植物上活动，进行孤雌生殖，在同一或不同寄主间扩迁为害。春季温室、花房开窗后或花卉移到室外时，产生有翅蚜向过渡寄主或棉田迁飞。因此，这是棉田重要的蚜源基地。

2）冬季冷藏窖花卉越冬。石榴、菊花等是棉蚜卵越冬的主要寄主和安全越冬场所，尤其在石榴上越冬卵量大。4月份移到室外，卵大量孵化后迁飞扩散，这往往是被人们忽视的棉蚜越冬虫源基地之一。

3）棉蚜的室外越冬。棉蚜卵的寄生植物有：棉花、木棉、木槿、石榴、花椒、黄金树、梓树、忍冬、鼠李、黄波罗、丁香、小叶白腊、复叶槭、山葡萄、葡萄、火炬树、玫瑰、月季、桑树、榆树等，其中石榴、花椒、黄金树、梓树、鼠李、木槿等树种卵量最大。

棉蚜卵多产于树冠下层枝条的芽苞、叶痕、裂缝、翘皮等处，幼嫩枝条雌性蚜多，卵量也大，干缩枝条或枝头，树叶枯黄脱落早，雌性蚜少，卵难见到。

4）棉蚜卵越冬基数与气候的关系。高温低湿，初霜期晚，秋季棉蚜种群数量非常大，雌性蚜产卵持续时间长，越冬基数非常高。春季室外卵孵化前的降水，对孵化有促进作用。

5）棉蚜卵的孵化。越冬卵孵化期起始期：黄金树芽苞刚开始膨大，像高粱粒样大小。盛期：棉花适播期，榆树叶如大拇指甲般大小。据粗放测定，棉蚜卵发育起点温度为5.0℃。卵期的有效积温为117.4℃・d。

6）棉蚜的过渡寄主及过渡期。春季温室、花房开窗后或花卉移到室外，有翅蚜陆续迁飞。此时，正值棉田播种至出苗前，棉田内无棉蚜的寄主，而大棚及露地种植的黄瓜、葫芦瓜和室外菊花、石榴等即成为棉蚜的寄主，在其上繁殖1～3代，棉花出苗后陆续向棉田迁飞，也是侵入棉田的早期蚜源。将从越冬某场所向棉田迁飞前的时期称为过渡期，此时棉蚜的寄主称为过渡寄主。产生有翅蚜的时期及数量与侵入棉田的早晚及蚜量有关。

7）棉蚜的侵入、定居期。棉蚜4月底至5月上旬从不同的蚜源基地迁入棉田，侵入棉田的早晚与蚜源基地产生有翅蚜的时期有关。侵入棉田初期，棉蚜的种群数量增长缓慢，中心株多少、蚜量大小与当年棉田蚜害程度有关，是不可忽视的重要时期。

8）棉蚜种群数量高峰期。6月中旬以后，由于气温适宜（多在23～26℃）、天敌数量不大，棉蚜的种群数量迅速增长，各棉区6月20日至7月上旬出现棉蚜种群密度的高峰。这期间虽然棉蚜种群数量为当年的最高峰值，但在棉田仍为局部发生阶段。此峰值出现早晚、蚜量大小及持续时间长短，与当年棉蚜是否成灾有关。

9）棉蚜的种群波动期。7月中旬到8月中旬，棉蚜在棉田繁殖周期短，扩散速度快，有蚜株率几乎达到100%，由于持续高温（29℃以上），棉蚜的种群数量的峰值始终低于第一高峰值；此期间棉蚜的种群数量发生2～4次明显的波动，降雨导致种群数量暂时性剧变，而天敌大量迁入棉田，是棉蚜的种群数量波动的主导因素。

10）棉蚜的迁出期。8月下旬，棉蚜陆续产生有翅蚜迁出棉田，向第一寄主迁飞。9月下旬至10月下旬是迁飞期，特殊年份（1997年）11月中旬还有棉蚜迁飞。在第一寄主上产卵越冬。

（4）棉蚜的繁殖。棉蚜的生活史很短，夏季若蚜4～5天脱皮4次即变为成蚜，一次生产仔70余头，在新疆全年可繁殖30代以上。由于棉蚜生活史短，又是孤雌生殖，一头棉蚜在条件适宜时，一个月内可繁殖数百万头之多。因此，即使在棉蚜虫口数量很小的条件下，也必须保持警惕，做好监测种群发展动态，及时有效地控制为害。

1）有翅蚜的产生与迁飞扩散。棉蚜产生有翅蚜是受群体拥挤、营养恶化、蚜体含水量下降、气温变化及日照缩短等因素影响，这是长期适应环境形成的遗传特性。有翅蚜周期性的发生与棉蚜迁飞扩散有密切关系，棉蚜每年迁飞3～5次，春季由越冬寄主向棉花等作物上迁飞为第一次迁飞，在田间点片发生为害；秋末由棉花等作物迁飞到田外越冬寄主上为最后一次迁飞；在棉花生长季节，棉蚜在作物间迁飞与扩散的时间和次数，依环境条件、作物长势、棉蚜种群密度大小的不同而有差异。

掌握棉蚜的迁飞与扩散，是制定综合防治措施的重要依据；掌握棉田有翅蚜占棉蚜种群的比例及动态，是监测棉蚜种群发生趋势的重要指标。据报道，棉田有翅蚜达10%以上时，预示着种群将会迅速扩散，必须及时防治。

2）棉蚜的趋黄性。棉蚜具趋黄性，可设黄牌诱蚜，监测棉蚜迁飞动态。

3）棉蚜与蚂蚁的共生关系。棉蚜与蚂蚁的互利共生关系，为田间调查棉蚜提供指示生物，也可依据蚂蚁的数量及活动发生来监测棉蚜的种群动态。

温度影响棉蚜的繁殖速率和生存率。棉蚜生长发育最适温度为23～27℃，当25℃时种群增长率最高，平均气温高于29℃对棉蚜繁衍有抑制作用。

棉蚜的天敌种类很多，主要有瓢虫、草蛉、食蚜蝇、蚜茧蜂等。

（5）棉田叶螨的发生规律。据室内饲养观察，土耳其斯坦叶螨在新疆一年可发生9～15代。每年发生代数与当年的温、湿度，降雨量，光照时间及食物等有密切关系。完成一个世代需经过卵、幼螨期、第一若螨期，第二若螨期（雌螨）和成螨期。各螨态的发育历期因时间、条件不同，也有较大的差异。

土耳其斯坦叶螨以橘红色的受精雌螨在杂草的根基处越冬。在越冬期间，其身体两侧的黑斑也消失。雄螨因不耐低温，所以很难越冬。

早春当气温升高到8℃时，越冬螨就开始出蛰活动，从物候关系看，只要越冬寄主一露出嫩芽，越冬螨就开始取食，取食后的越冬雌螨体色由橘红色重新变为橘黄或黄褐色，身体两侧的黑斑又显现出来。当气温升高到12℃，就开始产卵，北疆最早于4月8日可在杂草上见到第一代叶螨卵。当棉苗出土后，土耳其斯坦叶螨便从不同的越冬场所陆续向棉田迁移，取食为害。

据研究，棉叶螨在北疆棉区，于5月上、中旬开始有点片出现（最早的5月8日、5月11日就发现）。但此时气温较低，繁殖速度慢，棉苗受害较轻。到5月下旬、6月初，此时若雨量少，气温很快上升，棉叶螨会很快繁殖，集中为害，棉叶上很快出现红斑。于6月下旬、7月初便出现第一个高峰期，7月的中、下旬又出现第二个高峰期，虫害如得不到有效控制，8月份便会出现第三个高峰，而且一次比一次螨量多、为害重，到8月中、下旬为害严重的棉田便呈现一片红叶，对棉花生产造成严重损失。到8月底9月初，便会出现滞育的橘红色个体，逐渐进入越冬场所，陆续越冬。

该螨有明显的滞育性，属于长日照发育型，短日照滞育型。一旦进入滞育不宜用药剂防治。叶螨能大量吐丝结网，且在叶背面藏于网下活动，这给天敌的捕食和药剂防治带来了一定的困难，所以在药剂防治时一定要穿透网幕才有效。

土耳其斯坦叶螨主要进行两性生殖，也可进行产卵孤雌生殖。未受精卵发育成雄螨，在田间的雌雄比例生长季节为8∶1～10∶1，而深秋时为4∶1～5∶1。干旱时，雄螨也较多。但一般情况下，雌螨比例远大于雄螨，一头雄螨可与几头雌螨交配。多数雌螨一生只交配一次，少数的可交配2～3次。其产卵前期1～2天，卵多产于网下叶脉两侧和萼凹处。

叶螨对寄主植物有明显的选择性，据调查，在双子叶植物和单子叶植物同时存在时，易寄生双子叶植物。最喜欢寄生的是豆科、茄科、锦葵科、葫芦科及菊科中的作物。而百合科、禾本科相比选择寄生的较少。

土耳其斯坦叶螨靠自身的爬行扩散蔓延较慢，大面积的扩散，或田块与田块之间的扩散多借助外力，如随风飘荡。当食料恶化时，螨体大量聚集在一起有成百个个体用丝网串粘在一块成球状，然后随丝下垂，当微风吹过时，借风飘荡至另一株新的棉株上，再进行扩散为害。还可借流水传播，当灌水时，螨体、卵较轻，可漂浮在水面，附着在落叶或小草上漂流传播。同时还可借人们在田间作业，农机具作业，虫、鸟的携带传播。因为在螨足的跗节前端有发达的爪和爪间突及其黏毛，使叶螨能牢固地黏附在其他物体上，随之传播，据资料统计，已知有19种昆虫可携带传播棉叶螨。

（6）温、湿度对棉叶螨发生的影响。

1）温度。土耳其斯坦叶螨是高温活动型，高温干燥对其发生有利。据（石农）1990年饲养观察结果：当气温在9.5～12.6℃时，完成一代需27～28天，当气温在22.7～27.5℃时，完成一代需13.7～15.5天；在27.9～30.1℃时只需7.5～11.8天。可见温度升高其发育历期缩短。当气温升高到30℃时，产卵量就下降，升高到34℃时，就停止产卵，当气温在23～27.5℃时，对土耳其斯坦叶螨生长、繁殖最有利。

2）湿度。该螨要求的湿度范围在40%～65%最有利，当湿度超过80%以上时，对其繁殖不利。因此，在棉田中改变田间小气候，增加湿度，可抑制棉叶螨的发生。

3）降雨。降雨也可抑制棉叶螨的发生，在新疆暴雨和连阴雨的天气较少，一般的中、小量雨对叶螨控制不大。对连续下1～2场大雨或暴雨，可抑制棉叶螨10～15天。若6—8月份平均降雨量在100 mm会大发生，若三个月平均降雨量在200 mm以上，虫害发生就轻，在100～150 mm会中等发生，暴雨对叶螨有冲刷作用，同时雨水多，会引起霉菌发生，对叶螨的繁殖有抑制作用。

此外，棉田的连作年限、前茬作物的种类、耕作水平、棉花品种、作物的长势、天敌的数量等因素也都会影响到叶螨的发生。

（7）棉花枯萎病的发病规律。新疆棉花枯萎病菌和内地相同，均为尖孢镰刀菌萎蔫专化型。

棉花枯萎病菌生长的温度范围为10～35℃，最适生长温度为25～30℃。新疆大部分菌株生长温度为25℃左右，35℃以上生长受抑制。但也有个别菌株耐高温能力较强（如吐鲁番菌株），在40℃仍可生长，这可能与其适应性有关。

棉花枯萎病菌的寄主范围较窄，过去认为只为害棉花、甘薯、蕹菜和决明。但近年来查明，该菌能侵入小麦、大麦、玉米、高粱、甜菜、大豆、豌豆、烟草、西瓜、甜瓜、黄瓜、红花、茄子、辣椒、红麻、番茄、笋瓜、赤豆、扁豆等多种作物，但不表现症状。据国外报道，病菌在这类隐症寄主上只能侵入皮层或达到表皮下层。

棉花枯萎病菌具有较强的寄生专化性，病菌尽管形态相似，但对棉花不同种和品种的致病力差异较大。目前世界上共发现有 8 个生理小种，其中 3 号和 8 号小种致病力较弱，而 7 号小种致病力强且分布最广，是我国棉花枯萎病菌的优势生理小种。

7 号小种在新疆分布最广、危害最重，在陆地棉区和长绒棉区都有分布，它们是新疆棉区的优势小种，目前新疆棉花抗病育种应主要针对 7 号小种。在 7 号小种内仍有较明显的致病性分化，其内还可分出致病性不同的多种类型。故有些品种在不同棉区对该病抗病性可能会出现一些差异。由于新疆地域辽阔，棉枯萎病菌的致病性分化比较复杂，这可能与新疆棉花品种和病菌来源的广泛性及部分地区既种陆地棉又种长绒棉有关，也可能与不同生态条件和耕作制度也有一定关系。

（8）影响棉花枯萎病发生和流行的因素。

1）种子带菌。种子带菌是造成病区迅速扩展的主要原因。棉花种子内部和外部均可携带枯萎病菌。近年来新疆棉花枯萎病区迅速扩展与从病区大量引种有十分密切的关系。特别是有些病区发病比较严重，种子带菌率较高，引种后很易造成大面积扩展。

2）品种不同。一般亚洲棉对枯萎病抗病性较强，陆地棉次之，海岛棉较差。棉花枯萎病的发生与品种抗病性密切相关，种植抗病品种，发病会明显减轻，甚至极少发病；种植感病品种，则发病严重，甚至大量死亡。同时，在进行抗病品种种植时，并非其种子完全不带菌，也并非完全不发病，常有一定带菌率。故目前在无病田还占多数的情况下，抗病品种一定要在重病田种植。经鉴定还发现，有些品种生长期外部症状不明显，或出现较少，故看来发病率和病情指数不高；通过剖秆检查，发病率和病情指数都较高，如中 12、辽 10、9001 等。

目前，新疆棉花育种单位，都已把优质、高产、早熟、抗病作为棉花育种的主攻目标，并已育成一批抗枯萎病较强的新品种，如新石 k1 等。

3）气候条件。一般情况下枯萎病在苗期土壤温度达到 20℃左右时，棉田开始出现病苗。25℃左右时，即棉花现蕾期间，达到第一个发病高峰，常出现大量死苗。到 6 月下旬至 7 月下旬高温期，植株生长旺盛，病情停止发展，未死亡的植株又长出新叶，此时出现症状减轻或“高温隐症”；秋季来临，当土壤温度下降到 25℃左右时，病情又有回升，即出现第二个发病高峰。一般年份这两个发病高峰在新疆都较明显。春季温暖，第一高峰期来得早，苗期枯萎病较重；春季气温尚冷，第一高峰期来得晚，苗期枯萎病较轻。

枯萎病的发生与土壤湿度和降雨也有密切关系。一般当田间持水量达 50%～60%

时，最适于该菌生长和发育；田间持水量超过70%或低于40%，则菌丝生长受抑制。生长期多雨导致土壤温度下降，同时又增加了土壤湿度，常导致病情上升。故一般在多雨的年份，有利病害的发生，其中特别是5、6月份降雨较多，对枯萎病的发生有明显的促进作用（见图2—1）。

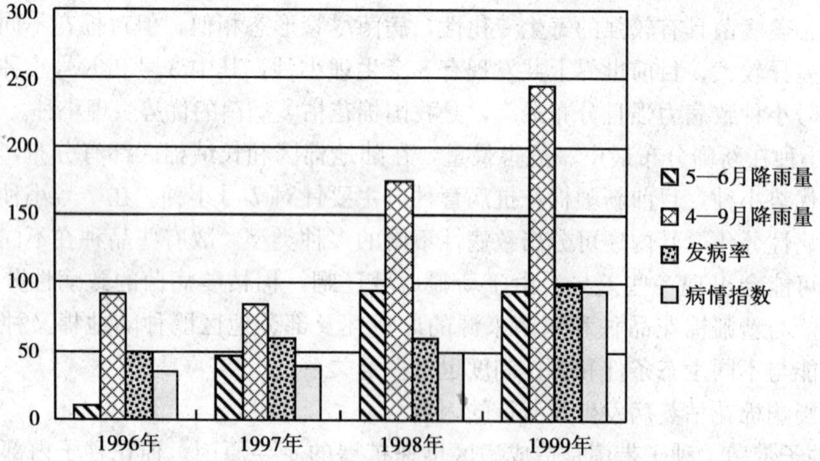

图2—1　新陆早7号品种枯萎病发生与降雨量的关系

4）耕作栽培措施。连作病重，轮作病轻。为了解决土壤中有机质含量日益下降的问题，自20世纪80年代开始推行秸秆还田，较好地解决了土壤有机质下降的问题；但随连作年限延长和秸秆粉碎后还田，也造成了枯萎病每年以1.24～8.2倍的速度迅速扩展（平均4.1倍，见表2—1）。

表2—1　部分连作棉田秸秆还田后枯萎病扩展速度调查　（石河子）

条田号	28−3	92−3	92−6	93−2	35−1	36−1	95−2	95−3	95−4
1998年发病率/%	5.0	3.0	5.0	5.0	3.0	3.0	17.0	31.0	12.0
1999年发病率/%	30	24.6	27.8	25.3	10	10	36.6	38.3	23.6
增长速度/倍	6.0	8.2	5.56	5.06	3.33	3.33	2.15	1.24	1.97
平均增长速度/倍	4.1								

注：前4块条田1998年种新陆早6号，1999年种新陆早7号；后5块条田1998年和1999年均种新陆早6号品种。

据有关试验，土表及土壤表层内病秆中的病菌其存活期可达18个月，20 cm深处病秆内的病菌经19个月其存活率才略有下降。即使组织腐烂分解，病菌在土壤中也能腐生存活5～6年，故短时间轮作其防病效果常不明显。有些重病田因病菌常年累积，即使轮作5年，有时防病效果也较差。究其原因，与秸秆还田有关，故秸秆还田后，应延长轮作年限。

5）铺膜方式与发病的关系。据有关试验，铺膜后由于具有增温保温、提墒保墒的作用，有利于枯萎病的发生。故铺膜棉田枯萎病的发生比不铺膜明显增高，发病提前，病情加重。特别在春季多雨、温度较低的年份（如 1998 年）表现得更为明显（见表 2—2）。

表 2—2　　铺膜方式与枯萎病发生的关系　　（石河子）

铺膜方式	试验年份	苗期（5.25）		蕾期（6.15）		花期（7.10）		铃期（8.10）	
		发病率/%	病指	发病率/%	病指	发病率/%	病指	发病率/%	病指
宽膜	1998	36.8	30.0	57.5	49.9	42.1	40.6	61.5	50.5
窄膜	1998	28.6	24.2	56.8	46.9	34.9	32.5	52.1	38.6
不铺膜	1997	38.0	29.0	63.7	45.8	46.4	36.1	59.7	52.9
	1998	3.19	2.7	20.3	14.3	6.17	5.5	38.9	20.5
	1997	29.3	16.5	56.3	42.1	40.2	31.8	60.6	52.9

但揭膜后（一般在头水前揭膜），不同铺膜方式病情虽仍有较大差别，但差距往往会逐渐缩小。在不同铺膜方式中，一般宽膜（一膜四行）由于保水增温效果更明显，其病情重于窄膜（一膜两行），窄膜重于不铺膜。在宽膜栽培中，中间两行的发病率又明显高于两个边行。故宽膜植棉后更要重视棉花枯萎病的防治。

地势低洼、排水不良、地下水位高的地块一般发病较重。偏施氮肥，营养失调，也会促进病害发展。

（9）棉花黄萎病的发病规律。世界上引起棉花黄萎病的病菌有 2 个种，即大丽轮枝菌和黑白轮枝菌。在我国，1979 年前一直认为我国棉花黄萎病菌是黑白轮枝菌。1979 年张绪振等对我国棉区 8 省 9 菌系 280 个单孢菌株进行了统一鉴定，确定我国棉花黄萎病菌为大丽轮枝菌。1980—1981 年中国农科院植保所等单位进一步对 7 省市 30 多个菌株继续进行鉴定获得相同结果。

1997—1998 年，从新疆各主要植棉区采集了 30 多个单孢菌株，经鉴定，均为大丽轮枝菌。

棉花黄萎病菌变异性较大，常因环境条件影响而产生新的生理分化类型。1997—1998 年中国棉花研究所等 8 单位对全国棉花黄萎病菌生理型进行了联合鉴定，根据 10 个菌系在海岛棉、陆地棉和中棉三大棉系 9 个棉花品种上的致病力不同，初步划分为 3 个不同的生理型：

生理型 1 号：致病力最强，如陕西泾阳菌系，对所有鉴别品种都严重感染。

生理型 2 号：致病力最弱，如新疆和田及车排子菌系，对所有品种感染都很轻。

生理型 3 号：致病力中等，如河南安阳、河北栾城和永年、辽宁辽阳、江苏丰县、四川南部和云南宾川等菌系。

1983 年以来，南京农业大学和江苏农科院植保所等将棉花上的大丽轮枝菌分为 3 个致病型。

Ⅰ型：强致病型：产生枯斑型至落叶型症状。

Ⅱ型：中等致病型，产生“花西瓜皮型”至枯斑型病状。

Ⅲ型：弱致病型：产生黄化型到斑驳型症状。

1997—1998 年利用 8 个鉴别寄主，对从新疆各植棉区所采的 30 个菌株进行了致病性分化的研究，结果查明新疆棉花黄萎病菌存在着明显的致病性分化。它们在不同品种上的致病性有明显不同，按照全国棉花抗黄萎病鉴定标准，对黄萎病抗感类型可分为 5 类：免疫（Ⅰ），病情指数为 0；高抗（HR），病情指数 0.1～10.0；抗病（R），病情指数 10.1～20.0；耐病（T），病情指数 20.1～35.0；感病（S），病情指数 35.0 以上。不同菌株按照致病力的强弱可分为强（A）、中（B）、弱（C）三种致病类型：强（A），平均病指 35.1～100.0；中（B），平均病指 20.1～35.0；弱（C），平均病指 0.1～20.0。

棉花黄萎病菌的寄主范围很广，除棉花外，还可危害 38 科 660 余种植物，其中包括向日葵、番茄、茄子、辣椒、烟草、马铃薯、甜瓜、西瓜、黄瓜、花生、菜豆、绿豆、蚕豆、甜菜、芝麻等作物，但一般不感染小麦、玉米、水稻、高粱、大麦等禾本科作物。

棉花根的分泌物对黄萎病菌的发育和微菌核的萌发有刺激作用。在棉苗发育始期刺激作用较小，以后逐渐增加，果实形成期最大，这可能是结铃期黄萎病株增长的原因之一。

棉花黄萎病菌在 10～30℃均可生长，病菌生长的最适温度为 20～25℃，30℃时绝大多数菌株不生长，但部分菌株（1/3 左右）在 33℃下仍能缓慢生长，这可能是新疆棉花黄萎病在高温期发病仍然较重的原因之一。微菌核对高低温的抗性很强，能忍受 80℃高温和－30℃的低温。所以一旦定殖下来，很难防除。

（10）影响棉花黄萎病发生和流行的因素。

1）种子带菌。种子带菌是造成病区扩展的主要原因。黄萎病和枯萎病一样，也可由种子带菌传播。这方面国内早已见诸报道，病株种子带菌率一般在 0.026%～28.6%之间。新疆田逢秀先生检测为 4%左右，最高可达 23.1%。故生产无病良种是防止病区进一步扩大的重要措施之一。

2）不同品种。棉花不同种或品种对黄萎病的抗病性有较大差异，以海岛棉抗病最强，陆地棉次之，但由于抗源较少，至今尚未找到适合新疆种植的优质、高产、早熟的抗病品种。

3）栽培措施。

①铺膜方式与发病关系。铺膜栽培由于具有保温提墒保湿的作用，故棉花黄萎病发生早而重，其中宽膜（一膜四行）的病情又明显重于窄膜（一膜两行）（见表 2—3）。

表 2—3　　铺膜方式与棉花黄萎病发生的关系　　(1999 年于石河子病圃)

7月10日		7月20日		7月30日		8月10日	
发病率/%	病指	发病率/%	病指	发病率/%	病指	发病率/%	病指
18.2	13.7	28.1	17.8	73.8	47.2	79.0	55.6
5.8	4.4	18.7	9.1	52.8	43.6	75.9	50.2

②喷施缩节胺与棉花黄萎病发生的关系。据中国农科院简桂良等报道（1999 年），在棉花黄萎病始发的开花期，喷施缩节胺对该病的发生和发展可起到显著的抑制作用，尤以 40 ppm 浓度施用 2 次的效果最好。目前新疆棉田实行全程化控，一般于棉苗 2 叶 1 心、4～6 叶期、头水前和打顶后要进行 4～5 次化控，对黄萎病的发生有一定的抑制作用。这可能是新疆黄萎病的扩展速度没有枯萎病快，其危害也不及枯萎病严重的原因之一。如何将化控与防病更好地结合起来，充分发挥其防病作用，这是目前棉花生产中值得重视的问题之一。缩节胺喷施后的防病机理初步认为是一种诱导作用，喷施后其病叶中脯氨酸、胱氨酸的含量增高。而不少资料报道脯氨酸和胱氨酸等氨基酸含量增加与品种抗性有关。

③轮作与发病的关系。病田连作年限越长，土壤内病菌积累量越多，发病就越重。与非寄主作物轮作发病轻，特别是水旱轮作、与苜蓿轮作等效果更好。据乌兹别克斯坦报道，用芥菜作绿肥并进行秋翻，不仅能减轻黄萎病的危害，提高土壤肥力，增加棉花产量，同时还可提高棉花纤维的品质。

另外，深耕可将病菌残体翻入土壤深层，加速分解，并使其窒息死亡，减轻病害发生。地势低洼、排水不良的棉田较地势高、地下水位低的棉田病重。土壤缺肥，尤其缺钾肥，或施氮肥过多，大水漫灌，管理粗放的棉田病重，而氮磷钾肥配合适当的棉田发病较轻。

4）气候条件。温、湿度对黄萎病发生有明显影响。温度在 25～28℃，相对湿度在 80%以上，是该病大发生的主要条件。1993 年我国棉花黄萎病暴发成灾的原因之一就是广大棉区 7、8 月份降雨偏多，气温偏低，湿度偏高。如河南新乡 7、8 月份平均温度为 25.15℃，比 1992 年同期平均温度 28.51℃低 3.36℃，平均相对湿度为 82%，该年黄萎病严重发生。低于 22℃或高于 30℃发病缓慢，超过 35℃时症状隐蔽。顾本康认为，抑制黄萎病发病程度的主导因素是病害盛发期出现≥28℃的日均温度频次和迟早的综合值。

在温度适宜范围内，湿度、雨日和雨量是决定病情消长的另一重要因素。新疆 1999 年在病害发生期降水量大，雨日较多，气候凉爽，有利病害发生，故该年黄萎病发生较 1998 年重。

5）生育期。棉花黄萎病一般在现蕾后开始发病，在新疆多在 7—8 月份即进入花铃期大量发生。据内地分期播种试验结果，在4—7月播种的，都是在现蕾期后开始发病，此后发病逐渐增多，病情也日趋严重，由此认为棉株现蕾前较抗病，现蕾后感病。

(11) 棉花烂根病发病规律。1996—1997年从新疆的昌吉、石河子、奎屯、塔城、博乐、库尔勒、阿克苏和喀什8个地州的24个县（团）共采集棉花烂籽、烂芽和烂根的病样1 548份，采用常规方法共分离出1 185个菌株，其中丝核菌498个、镰孢菌531个、链格孢菌72个、腐霉32个、根霉16个、黑色根腐病菌12个、毛霉5个、细菌11个、其他8个。分别占分离菌株的42.4%、44.3%、1.0%、1.4%、14%、1.0%、0.4%、0.9%和0.7%。其中丝核菌和镰孢菌所占比例最高，约占整个分离菌株的86.8%，其次为链格孢菌和腐霉菌。毛霉菌、黑色根腐病菌、根霉菌等出现频率均低，腐霉菌在烂子上分离的较多，经致病性测定和病原种群鉴定，棉苗立枯丝核菌、镰孢菌、棉黑色根腐病菌是主要致病菌。

1）立枯病。经融合群测定，我区棉苗立枯丝核菌主要为AG4融合群，它们占供测菌株的89.2%，其致病性最强、分布最广，为我区棉苗立枯丝核菌的优势融合群。这与国内外的情况是一致的。

病菌菌丝在5～40℃均可生长，最适生长温度范围较宽，在20～35℃下均生长良好（见表2—4）。

表2—4　　温度与棉苗立枯丝核菌生长的关系

温度/℃	菌株生长量/cm		
	R—105	R—97	R—74
5	1.6	1.5	1.9
10	1.8	1.5	2.1
15	3.3	3.0	4.0
20	5.8	5.3	5.8
25	6.8	5.9	6.8
30	—	6.2	6.9
35	7.3	6.7	7.3

在pH值在3.4～9.2范围内都能发育，但以pH值6.8为最适。

2）红腐病。此病由多种镰孢菌侵染所致。此外，还分离出尖孢镰孢菌，该菌引起棉苗大量死亡，导致维管束变色，但根茎部表皮一般不表现烂根症状。

3）黑色根腐病。该菌菌丝在11～30℃下均可生长，生长最适温度为16～24℃，低于6℃和高于35℃不生长。病菌菌丝生长以pH值7最适宜，pH值4.1以下不发育。其寄主范围很广，侵染豆科、茄科、菊科、葫芦科、锦葵科等20余科100余种植物，对禾本科植物不易侵染。主要为害的作物有烟草、棉花、豌豆、大豆、菜豆、豇豆、番茄、西瓜、甜瓜、黄瓜、茄子、花生、甘薯等。

（12）影响棉花烂根病发生和流行的因素。

1）温、湿度。棉花播种至出土后一个月至一个半月内，低温多雨特别是遇寒流，常诱发烂根病大发生。棉花是喜温作物，播种后，多雨阴湿、土壤温度低，出苗缓慢，会明显降低棉苗的抗性，增加病菌侵染的机会。经试验棉苗对低温最敏感的时期在露白期，次为弯钩期（见表2—5）。

表2—5　　棉苗不同生育期对低温的敏感性测定

棉苗生育期	品种名称	调查株数/株	死亡株数/株	死亡率/%
露白期	新陆早6号	57	56	98.3
	新陆早7号	55	54	98.2
弯钩期	新陆早6号	58	24	41.4
	新陆早7号	52	32	61.5
子叶期	新陆早6号	144	20	17.5
	新陆早7号	102	36	35.3
子叶展平3天	新陆早6号	58	2	3.5
	新陆早7号	50	0	0

注：将不同生育期幼苗在0℃低温下处理20小时后，置于15～25℃温室内，10天后统计死亡率。

播后萌动的种子遇0℃低温持续20 h以上，即使不被病菌侵染也会造成大量烂子和烂芽；子叶期对低温的抵抗力虽比露白期和弯钩期强，但均处于病菌最易感染的时期。如在5～10℃的低温条件下，棉子无法发芽，棉苗无法生长，会大大延缓发芽出土时间，降低幼苗的抗病力。而在此温度条件下，棉苗立枯丝核菌的日生长速度仍在1.63～1.75 cm之间，照样侵染发病，最易造成烂子烂芽和烂根的发生。近年来的大量事实说明，出土的棉苗只要遇到低温并伴随有寒风阴雨，即使棉花已处于5～6片真叶，都会发生烂根死苗现象，主要是低温高湿导致棉苗抗病性急剧下降的结果。

2）种子质量。成熟度好、子粒饱满、纯度高的棉子生活力强，播种后出苗迅速、整齐而苗壮，不易遭受病菌侵染，因而发病轻，否则发病重。据近几年调查，当种子质量中破子率、秕子率高、成熟度差时常严重影响出苗，造成大量烂种。棉种的破损率常与脱短绒的次数密切相关。目前留种棉子，以脱一遍短绒最好。

播种后质量差的种子很易被病菌侵染，并向周围扩散，会很快形成发病中心，从而造成缺苗断垄。由于病菌生长繁殖很快，还会产生随补随烂，甚至多次重播。目前许多单位在推广精量点播技术，更应严把种子质量关，使用高质量的种子。

3）播期和播种深度。播种过早或过深，均使出苗延迟，因温度较低或延迟出苗时间，都增加了病菌与幼苗接触机会，且棉苗弱小抵抗力差，容易感病。故一般播种越早越深发病越重（见表2—6）。在地膜植棉的情况下，目前播种时前面一般都带括土板将干土层刮掉，更不宜播深，一般播种深度2.5～3 cm即可。

表2—6　　播期与棉苗烂根病发生的关系（1999年）

调查地点	调查日期	播种日期	品种名称	病情指数
148团25连	5月12日	4月9日	新陆早7号	59.8
63－2条田		4月26日	新陆早7号	31.0
148团2连	5月13日	4月8日	新陆早7号	50.7
2号条田		4月27日	新陆早7号	39.3
148团4连	5月14日	4月7日	新陆早8号	69.0
79～4条田		4月30日	新陆早8号	25.8
148团5连	5月15日	4月7日	中24	55.0
61～2条田		4月27日	中24	41.2

4）土壤质地。土壤质地与发病的关系也很密切，全疆各地均以沙土发病较壤土重，细沙又重于粗沙，黏土发病最轻（见表2—7）。

表2—7　　土质和含水量对发芽率的影响

品种名称	沙土和壤土不同含水量的发芽率/%											
	10%		15%		20%		25%		30%		35%	
	沙土	壤土	沙土	壤土	沙土	壤土	沙土	壤土	沙土	壤土	沙土	壤土
新陆早1号	92.0	6.0	94.0	52.0	92.7	85.3	78.0	73.3	31.3	82.0	6.3	80.0
新陆早7号	81.3	8.7	84.0	38.0	83.3	64.0	49.3	71.3	10.7	72.0	4.7	64.0

注：各处理均播150粒棉种，播后第8天统计发芽率。

新疆沙土地烂根病（尤其烂种和烂芽）发生较重的原因主要与下列因素有关：其一沙质土很易播深，即使加上限深器其播种深度也常较壤土和黏土深，尤其在责任心不强或片面认为“沙土地易出苗”的错误认识下，更易播深。其二沙土保水力差，降雨之后自由水多，更易造成暂时高湿环境，特别是细沙土还易造成土壤沉降，易使幼芽和幼苗窒息死亡；一般细沙土出苗较粗沙晚1～2天，从而使烂种大量增加。所以雨后整地播种，最好不要先播沙性土。其三沙性土温差较大，在春季气候不正常的情况下更易造成幼苗抗病性下降，导致烂根病菌侵染，造成烂种、烂芽和烂根病发生。

5）耕作栽培技术。多年连作会使土壤中病菌越积越多，加重病害的发生，所以一般连作年限越长发病越重。地势低洼排水不良，地下水位较高，由于土壤水分过多，通气性差，土壤温度偏低，棉苗出土时间延长，生长势弱，发病较重。

铺膜与发病的关系比较复杂，主要根据土壤湿度而定。若播种时土壤墒度较差，铺膜有提墒促苗的作用，会减轻烂根病的发生；若播种时土壤墒度较大，铺膜后会加重烂根病的发生。

2. 玉米田主要病、虫的发生规律

（1）亚洲玉米螟、欧洲玉米螟的发生规律。两种玉米螟的生活习性和发生规律基本相似。在新疆均发生2代，老熟幼虫在茎秆内、果穗内和玉米茬内越冬。有时堆放秸秆的附近及其土层下也有越冬幼虫。春季越冬幼虫化蛹。乌鲁木齐和昌吉一带亚洲玉米螟化蛹始期在5月上旬，盛期在5月下旬6月上旬。伊宁欧洲玉米螟化蛹始期在5月初，盛期在5月中下旬。两地成虫羽化始期分别在5月下旬、5月中旬，盛期分别在6月上中旬、5月下旬至6月上旬。两地第一代卵开始出现均在6月上旬，盛期在6月中下旬。第一代幼虫孵化盛期在6月底至7月初。6—7月是幼虫为发害期，此时正值玉米大喇叭口抽雄期。对玉米为害最大，是防治的关键时期。第一代幼虫多数在玉米茎秆内化蛹，化蛹盛期在7月中下旬，第一代成虫羽化盛期在7月底8月初，产卵盛期在8月上旬。第二代幼虫孵化盛期在8月上中旬。两种玉米螟均由于幼虫越冬环境的差异和幼虫滞育的影响，春季幼虫复苏、化蛹、羽化均十分不整齐，因而造成全年世代重叠，生长季节几乎同时可见几种虫态。

玉米螟成虫大部分在晚间羽化，羽化后即可交尾，1～2天后即可产卵。成虫昼伏夜出，白天多在植株密茂、湿度大的场所栖息；越冬代多在麦田、苜蓿田、杂草丛中；第一代则随着玉米成长，潜入玉米田中，常潜伏在叶背及茎秆上。傍晚飞出活动和交尾，飞入玉米田产卵，早晨天亮前又飞回隐蔽地潜伏。成虫飞翔能力很强，可以飞过山地、森林，是扩大为害地区的主要方法。成虫每头可产卵块10～20块，卵粒300～600粒，最高可达1 000粒以上。卵多产在玉米中部叶片背面的中脉附近，其他部分较少。成虫具有趋光性，黑光灯可诱到大量成虫。

玉米螟刚孵出的幼虫群集于卵壳上，有取食卵壳的习性。2 h后开始爬行，行动敏捷。幼虫喜食含糖高的组织，喜爱潮湿、背光，因此4龄前具潜藏性，4龄后具钻蛀性。玉米孕穗前，螟幼虫全部栖于心叶内，孕穗后绝大部分栖息于穗苞内，雄穗露出时，少量向下转移，全部抽出后，大部蛀入茎内或刚抽出的雌穗内。根据幼虫活动习性，玉米大喇叭口期是防治的有利时机。老熟幼虫在寄主茎秆、苞叶、雌穗、叶鞘内和叶片背面等处化蛹。

玉米播种早、生长茂盛、叶色浓绿，株高在1 m以上的植株，产卵就多，发生就重。覆膜玉米，长势旺，叶片嫩，田间湿度大，第一代玉米螟发生重。不同玉米品种对玉米螟抗性不同，抗性品种植株含有抗螟素较高，新疆玉米生产中常用的品种，以Sc704受害最重，玉米不同生育阶段对幼虫成活的影响是不同的。玉米苗越幼小，幼虫成活率越低，随着玉米发育，成活率逐渐提高，而进入乳熟期，成活率又有所下降。

玉米螟天敌很多，赤眼蜂、瓢虫、茧蜂、姬蜂、寄生蝇以及微生物都对玉米螟有一定控制作用。

玉米螟是喜湿昆虫，不论幼虫孵化、成活，成虫羽化、产卵，都要求较高的湿度，凡降雨较多、湿度大的年份，发生就重，而春季干旱发生就轻。新疆玉米拔节前后开始灌水，从而使田间小气候对玉米螟有利。

（2）玉米叶螨的发生规律。叶螨以成螨在玉米和杂草根茬、植株落叶和表土下越冬。次年早春3月出蛰活动，并先取食萌芽较早的杂草；5月中下旬逐渐转到早播玉米上取食为害，并产卵繁殖；5—6月由于气温较低，加上各种捕食性天敌的控制，螨量较少；7月份螨量直线上升，为害加重，8月是为害盛期。此后，随着气温下降，玉米成熟，叶螨数量下降，并转到杂草上为害，10月下旬至11月进入蛰伏越冬。

田间叶螨最早为点片发生，然后通过叶螨爬行，特别是借风力、流水、昆虫、鸟兽、人畜、机具而传播，致使螨害扩散到全田。玉米田叶螨一般以早播田重于晚播田。螨量与玉米田灌水关系密切，凡灌水晚、灌次少、水量小、玉米受旱的田块螨害重，反之则轻。玉米连作有利于叶螨数量的积累，发生明显重于轮作倒茬玉米田。

叶螨的天敌很多，深点食螨瓢虫、六点蓟马、植绥螨以捕食叶螨为主，还有各种捕食性蓟马、瓢虫、草蛉、花蝽、姬蝽、蜘蛛等，均可捕食叶螨的成、幼、若螨或螨卵、天敌对叶螨控制作用较大。

影响玉米叶螨的主要因子有耕作制度、气温、降雨、天敌、虫口基数、玉米田综防水平、玉米长势等。其中以气象因子的影响作用最为突出。

（3）玉米瘤黑粉病的发病规律。该病由真菌引起。病菌主要在土壤及土壤病残体上越冬，也能混在厩肥中越冬；种子上黏附的病菌对远距离传病有一定作用。在适宜的温、湿度条件下，病菌萌发产生担孢子，随风雨传播，由表皮或伤口侵入幼嫩组织内部，刺激寄主组织，经2～3周形成病瘤，再经20～24天则在病瘤内形成大量成熟的病菌，病瘤破裂后，病菌散出，由气流再次传播。

（4）影响玉米瘤黑粉病发生和流行的因素。

1）菌源数量。由于该病其侵染来源主要来自土壤，故玉米地多年连作发病重，在较干旱少雨的地区，缺乏有机质的沙性土壤中残留在田间的冬孢子易于保存其活力，该病发生较重。

2）品种的抗病性。品种间有明显的差异，一般甜玉米最易感病，耐旱和果穗苞叶长而包得紧的品种较抗病，马齿型玉米较抗病。

3）气候条件。玉米生长期遇高温高湿或高温多雨，田间容易结露，或温、湿度变化剧烈，即时干时湿，久旱遇雨，前旱后湿或干湿交替等气候条件可严重降低植株的抗病力，加重病害的发生。

（5）玉米丝黑穗病发病规律。该病由真菌引起。病菌主要在土壤中越冬，或混入粪肥或黏附在种子表面越冬，土壤带菌是最主要的初侵染源，种子带菌则是病害远距离传播的重要途径。病菌在土壤中能存活2～3年。土壤、粪肥或种子上越冬的病菌萌发后，从玉米幼苗的芽鞘、胚轴或幼根侵入。

(6) 影响玉米丝黑穗病发生和流行的因素。

1) 土壤温、湿度。土壤温、湿度既影响玉米发芽生长，又影响病菌萌发侵入，病菌侵染的土壤温度范围为15～30℃，早播玉米病重，深播病重，墒情好病轻。

2) 由于菌量。来年该病没有再侵染，发病轻重决定于土壤初始菌量，该菌冬孢子可在土壤中存活2～3年，故连作病重。

3) 品种。玉米不同品种间抗病性差异很大，在相同条件下抗病品种发病率仅0～5%，而感病品种病株率可达80%以上。

3. 麦田主要病、虫的发生规律

(1) 麦蚜的发生规律。一般地区麦二叉蚜和麦长管蚜一年发生10～20代以上（新疆喀什地区麦二叉蚜一年发生28～30代）。在我国中、南部麦区以成、若蚜在麦苗或禾本科植物上越冬。在新疆以及我国北部、西北部麦区以卵在麦苗枯叶、残茬、杂草上越冬，着卵率达85.8%，其次是当年麦苗，着卵率达11.8%，土缝内着卵率仅2.2%。按麦长管蚜和麦二叉蚜迁飞为害规律分为以下三个基地：

1) 以冬麦为主的发生基地。越冬卵翌年春天冬麦返青时开始孵化为干母（此时平均气温达2～4℃或旬平均气温达2.8～5.6℃），孵化期30天左右，干母以孤雌胎生方式繁殖后代（干雌）为害麦苗，尤其在小麦拔节孕穗期，造成严重为害，严重时不能拔节，孕穗期受害时轻则旗叶发生扭曲，不易抽穗，重则心叶枯死不能孕穗。5月上、中旬平均气温达18～23℃时，蚜量直线上升，5月底出现第一次为害高峰。此时出现有翅迁移蚜，迁至过渡基地。

2) 以高粱和部分春麦、大麦为主的过渡基地。第一次为害高峰后，开始向高粱、春麦上迁飞。5月底为麦二叉蚜的迁飞高峰，6月初至6月中在高粱上出现第一次为害高峰，高粱被害后，叶片变红，植株生长受抑制，8月份则不能抽穗。此后由于气温升高，蚜量逐渐下降。7月份平均温度在25℃以上。蚜量很少。从8月上旬起，蚜量再次增多，在高粱上形成第二次为害高峰。9月中下旬，随着营养条件恶化，气温下降，产生有翅迁移蚜，迁至越冬基地。

3) 以冬麦秋苗为主的越冬基地。9月中旬后，正值冬麦播种出苗，蚜虫则大部从高粱上迁回，9月下旬，在冬麦秋苗上出现一次为害小高峰。由于短日照来临出现性母，如日照短于12小时以下，5～10天则产生性蚜进行交配产卵越冬。一般11.3℃开始产卵。因此，麦蚜在穗期和秋苗期形成一大一小两个高峰，在春麦和大麦上形成一个高峰，高粱上麦二叉蚜的为害有两次为害高峰。

此外，气候条件、播期、栽培条件、天敌对麦蚜的发生都有一定的影响作用。

(2) 黑森瘿蚊的发生规律。黑森瘿蚊以老熟幼虫在褐色围蛹内越冬，越冬围蛹多隐藏于自生小麦或早播小麦植株叶下或下部茎秆与叶鞘之间，有时在前茬根丛内越冬。春季小麦开始生长时，幼虫在围蛹内化蛹，1～2 周后羽化为成虫。越冬代成虫于 4 月中下旬在冬麦或春麦麦苗上产卵。卵期 3～12 天，5 月上旬为第一代幼虫盛发期，小麦严重受害，幼虫期 14～21 天，5 月中下旬进入围蛹期，5 月下旬第一代成虫羽化并产卵，春季世代即完成。在冬、春麦混作区，5 月下旬到 6 月下旬羽化的成虫会部分迁到附近的春麦叶片上产卵，幼虫孵化后，为害春麦。在高温干旱的夏季，第二代老熟幼虫留在麦茎叶鞘的围蛹内越夏。7 月中、下旬羽化后的二代成虫产卵于自生麦苗上，并繁殖为害，称为中间世代。9 月中旬前后出现第三代成虫，此时正值冬麦出苗生长阶段，幼虫严重为害麦苗，此为秋季世代，入冬前以老熟幼虫在围蛹内越冬。秋季世代为不完全世代。

成虫不取食，寿命短，一般为 2～5 天，多于日落后至日出前羽化，无力作远距离飞行，适宜的风速可将成虫吹带数千米远，刮风天气多攀悬于叶上或群集于植株基部，天暖时则在田间飞翔交配，交配后 1 小时即可产卵，1～2 天产完。卵常产于叶正面纵沟内，状如小麦锈病斑，如遇天气干旱则产卵量显著下降，卵和幼虫大量死亡。

初孵幼虫沿叶沟爬至叶鞘，但不钻蛀，只刮伤麦秆吸取流出汁液（幼虫迁移时，需要有潮湿的空气，但遇露水或下雨时又易被冲落），爬行过程中常有 23%～57%的幼虫爬不到叶鞘即死亡。如果气温较低，干旱或夏季未及时得到水分，幼虫便进入滞育期，滞育时间最长可达 25 年之久。

（3）小麦锈病的发病规律。小麦锈病有条锈、叶锈和秆锈。三种小麦锈病均由真菌引起，病菌随气流传播，可传到几百公里远的小麦上造成为害。病菌萌发和侵入要求有水滴或水膜，所需最低温度为 0℃，最适 9～13℃，最高 29℃。病菌侵染麦苗后可在当地越冬，到春季病菌繁殖后，再次传播为害。

春季小麦条锈病流行有两种情况：一种是本地越冬菌源为主的情况，主要决定于大面积感病品种存在；是否有一定数量的越冬菌源；3 月至 5 月降雨量多少；早春气温回升是否快。另一种是外来菌源为主的情况，若环境有利、外来菌源量大，常可在大面积内同时引起普发，导致中后期的暴发式大流行，应特别引起重视。综上所述，锈病在秋季或春季发病的轻重主要与夏、秋季和春季雨水的多少、越夏越冬菌源量和感病品种面积大小关系密切。一般地说，秋冬、春夏雨水多，感病品种种植面积大，菌源量大，锈病就发生较重，反之则轻。

（4）小麦白粉病的发病规律。小麦白粉病由真菌引起。菌丝体在寄主表皮细胞内形成吸器吸收寄主营养。小麦白粉菌有多种生理小种，致病性变异很快，但不能侵染大麦。病菌随气流传播到感病小麦叶片上开始侵染。该病菌可以在夏季气温较低地区的自生麦苗，或夏季麦上侵染繁殖或以潜育状态渡过夏季，也可以有性繁殖体随病残体在干燥和低温条件下越冬。该病发生适温 15～20℃，低于 10℃发病缓慢。相对湿度大于 70%时有可能造成病害流行。施氮过多，造成植株贪青，发病重。在感病品种栽培面积较大的前提下，凡是冬春气温较常年偏高，降雨量和雨日较常年偏多的年份，病害容易流行。

（5）小麦矮腥黑穗病的发病规律。该病由真菌引起。病菌可在土壤中存活很长时间，在没有寄主的情况下，可以存活4～7年。放置在土面上的病粒，经10年之久，仍有萌发力，但在湿土内一般只有4～8周的寿命，即使是菌瘿也只有8～10周寿命。带有病菌的饲料经牲畜消化道仍有萌发力。矮腥黑穗病远距离传播主要通过种子间混有病粒；近距离传播靠脱粒时病菌随风飞散或随流水在田间传播。它是典型的土壤带菌侵染，冬小麦从11月中旬开始发生侵染，直至来年3月上旬，在幼苗出土开始分蘖时或已有几个分蘖时侵染率达到高峰。

矮腥黑穗病的发生与气候、耕作栽培等方面有关。

（6）小麦普通腥黑穗病的发病规律。该病由真菌引起。病菌可以附在麦种上，或混在粪肥和土壤中越冬或越夏。小麦播种后，病菌萌发进入生长点，菌丝随小麦生长而发育，孕穗期病菌侵入幼穗，使整个麦粒变成菌瘿，内有黑色粉末状的病菌。冬小麦晚播发病重。

腥黑穗病发病率的高低，主要受菌量、土壤温湿度、栽培条件和品种抗病性的影响。

（7）大、小麦散黑穗病的发病规律。小麦散黑穗病由真菌引起。该病一年只侵染一次。带菌种子是病害传播的唯一途径。病菌以菌丝潜伏在种子内，外表不显症。病菌在田间仅能存活几周，不能在土壤中越冬。

该病发生轻重与上年扬花期间相对湿度的高低有密切关系，小麦扬花期空气湿度大、常阴雨利于病菌萌发侵入，形成病种子多，翌年发病重。

（8）小麦雪腐病与雪霉病的发病规律。小麦雪腐病和小麦雪霉病均由真菌引起。雪腐病菌以菌核随病残体在土壤中生活。以菌丝体在土壤病残体中越夏，秋季土壤湿度适宜时，菌核萌发，产生病菌借气流传播，从根或根茎及叶和叶鞘处气孔或胚根鞘的自然外伤侵入。菌核也可直接萌发产生菌丝进行扩展。秋苗受侵染后，症状轻微不易察觉。直至次年春，病株基部明显变褐，才易识别。病菌生长最低温度－5℃，最适温度2～15℃，1～5℃时致病力最强。冬季积雪时间长，土壤不结冻，土温0℃左右易发病，连作地发病重。雪霉病菌发病规律基本同雪腐病，秋苗受侵染后，症状轻微不易察觉。

4. 亚洲飞蝗的发生规律

蝗虫是我国农业生产中最主要的害虫之一，在新疆表现得更为突出，发生面积大，种类多。为了消灭蝗虫的为害，确保农、牧业生产的迅速发展，必须首先了解和认识蝗虫和种类，进而掌握它们的生活习性、发生特点及分布规律等，以寻求多、快、好、省的防治方法与根除蝗害的有效途径和措施。

由于新疆地区广阔，地形复杂，南北疆气候相差悬殊，植被类型繁多，因之蝗虫的种类也就比较众多。在同地区内为害的种类也不止一种，而在不同地域或省境内的蝗虫种类组成变化就更大。

根据目前已知的情况，新疆的蝗虫种类在130种以上，是全国蝗虫种类最多的省（区）之一。其中对农业可造成为害的主要种类有：亚洲飞蝗、小垫尖翅蝗、戟纹蝗、意大利蝗、黑条小车蝗等；对牧区夏季牧场可造成为害的主要种类，有西伯利亚蝗、肿脉蝗、牧草蝗、曲背蝗、网翅蝗、蚁蝗以及多种雏蝗等；对冬牧场造成为害的主要种类有意大利蝗、痂蝗、戟纹蝗以及某些星翅蝗属的种类等；春、秋季牧场则也常受到黑条小车蝗、意大利蝗、戟纹蝗、土库曼蝗、某些星翅蝗属的种类和多种跳蝻的为害。

新疆的蝗虫种类十分繁多，其中对各牧场及其附近的农作物能造成严重危害的蝗虫的：

（1）亚洲飞蝗斑翅蝗亚科。

（2）西伯利亚蝗蝗亚科。

（3）意大利蝗（黑腿星翅蝗、伪星翅蝗）斑腿蝗亚科。

（4）红胫戟纹蝗蝗亚科。

（5）宽须蚁蝗蝗亚科。

（6）黑条小车蝗斑翅蝗亚科。

（7）朱腿痂蝗斑翅蝗亚科。

（8）细垫蝗蝗亚科。

（9）肿脉蝗。

（10）土库曼蝗。

（11）小垫尖翅蝗。

从目前全疆的蝗虫分布资料看，在已知的58属135种（包括亚种）蝗虫中，北疆已知的为55属128种（包括亚种），其中只分布在北疆的有42属83种（包括亚种）；南疆已知的为28属52种（包括亚种），其中只分布在南疆的有6属7种（包括亚种）；而南、北疆皆有分布有24属45种（包括亚种）。在南疆的塔里木盆地边缘的优势种可以细垫蝗为代表。它广泛分布于吐鲁番、哈密、库车、沙雅、阿克苏、温宿、乌什、喀什、莎车、和田等荒漠地带的绿洲，而在北疆地区尚未发现有其分布。另有如吉尔束颈蝗、瞅突眼蝗等也仅在南疆有其分布。北疆地区广泛分布的黑条小车蝗、斑翅蝗类及多种戟纹蝗则在南疆地区或并无分布或极为少见。此外，有些种类虽然南北疆地区皆有分布，如意大利蝗，几种星翅蝗和多种束颈蝗，但在蝗虫分布的广狭程度和数量上，仍是北疆盛于南疆地区。

新疆的蝗虫种类十分繁多，其中对各季牧场及其附近的农作物能造成严重危害的主要蝗虫有10种左右。

在新疆地区亚洲飞蝗一年发生一代，以卵在土壤中越冬。亚洲飞蝗卵的孵化期，随着年代的不同和地点等环境条件的变化而有较大的差异。如在北疆准噶尔盆地各蝗区蝗卵的孵化期约在5月初或5月上旬。蝗蝻发育历经30～35天，6月中旬羽化，7月初可见到交配和产卵现象，产卵期可自7月中旬延至9月中旬，9月中旬或10月初基本不见成虫踪迹。而在南疆的博斯腾湖蝗区，发生期明显早一旬左右。

据观察，亚洲飞蝗蝗蝻（群居型）在三龄后期开始由发生基地向四周渡河扩散，蝻群在水中扩散时呈带状或圆形，其厚度可达50～60 mm，扩散呈扇形，长达1～2 km，扩散时间很长，直至羽化。扩散结果使发生基地虫口密度大量下降，而在新的扩散区虫口密度则骤然增高并且异常集中。

在新疆地区亚洲飞蝗的蝗区基本上可分为三个类型：

滨湖蝗区：包括乌伦古湖（布伦托海），艾比湖、玛纳斯湖、博斯腾湖等沿湖的滨湖滩地和湖滩外圈地，其优势为芦苇并混生莎草科植物。

河泛蝗区：包括额尔齐斯河、乌伦古河、额敏河、玛纳斯河、呼图壁河、伊犁河、塔里木河及其支流等沿河两岸（特别是沿河流域的中下游地段），其优势植物亦为芦苇丛以豚禾本科、莎草科等植物。

内涝蝗区：出现在滨湖或沙泛蝗区沿岸地势低洼、排水不佳的内涝地区。

通过调查分析，认为影响亚洲飞蝗区发生猖獗的主要因素为芦苇生长的高度及覆盖度；土壤含盐量；滩地泛水时间与深度；残蝗虫口基数。这四个因素的综合影响作用，即决定当年发生数量的多少。例如，芦苇是飞蝗的主要食物，也是其主要栖息与产卵的场所。当芦苇生长高度达2 m以上且覆盖度很高时，则仅能作为取食栖息的生境而无法成为其适宜产卵场所。在飞蝗产卵期湖滨滩地的适宜地内泛水，使成虫不能在此产卵，而被迫产卵于湖滩外围地带或含盐量高的滩地，致使翌年孵化量减少。此外，虽有适宜的生境条件，若虫口基数低，也不会出现猖獗发生。

西伯利亚蝗一年发生一代，以卵在土中越冬。一般年份最早孵化出现在4上旬或5月上旬，盛期在5月上、中旬；羽化期约在5月中旬，6月上旬可进入羽化盛期，6月中旬进入交配盛期，6月下旬进入产卵盛期。

西伯利亚蝗蝻的活动主要与光照、温度、湿度以及其他天气情况密切相关。蝗蝻特别喜欢晒太阳和聚集在温度较高的场所。在一天中，于清晨日出前多躲藏在植株草丝基部静止不动，当太阳升起，气温、草温增高后才开始活动并取食。

西伯利亚蝗成虫及蝗蝻均以禾本科、莎草科牧草和农作物（如小麦）为食。

意大利蝗在新疆地区，一年发生一代，以卵在土壤中越冬，一般年份初孵化于5月上旬，中下旬进入盛期，羽化盛期常在6月中旬，下旬开始产卵；7月进入产卵盛期。

蝗蝻初卵化前两天不取食，其后取食，主食胡萝卜、黄花苜蓿，刺儿芽、灰菜等，为害的作物有小麦、玉米、水稻和棉花等。

蝗蝻有群聚、趋光晒体的习性。可随温度的增高，聚集增大。雄虫的跳跃能力更强。成虫可作远距离迁飞，通常为群居型个体。雌性成虫可产卵3～5块，多选择靠近小石块的地方，集中产卵。

蝗虫卵期的主要天敌中有不少的昆虫是依靠蝗卵来完成其不同的发育阶段的，其中以鞘翅目、双翅目及寄生性膜翅目的一些昆虫种类为主。此外，卵期较重要的天敌还有螨类，其次则为真菌和细菌所引起的疾病。

此外，有些鸟类，如乌鸦等亦可见到掘食蝗卵。叩头甲、步行虫的幼虫可以取食破坏蝗卵。甚至蚂蚁也可严重破坏蝗卵。此外，在蝗虫的捕食性天敌中，有时某些鸟类也可以有明显的作用。

二、主要病、虫害的综合防治

1. 棉田主要病、虫害的综合防治

（1）棉铃虫的综合防治。强化农业防治措施，狠压越冬基数；采用物理诱杀和化学防治越冬代成虫及棉田外一代卵和幼虫，减少一代发生量；二、三代以物理诱杀和玉米诱集带诱集为主，减少和分流棉田落卵量，充分发挥天敌的自然控制作用，科学用药挑治，保蕾、保花、保铃、促增产。

1）农业技术措施。

①秋耕冬灌压低越冬虫口基数。棉铃虫以蛹期多在田间土中及田埂越冬，秋季棉铃虫为害重的棉花、玉米、番茄等农田。秋耕冬灌及破除田埂，破坏越冬场所，可提高越冬死亡率，减少第一代发生量。

②铲除杂草、人工捕捉和诱杀。控制越冬代成虫和第一代幼虫。早春作物收获后及时耕地及破埂，可控制第一代成虫和第二代幼虫在棉田的为害。小麦收获后及时翻地，压低虫源。

③优化作物布局。合理布局邻作有利棉铃虫的迁移和繁殖。在棉花播种的同时，在田边、渠埂点种早熟玉米，每亩200株左右。利用棉铃虫成虫喜在玉米喇叭口栖息和产卵的习性，每天清晨专人抽打心叶，消灭成虫，减少虫源，不必喷药防治，可保护天敌，有利于改善棉田生态系。

④加强田间管理。控制棉田后期灌水，控制氮肥用量，适时喷缩节胺，防止棉花徒长，可降低棉铃虫为害。棉株茂密，现蕾早，棉铃虫发生早而重。棉株毛腺分泌大量草酸会引诱棉铃虫，喷磷酸二氢钾或2%过磷酸钙液，可使草酸中和成草酸钙，失去引诱力，从而明显降低棉铃虫的产卵量。棉花打顶、整枝时，将嫩枝和顶尖集中田外处理，可消灭部分卵和幼虫，降低棉铃虫发生量。

2）诱杀成虫。

①杨枝把诱蛾。利用棉铃虫成虫对杨树叶挥发物具有趋性和作白天隐藏场所的特点，在成虫羽化、产卵时，棉田摆杨枝把或杨枝把诱捕器诱蛾是行之有效的方法。每亩

地 6～8 把，日出前捉蛾捏死。除棉田摆杨枝把以外，在麦田（尤其越冬代）玉米、菜地摆放杨枝把，可减少虫源量，将棉铃虫控制于棉田外。

②性诱剂诱杀成虫。将性诱剂诱捕器（水盆式）放在番茄，西葫芦等菜地及前一年棉铃虫发生重地块，可诱杀越冬代成虫。但棉田大面积使用效果不理想，宜用于测报。

③频振式杀虫灯诱蛾。具有诱杀害虫量大，对天敌杀伤较小的特点，宜在棉铃虫重发区和羽化高峰期使用。不同诱集方法其效果有差异，据张建华 1999 年试验研究，从诱杀成虫总量上看由多到少依次为：频振式杀虫灯、黑光灯、高压汞灯、诱蛾灯、白炽灯、杨枝把、玉米诱集带（20 株）。从诱杀成虫雌性比的总量上看，由多到少依次为：玉米诱集带、频振式杀虫灯、杨枝把、白炽灯、黑光灯、高压汞灯、诱蛾灵。在棉铃虫密度低、分布分散时（越冬代），性锈剂和杨枝把也有较好诱集效果，敏感性好，对天敌安全。

④在灯光诱杀中，频振式杀虫灯比黑光效果好，特别是在第二代，但对天敌的杀伤力极大，一般为 5 倍上，最高的可达 9 倍。

3）科学施用农药。

①棉铃虫百株卵量 20～30 粒或有虫株率 5％～8％时，暂定为防治指标。超过防治指标的棉田进行药剂挑治，严禁盲目全面喷药。

②棉铃虫卵孵化盛期到幼虫二龄前，施药效果最好。二代卵多在顶部嫩叶上，三、四代卵较分散，以药剂防治为主。采用药剂防治或结合打顶工作将棉叶带出田外集中处理。

③防治棉铃虫以生物制剂棉铃虫 NPV、Bt、多杀菌素，昆虫生长调节剂类；美除氟铃脲，灭幼脲、卡死克，甲维盐、安打等低毒农药轮换使用。一种农药不可连续施用，以防止棉铃虫产生抗药性。严禁滥用农药，坚决制止使用复配农药。棉蚜、棉叶螨发生重的棉田，禁止使用菊酯类农药防治棉铃虫。

4）保护利用天敌。

①合理作物布局，种诱集带和减少用药及改进施药方法等，保护棉田和麦田等丰富的天敌资源，以有效地控制棉铃虫的发生为害。

②赤眼蜂、多异瓢虫、草蛉和胡蜂等天敌，对棉铃虫卵及初龄幼虫控制作用显著。开发天敌的增殖技术和方法，是抑制棉铃虫暴发成灾的有效途径。

③在棉铃虫一龄幼虫盛期，喷施棉铃虫 NPV，该药剂对棉铃虫有一定的防效且对天敌安全。

④田间管理农事活动中，注意促进棉花健壮生长和保护天敌。

5）选育抗棉铃虫品种。这是控制棉铃虫为害的基本途径。目前国内外利用生物技术筛选了有应用前景的抗棉铃虫品种，有望在棉铃虫防治中发挥重要作用。棉铃虫是世界性棉花害虫，因其有寄主范围广、繁殖潜能大、种群扩迁和对环境适应能力强等特点，条件适宜时常大面积暴发成灾，造成棉花、玉米等作物的严重损失，尤以棉花遭受的损失最大。1980—1990 年棉铃虫在东南亚、南亚和东亚多个国家大发生。我国自 1990 年以来，在黄河和长江流域棉区有 4 年大发生。1992 年我国 400 万公顷棉田，棉铃虫特大发生，其中黄河流域的发生量是常年的 20 倍以上，发生期提早 7～10 天，而且发育参差不齐、世代重叠，加上棉铃虫对常用杀虫剂已产生高抗药性，当年山东、河北、河南等重发区，棉田因棉铃虫危害减产达 50%以上，全国棉花总产减少 1/3。

（2）棉蚜的综合防治。坚持“预防为主，综合防治”，从营造良好的棉田生态系统出发，生态调控和人为干预有机结合，以生物防治等无害化防治为主，以化学防治为辅，保护和利用天敌，充分发挥其自然控制作用，保益控害，简化措施，节本增效，减轻为害，把棉蚜为害损失水平控制在经济阈值以下。

1）农业防治技术措施。优化作物布局，合理灌溉，科学施肥的农业技术措施，是有效控制棉蚜的基础。控制越冬虫源是棉蚜防治的关键。将棉蚜控制在点片发生阶段，是大田防治的重要环节；合理用药，局部挑治的化防措施要慎之又慎。保护、利用天敌，是控制棉蚜危害的有效途径。

①实行麦棉轮作或棉田周围种红花、油菜、苜蓿等生态带，以便改变农田单一生态结构，有利于天敌栖息繁殖，充分保护、利用天敌，增强对棉蚜的自然控制能力。

②科学配方施肥。不宜过多施用氮肥，施微肥要配合灭蚜。

③加强田间调查。田间定、间苗等作物时，注意调查，及时将棉蚜控制在点片发生期。

④树立大农业、全局观点。花卉、瓜、菜地远离棉田，特别注意花卉和瓜、菜作物上灭蚜于迁飞前。

2）棉蚜越冬防治。温室大棚越冬的棉蚜，使用 80%敌敌畏乳油 1 500～2 000 倍液茎叶喷雾，也可用敌敌畏毒土 1 g/m² 撒施熏蒸。秋季采集多异瓢虫等天敌放入温室，控蚜效果好。棉蚜的室外越冬寄主石榴、花椒、黄金树等早春发芽后，棉蚜产生有翅蚜向棉田迁飞前，及时喷施药剂。

3）种子处理。在棉蚜发生偏重的年份或常发棉区，使用 1%呋喃丹 0.8 kg 加水 3 kg，喷洒在 100 kg 棉种上，搅拌均匀，晾干后备播。

4）桥梁寄主上棉蚜的防治。消灭这些寄主上的棉蚜是阻滞棉蚜迁入棉田的重要环节。防治方法同前述。

5）黄板诱蚜。棉蚜向棉田迁飞前，在居民区、虫源地摆黄板诱蚜。

6）化学防治。要特别慎重，严禁乱喷药。

棉蚜点片发生期应使用丙溴磷内吸有机磷农药制剂，可采用涂茎法，按 1∶（5～10）配成药液，涂抹于棉茎红绿相间处，注意不要环茎涂抹，以免发生药害；药液滴心，按 1∶200 倍液配药，用点滴器或去掉喷雾器的喷头，在棉花生长点点药液 2～3 滴，也可在棉叶背面撒细土灭蚜。

棉蚜为害面积较大时，实行条带式药剂挑治，不宜全田喷药，喷生物性农药，如啶虫脒、吡虫啉类，禁用菊酯类农药。要避免生长期连续使用单一药剂，交替、轮换科学使用农药是棉蚜化防的技术关键。亦可用敌敌畏毒土熏蒸或洗尿合剂1∶100灭蚜。

棉田蚜虫天敌种类多，在棉蚜常发年天敌可有效地控制其种群数量。因此，在棉蚜防治中，应特别注意保护天敌。

（3）棉叶螨的综合防治。防治策略：以农业防治为基础；充分保护利用天敌；勤于调查，狠抓早期点片防治，将害螨控制在头水前。科学地有效地使用化学农药，将害螨控制在EIL以下。

高度重视人为因素，做到领导重视，植保队伍建设落实，各地监测预警到位。认真抓好农业技术防治措施，压低棉叶螨越冬基数。充分保护利用天敌，这将提供一种安全、经济、节能的害螨防治措施。勤于调查，及时挑治，将害螨控制在头水之前。科学地、有选择地和隐蔽地施用化学农药，提高施药质量。在挑治或防治时，要把握住三个字：早、准、狠，将害螨种群数量控制在EIL以下。

1）农业措施。采取各种农业措施，控制害螨的发生数量。

①棉花收获后，及时清除田间的棉秆枯叶和杂草，并及时秋耕冬灌（深16～20 cm为好），同时破除田埂，可有效地减少棉叶螨的越冬基数。如果作茬灌地最好选叶螨发生轻的地块。

②合理轮作倒茬，合理安排好棉田边的邻作，减少棉叶螨喜好的寄主，（棉田周围种单子植物为好）。

③选用抗螨品种，加强田间管理，合理使用N、P、K肥，促进棉株健壮生长，控制螨害。

④早春，根据调查统计结果，做好田边地头周围杂草上的害螨防治。可采用隔行打保护带，但打保护带时，一定选用对天敌安全的农药，或用0.5～1波美度的石硫合剂。

2）种子处理。可采用55%或60%的3911乳油拌种，药量为种子量的0.8%～1%。

3）苗期做好人工和生物防治。

①当棉苗出土后，结合定苗，采取查、抹、摘、拔、涂的办法，一定逐块田，逐行查到，这在定苗时进行（不需投入另外的劳力），查到棉株上的叶螨时，顺手抹掉；若螨量多时，将叶片摘下处理掉；若整株上多时，可将其拔除，带到田外处理。

②若点片发生时，可采用50%久效磷或40%氧化乐果1份，加水或0号柴油8～10份，涂在棉花红、绿交接处的一面2～4 cm长，切不可环绕一周涂，以防产生药害。

③如在此时能助迁天敌控制更好。棉花苗期也可从内地引进捕食螨，用来控制中心株或做点片防治。

4）药剂防治。应选择对天敌较为安全的专性杀螨剂防治，如15%哒螨灵乳油3～

4 mL/hm²，24%螨危 5 000 倍液、20%破卵（四螨嗪）3 000 倍液，30%三磷锡 3 500 倍液，5%尼索朗或 73%炔螨特 1：（2 000～3 000）倍；20%螨克 1：2 000 倍；22.5%好克螨乳油 1：（1 000～2 000）倍。

药剂防治是当前对叶螨防治非常有效措施之一。为了确保防治效果，在使用专性杀螨剂时应注意以下几点：

①加强田间调查，是科学用药的基本原则。

②根据叶螨的习性和专性杀螨剂的特点，提高施药质量，确保防治效果。

③控制害螨在头水之前，是保证中后期叶螨发生蔓延的基础。

④田间诱集带的防治是中后期叶螨大发生不可忽视的螨源之一。

⑤棉花不同时期使用不同的施药机械是确保药效的重要保障。

近些年来，由于各级领导和生产部门都重视了对天敌的保护利用，不断调节生态环境平衡，逐渐抑制了害螨的再猖獗发生。

(4) 棉花枯萎病的综合防治。防治棉花枯萎病必须贯彻“预防为主，综合防治”的植保方针，并根据各地具体情况，采取以“加强检疫、播种无病种子和种植抗病品种及轮作为主的综合防治措施”。

1）搞好普查，划分无病区（田）、轻病区（田）和重病区（田）。在此基础上建立病田条田档案，严格开展植物检疫。这是防治枯萎病的前提，也是生产单位品种合理布局的前提。特别在目前内地品种虽然抗病性较强，但在早熟性、品质和产量上多数赶不上本地品种，而本地主栽品种又多不抗病的情况下，有十分重要的意义。为此必须加强普查工作。在普查的基础上，划分出无病区（田）、轻病区（田）和重病区（田），并建立病田条田档案，为植物检疫、品种合理布局和无病留种田的设置打下基础。

①普查时间。为每年 6 月上旬和 8 月上旬，即在两次发病高峰期进行。必须逐块条田进行普查。对于已经普查的条田，在调查的基础上，应统计病区扩展和病害加重的情况。

②普查方法。对于已知的重病田，因为不易遗漏，可采取单对角线取样，每 0.67 公顷 1 个点，每点 200 株，计算发病率，并估算一下发病中心的面积。对于所谓的无病田、轻病田及零星病田，因发病率较低，样点和株数太少时不易发现病株，必须增加样点数和株数，要求采取双对角线采样，每点 300 株。对于种子田必须采取踏查的方法，即行行、株株都要查到，确实没有病株，或只有极个别病株将其拔除后才能作为种子田。

病区可分为无病区（田）、零星病区（田）、轻病区（田）、中度病区（田）和重病区（田）。无病区（田）：无病株；零星病区（田）：发病率为 0.5%以下；轻病区（田）：发病率在 0.5%～2%，没有明显发病中心；中度病区（田）：发病率在 2.1%～5%，有较明显的发病中心；重病区（田）：发病率在 5%以上，有明显的发病中心，全田较普遍发病。

2）保护无病区。目前新疆一般植棉县团70%～80%的棉田仍属无病区（田），保护无病区（田）是新疆棉花持续优质高产的关键。为此必须采取如下措施：

①加强植物检疫，严禁从病区调种引种。因生产需要必须引种时，要加强植物检疫工作，引来的品种应严格进行消毒处理，经过2～3年试种、鉴定和繁殖，才能在重病区推广。同时要严防将致病力更强的菌株通过调种引到新疆。

②建立无病留种田，在无病区（田）保证播种无病良种。这是目前控制该病迅速扩展的最有效途径。为此一定要建立无病留种田，在留种田内，一是每年至少于6月中旬和8月上中旬进行二次产地检疫，发现病株及时拔除；二是病田种子不得留作种用，更不允许外调；三是对留种田的种子必须进行严格地单收、单晒、单垛、单轧、单贮。只要做到这几点，就会控制该病的迅速扩展。

③种子处理。调入的种子必须进行硫酸脱绒，之后用2 000倍的抗菌剂402药液，加温至55～60℃，浸种半小时；或用含有效浓度0.3%的多菌灵胶悬剂药液，在常温下浸种14 h，晾干后播种。药液可连续使用3次，对消灭种内病菌有较好的效果。

④机耕作业时，特别是机耕作业完毕后，由病田向无病田转移时，要注意清除机具上的病土，以免土壤传播。

3）消灭零星病区（田），控制轻病区（田）。所采取的办法除保护无病区的办法外，零星病区要及时拔除病株，集中烧毁，同时注意轮作，以逐渐减轻病害的发生。此外，采用氯化苦、棉隆、农用氨水等处理土壤病点，也有良好效果。

4）改造重病区（田）、减轻中度病区（田）。对于枯萎病发生较重的病区（或病田），以及中度病区（或病田），必须采取以“种植抗病品种为中心”的综合防治措施。

①培育和种植抗病品种。这是防治棉花枯萎病最经济、最有效的措施。新疆已成为我国植棉第一大省，但目前培育的主栽品种都不抗病，这一点和国内外都有较大差距。今后随病区日益扩大和病情加重，不抗病的品种是没有前途的。故加大加快抗病育种的进度正成为当前新疆棉花生产发展的迫切需要。

当前在本地缺乏抗病品种的情况下，从内地引种是重要措施之一。如南疆从黄河流域棉区引进中12、中17、86－4、石远321等；北疆从辽宁特早熟棉区引进辽10等抗病品种，在生产上都发挥了较好作用。但引种必须重视植物检疫工作，同时，不仅要考虑产量，更要注意品种的品质和早熟性。近年来在这方面已有不少教训值得吸取。试验证明，在北疆枯萎病重病区，目前可种一定数量的中27、中24、辽10等品种，但这些品种一般较本地品种晚熟（中27除外），农艺性状有些也不如当地品种（如拾花刺手），基本都属过渡性品种。随着一系列早熟、优质、抗病、高产品种的育成（新疆早9号、10号、11号，新陆中7号，新陆中8号，中棉所35号，新海15号等）和大量推广，枯萎病的危害将明显减轻。但必须注意，重病田种植抗病品种后，不要因“发病较轻”而在短期内改换感病品种，以免造成不必要的严重损失。同时必须注意品种的提纯复壮。近年发现不少抗病品种推广后不久其抗病性很快下降，查其原因，除病原致病性发生变异外，与品种混杂、抗病性不稳定等有很大关系。

②实行轮作倒茬。在重病田用小麦、玉米等禾本科作物与棉花轮作有明显减轻病害的作用，但由于新疆秸秆还田，应增加轮作年限，即至少5年以上。有条件的单位，实行稻棉轮作防病效果最好。如农二师29团常年贯彻稻棉轮作，枯萎病发生很轻。

③加强栽培管理。棉田增施底肥和磷肥、适期播种、及时定苗、拔除病苗，在苗期发病高峰前及时深中耕、勤中耕。及时追肥，2～3片真叶期根外喷施1%尿素液有利于棉苗生长发育，可提高抗病力。在病田定苗、整枝、打叶时，将病株枝叶及时清除，并在棉田外深埋或烧毁。施用热榨处理过的饼肥，重病田不进行秸秆还田等，均有减轻发病的作用。

棉花黄萎病和枯萎病都属以土壤传播为主的典型维管束病害，其传播途径和传播方式等均与枯萎病基本相同，故其防治措施可参考枯萎病进行。但应该指出的是由于高抗黄萎病的抗源材料十分缺乏，其抗黄萎病育种的难度较大。虽然自20世纪80年代以来，抗黄萎病育种取得一些可喜进展，如中国农科院选育出抗（耐）枯黄萎病的品种（系）中棉12号、86－6号、BD18号，陕西省棉花所选育出1155、陕6192，四川选育出川棉“243”、江苏选育出“常抗棉”，湖北选育出鄂抗棉4号等，在病区种植均获得显著防病增产的效益。但这些新品种（系）对黄萎病的抗性仅仅达到抗病或耐病，而达不到高抗，远远不能满足生产的需要，并且有些品种抗性的稳定性还需进一步检验。故目前急需采取远缘杂交、生物技术等多种方法加速抗黄萎病育种的进度。新疆由于气候条件和内地有较大差别，棉花生育期短，其抗黄萎病育种应走以自育为主的道路。对目前有希望的一些品种或品系应加强区试，以便在生产中尽快发挥作用。

目前在抗病品种缺乏的情况下，应搞好轮作倒茬；同时对缩节胺的防病效果、喷洒时间、适宜浓度和用量等应进一步开展深入的研究，以便使防病和化控更好地结合起来，在生产中发挥更大的作用。

（5）棉花烂根病的综合防治。对该病的防治主要采取农业防治和种子处理相结合的综合防治措施。

1）做好播前准备工作。良好的播前准备可减轻棉苗烂根病的发生。为此应做好如下几点：

①种子准备。一定要选种子饱满、发芽率和发芽势强的良种作为种用。棉种只能脱一次短绒。精量点播的条田更应做到这点。一般要求种子纯度≥90%，发芽率≥85%，含水量≤12%，破损率≤5%，整齐度≥94%，生活力强的种子会明显降低烂根病的发生。

②土地准备。秋季应进行秋耕冬灌，并尽量深翻25～30 cm，将表层病菌和病残体

翻入土壤深层使其腐烂分解，减少表层病原，利于出苗。冬灌还可避免春灌造成的土壤过湿、地温较低。

播前耙地整地，使其达到“齐、平、松、碎、净、墒”，可促使出苗整齐迅速，减少病菌侵染。

2）适期播种。新疆棉区春季气温低、地温回升慢，常有倒春寒和霜冻出现，过早播种容易引起烂种死苗，早而不全；过晚播种又全而不早，不能发挥地膜栽培的增产作用，所以掌握适期早播非常重要。确定最佳播期取决于地温和终霜期，一般当平均气温稳定在10℃以上，则膜下5 cm地温达12℃以上即可播种。石河子地区一般适播期在4月中旬，正常年份80%面积应在此时播种。

3）加强田间管理。出苗后应及早中耕松土，雨后注意中耕破除板结，使土壤通气性良好，提高地温，从而减轻发病。烂根病发生较重的条田应增加中耕次数；间苗时应剔除病苗和弱苗；重病田定苗时应增加留苗密度。

4）种子处理。用药剂处理棉种，有较好的防效，常用药剂和方法如下。

①药剂拌种。由于引起我区棉苗烂根病的病原种类比较复杂，且不同地区病原种类可能不同，各地可根据本地情况选用种子量0.5%的多菌灵、0.3%的甲基立枯磷或0.3%的敌克松等拌种。前两种药剂对立枯丝核菌的防效很好。也可用种子量0.3%的拌种灵或0.2%的拌种双等拌种。拌种时的加水量一般不要太多，100 kg种子用2～3 kg水将药剂稀释，然后加入1 kg的3911喷拌即可。

②种衣剂包衣。种衣剂是目前生产上推广的一种新技术。据国内外资料介绍，种衣剂具有五个特点：一是能够高度有效地防治病虫害；二是对人、畜和植物都安全，并可较长时间保存；三是药效稳定，持续期长；四是药剂在种子表面分布均匀，黏附性好，不易从种子表面剥落；五是药剂中含有警戒色，种子处理后容易识别，是今后种子药剂处理的方向。但是任何事情都有一个不断发展、不断完善的过程，种衣剂也是如此。根据近几年观察，种衣剂在新疆小麦和玉米上使用没有什么问题，但在棉花上由于新疆早春温度低，气温变化大，又要早播，仍存在一些问题。

自1995年至1998年每年都有因用种衣剂包衣而导致烂种重播的棉田，个别年份面积超过10万亩以上。当然这并非完全都因种衣剂引起，但也说明目前有些种衣剂对植物的安全存在不稳定性，尚需改进。

对病虫的防治效果，据1997年和1998年试验，用种衣剂拌种对烂根病的防效一般比用敌克松拌种的防效有一定提高（在不造成烂种的情况下增加5.5%～31.0%）。但目前所用种衣剂包衣的防效在各地反映并不完全一致，有些团场反映较好，有些团场烂种较重。不论常规拌种剂拌种或种衣剂拌种，1998年调查时都发现有的条田上午播的烂种很重，而下午播的烂种较轻；宽膜植棉中不少条田边行烂的多，而中间二行烂的少。这主要与1998年春季雨水较多，边行复土较厚，湿度较大等有关。但所有种衣剂的防虫效果都比 3911 拌种效果差，因其内主要杀虫剂成分为呋喃丹或无杀虫剂，故对棉叶螨和棉蚜的防治效果均差。如据农六师植保站调查，用华农 24 号种衣剂包衣，45 天时棉黑蚜和棉叶螨的有虫株率分别为 5.6％和 22.2％，而用 3911 拌种均为 0。故使用种衣剂包衣后，苗期害虫的发生都比用 3911 拌种严重。尤其在棉叶螨越冬基数较大的棉田，易造成苗期叶螨严重发生。

鉴于上述原因，应对现有种衣剂开展进一步的比较筛选和改进，并对其适用范围和适用条件开展进一步的研究，增加稳定性和安全性。根据近几年使用结果和了解的情况，目前种衣剂以福多甲效果最好，采用福多甲加 3911 包衣可兼治苗期害虫。

种衣剂使用时对种子质量特别提到应符合如下要求：

纯度≥85％；　发芽率≥85％；　含水量≤12％；

残酸量≤0.15％；　破损率≤0.5％；　整齐度≥94％

若种子质量达不到要求，也会影响防病效果。

2. 玉米田主要病、虫害的综合防治

（1）玉米螟的综合防治。

1）植物检疫。两种玉米螟均为危险性害虫，凡从发生区调运来的玉米种子、穗轴和秸秆（作饲料、填充物）都应进行检疫，以防扩大蔓延。

2）农业防治。

①处理越冬秸秆。在 4 月中旬以前将玉米、大麻、高粱等秸秆粉碎处理，在堆放玉米秸秆的地方，最好在地面撒上药粉，以杀死越冬的幼虫。

②积极选育和引进抗盟高产优质玉米品种。如植店 122 号属高抗型，植单 1 号为抗型。

③采用机械收割，可完全杀死在茎秆和穗轴内越冬的幼虫。

④采用白僵菌封垛，在越冬幼虫化蛹前 10～15 天，将白僵菌粉分层喷洒在寄主秸秆垛内，每立方米用菌粉 100～150 g，效果良好。

3）化学防治。防治指标及时期：第一代卵盛期一般出现在 6 月中旬，6 月下旬玉米进入心叶末期，此时正是防治 1 龄幼虫的有利时期。以第一代玉米螟卵量密度作田间防治指标为百株卵量 11～15 块。

在玉米心叶大喇叭口期（6 月下旬）进行灌心或撒施颗粒剂。使用的药剂有 3％克百威（呋喃丹）颗粒剂，1 kg 加细土 8 kg，混匀后每株用 1～2 g，防效良好；80％锐劲特水分散粒剂 30～45 g/公顷，兑水 200～300 g，再拌沙 2.5～3 kg；或 80％锐劲特 WG2～4 g，兑水 30～45 kg，对大喇叭口喷雾即可。

若大面积玉米种植，可在心叶末期前后，用飞机喷洒 Bt 乳剂，每亩用药量150 mL，每亩喷施药液 25 L，对第一代玉米螟减死株率及减死率平均可达 70％左右。

4）其他防治。

①开展性诱。利用性诱芯或性外激素诱捕器诱杀雄蛾。

②黑光灯诱杀成虫。

③有条件的地方可人工饲养松毛虫赤眼蜂，消灭螟卵，在6月上旬及7上旬，放长效蜂卡，放卡两次，每公顷5万头。

(2) 玉米叶螨的综合防治。

1) 农业防治。秋收后玉米田及其他叶螨发生重的田块，均应进行秋耕冬灌，以消灭越冬成螨。玉米田应进行轮作倒茬，改种水稻、油菜、甜菜等作物。玉米生长期要及时灌水，避免受旱。

2) 保护天敌。天敌是控制叶螨的主力，必须注意保护。尽量应用各种对天敌杀伤力弱的杀螨剂，少用或不用一般的杀虫剂。

3) 化学防治。喷药治螨应在第一次灌水后、玉米封行前（春播玉米一般在7月上中旬，复播玉米晚些）进行，此时虽然叶螨未达高峰，但使用专门杀螨而持效长的农药，可基本控制整个生长期的螨害。使用的农药有20%破卵2 000～3 000倍液、24%螨危4 000～6 000倍液、30%三磷锡，加水3 500倍喷雾，73%炔螨特乳油，加水1 000～1 500倍喷雾，5%尼索朗可湿性粉或乳油，加水1 000倍喷雾，这些杀螨剂持效均较长。

玉米封行后，叶螨严重发生时，可用40%异丙磷乳油1 kg加细土100 kg，混均配成毒土，傍晚撒于玉米行间，每4～6行撒施一行，每公顷用毒土150 kg防效很好。但此药缺点是毒性高，臭味大，应注意安全。

(3) 玉米瘤黑粉病的综合防治。防治玉米黑粉病应采取以种植抗病品种为主的综合防治措施。

1) 种植抗病品种。据新疆农垦科学院观察，在目前新疆种植的品种中，SC- -704易感玉米黑粉病，新玉4号、新玉5号、新玉8号和中单2号也不抗黑粉病，而掖单5号单12号、石单3号等较抗黑粉病，可根据病情因地制宜加以种植。

2) 消灭菌源。玉米收后应彻底清除田间病残体，进行深秋翻；可减少初次侵染：苗期结合田管拔除病株，拔节至成熟期发现病瘤早期割除，并将割下病瘤集中销毁或深埋。

3) 轮作。重病田实行每2～3年轮作一次。

4) 加强栽培管理。如避免偏施过量氮肥，合理地增施磷钾肥和微量元素，特别在前后不能受旱并及时治虫等均可减轻病害的发生。

(4) 玉米丝黑穗病的综合防治。

应采取以种植抗病品种为主，结合种子处理和栽培管理等综合防治措施。

1) 选用抗病品种。这是防治丝黑穗病的根本措施，经鉴定，高抗自交系有辽1311、M0017，吉63等，杂交种有丹玉13，中单2号，中单4号，吉单101，辽单16，辽单18等。

2）消灭和减少初侵染源。病害的发生主要取决于初侵染源的多少，要做到禁止从病区调运种子；进行高温堆肥；及时拔除病苗病株；合理轮作，一般实行2～3年的轮作。

3）种子处理。在选择良种前提下，播前要晒种，精选子粒饱满，品种纯正，发芽率高的种子，再用药剂进行种子包衣或拌种处理。如目前常用6%立克秀悬浮种衣剂每10 kg种子用10～15 mL种子包衣；用于拌种的药剂有12.5%的特普唑，100 kg种子用药量为11.5～16.5 g，50%多菌灵或50%萎锈灵，100 kg种子用250～350 g药剂；5.5%浸种灵Ⅱ号，每100 kg种子用药量为1 g；拌种后不要闷种，或贮藏后播种，否则易发生药害。

4）加强栽培管理。

①调整播期　播种时气温稳定在12℃以上，地膜覆盖可适当早播。

②提高播种质量，搞好整地保墒工作，根据土壤墒情适当浅播。

③建立无病留种田，播种无病种子。种子带菌是远距离传播的主要途径，也是本地病区扩大的重要因素。为此在制种田必须拔除病株，确保种子无病。同时无病区要严禁从病区引种和调种。如确需引种也应严格进行种子消毒。目前该病在新疆发生并不普遍，主要在南疆较重，这点更值得注意。

3. 麦田主要病、虫害的综合防治

（1）小麦锈病的综合防治。防治小麦条锈病要采取以种植抗病品种为主、药剂防治和农业防治为辅的综合防治措施。

1）种植抗锈丰产良种，搞好品种合理布局。尽可能选用多抗且抗性稳定的品种，并注意种植带有不同抗原的品种，防止因品种抗性单一化而造成大面积品种抗性丧失。

2）农业措施防治。在秋苗发病重的地区，应避免早播；在低温多雨有利于条锈病流行的时候，应及时排灌，保证麦株生长健壮，可减劲发病麦田损失；合理均匀施肥，适当增施磷钾肥等都可减轻发病。

3）消灭自生麦苗，减少菌源。由于小麦叶锈病可以在自生麦苗上越夏，所以铲除田间地头自生麦苗可减少菌源量，有利于控制叶锈病大发生。

4）药剂防治。一是药剂拌种或包衣，可用6%立克秀药种比1∶（2 000～3 000）种子包衣，15%粉锈宁按种子量0.1%拌种（注意要干拌，不要湿拌，否则会造成药害），12.5%特普唑按种子量的0.3%～0.5%拌种，持效期可达50天以上，不但可推迟成株期病情，并兼治白粉病、黑穗病、纹枯病等。二是药剂喷雾，麦田苗期发现病叶，应用15%粉锈宁1 000倍液喷雾，消灭早期菌源。小麦成株期可根据发病情况掌握用药时期和用药量，一般每公顷可用43%好力克45 000倍液，15%粉锈宁450～750 g，或20%粉锈宁乳油450～600 mL，或12.5%特普唑（速保利）225～450 g加水喷雾，可基本控制条锈病流行，并可兼治多种病害。

(2) 小麦白粉病的综合防治。防治小麦白粉病应采取以种植抗病良种为主，以药剂和农业防治技术为辅的综合防治措施。

1) 种植抗病品种。小麦品种间抗性差异明显，目前生产上应用的抗病品种，是利用主效抗病基因育成的，也就是所谓垂直抗性品种。

2) 提倡施用酵素菌沤制的堆肥或腐熟有机肥。采用配方施肥技术，适当增施磷钾肥，根据品种特性和地力合理密植。麦区适时浇水，增强小麦抗病力。

3) 减少初侵染源。病菌在自生麦苗上越夏的地区，冬小麦秋播前要及时清除掉自生麦苗，可大大减少秋苗菌源。

4) 药剂防治。

①用种子重量0.03%（有效成分）的25%三唑酮（粉锈宁）可湿性粉剂拌种，可以减少秋苗发病率并兼治白粉病、黑穗病、条锈病等。

②在小麦抗病品种少或病菌小种变异大、抗性丧失快的地区，当小麦白粉病病情指数达到1或病叶率达10%以上时，喷洒43%好力克，15%三唑酮，12.5%烯唑醇（敌力康）等杀菌剂。一般要喷2次，间隔10天，防效达90%。

(3) 小麦黑穗（粉）病的防治应采用以加强检疫和种子处理为主，农业防治和抗病品种为辅的综合防治措施。

1) 加强检疫工作。小麦矮腥黑穗和印度腥黑穗病是我国的入境检疫对象，应加强检疫工作，防止病害随种子或商品粮传入我国。

2) 药剂拌种和土壤处理。药剂拌种是防治小麦黑穗（粉）病最经济有效的措施。目前发现对多种黑穗（粉）病效果较好的药剂有：

①12%三唑醇或12.5%烯唑醇，每100 kg种子用药20～30 g (a.i) 拌种。

②6%立克秀，每10 kg种子用药3～5 mL［药种比1∶（2 000～3 000）］拌种。

③3%敌畏丹悬浮种衣剂按1∶1 000（药∶种）进行种子包衣。

④50%多菌灵，每100 kg种子用药200～300 g (a.i) 拌种。

3) 建立无病留种田，繁育和使用无病种子。繁殖无病种子是消灭小麦黑穗（粉）病的有效方法。留种田要与生产田隔离200 m以上，播种的种子要在精选后严格进行消毒，田间管理时应注意施用无病肥，及时拔除病株等。

4) 栽培防病。播种前要做好整地和保墒工作，适期播种，冬春播种不宜过迟，春麦播种不宜过早，播种不宜过深，可促进幼苗早出土，减少病菌侵染的机会而减少发病。播种时用硫铵等速效肥作种肥，每公顷用硫铵225 kg，掺5倍细土，混匀后与麦种一起播下，也可获得良好的防病效果。以土壤和粪肥传播为主的病害，可采用与非寄主作物实行1～2年轮作，或1年水旱轮作，并施无病肥。

(4) 小麦雪腐病与雪霉病的综合防治。对这两种病应采取以耕作栽培防病为主，结合选用抗、耐病品种和药剂防治的综合防治措施。

1）耕作栽培防病措施。

①轮作。对这两种病都有效，特别是雪霉病轮作比重茬发病明显减轻。各地应根据具体情况，与玉米、棉花、大豆等作物轮作。

②耕作栽培管理。进行伏耕灭茬，施足基肥，氮磷钾肥合理搭配，适当提早追肥，促使早化雪，注意排除田间多余雪水，适期播种，都可减轻发病。

2）选用抗耐病品种。抗雪腐病的有繁6、6305等。阿勃、丰产3号、尤皮2号、繁6、繁7、绵阳11号等在陕西、四川表现较抗雪霉病。

3）药剂防治。

①种子处理。用种子量0.3%的五氯硝基苯、多菌灵或菌核利拌种对雪腐病有效。

②药剂喷洒。降雪前10天左右，30%菌核利粉剂，每公顷11.25 kg，25%多菌灵2.25～3 kg加水300 kg喷洒。

4. 亚洲飞蝗的综合防治

计算防治区的蝗虫密度，应不低于以下标准：农田附近，冬牧场和戈壁地区的春秋牧场，一般密度每平方米在5头以上，可用人工或大中型机械防治。地势平坦、每平方米10头左右的大面积相连地区可用飞机防治。夏牧场和前山地区的秋牧场，一般密度在10头以上，可用人工或大中型机械防治。地势平坦地区每平方米在20头左右，可采用飞机防治。

防治时期应在优势蝗虫种类的孵化盛期，待绝大部分已经孵化出土后，而尚未羽化为成虫之前是最适的防治时期。

要彻底消灭蝗害，必须治标与治本兼施，改变蝗虫发生的适宜环境条件，应结合草原保护，严禁滥垦牧场，过度放牧，改良牧草，加强中、小型水利工程建设和牧场的合理灌溉与管理，以防治草场退化，控制有害生物的数量增长。

（1）飞机治理。凡地势平坦，适于飞机作业，且蝗虫发生数量达到防治标准的大草场、湖滨河谷的苇沼泽、森林草甸、山地丘陵等蝗区，均应以飞机防治为主。目前常用的防治药剂有5%锐劲特、马拉硫磷、绿僵菌等药剂。

（2）地面机械治蝗。对地形较平坦，质地坚实的蝗害发生区均可采用，草原蝗虫吸捕机，依靠拖拉机背负的风机产生负压的机构，在行走中实现对草地蝗的吸捕。

（3）马拉拖网捕蝗。在夏草场，畜力多而普遍，使用马拉拖网，不但可以在一定程度上压低虫口密度也可以节省劳力。但是也有一定的局限性，如必须在平坦、无碎石、无灌木丛的草原上效果好。

（4）人工器械防治。对飞机作业和大型机械不宜进入的蝗灾严重发生地区，以人工背负式器械喷雾防治为主，做到早发现早防治，防止蝗灾的蔓延。

部分地区尝试释放鸭子和草原椋鸟捕食蝗虫的方法，效果良好。

第二节 综合防治措施的实施

培训目标

- 了解生物防治在当前农业生产中的应用和地位
- 正确认识化学防治在综防中的作用

一、了解生物防治在当前农业生产中的应用和地位

生物防治是发挥自然控制因素作用的重要组成部分，是一项很有发展前途的防治措施。

1. 生物防治在当前农业生产中的具体应用

(1) 利用天敌昆虫防治害虫。以害虫作为食料的昆虫称为天敌昆虫。利用天敌昆虫防治害虫又称为“以虫治虫”。天敌昆虫可分为捕食性和寄生性两大类。常见的捕食性天敌昆虫如瓢虫、草蛉、食蚜蝇、胡蜂、步甲、食虫蝽等，其一般均较被猎取的害虫大，捕获害虫后立即咬食虫体或刺吸害虫体液。寄生性天敌昆虫大多数属于膜翅目和双翅目，如寄生蜂和寄生蝇，其虫体均较寄主虫体小，以幼虫期寄生于寄主体内或体外，最后寄主随天敌幼虫的发育而死亡。利用天敌昆虫防治害虫的主要途径有：

1) 保护利用本地自然天敌昆虫。通过各种措施改善或创造有利于自然天敌昆虫发生的环境条件，促进自然天敌种群的增长，以加大对害虫的自然控制能力。保护利用天敌的基本措施有：帮助天敌安全越冬，如天敌越冬前在田间束草诱集，然后置于室内蛰伏；必要时为天敌补充食料，如种植天敌所需的蜜源植物；人工保护天敌，如采集被寄生的害虫，放在天敌保护器中，使天敌能顺利羽化，飞向田间；人工助迁利用；合理用药，避免农药杀伤天敌昆虫等。农业生产中，合理安全使用农药，注意生防与化防的协调应用，是保护利用本地自然天敌昆虫的最重要措施。

2) 人工大量繁殖和释放天敌昆虫。在自然情况下，天敌的发展总是以害虫的发展为前提的。在很多情况下不足以控制害虫的暴发。因此，用人工饲养的方法在室内大量繁殖天敌，在害虫大发生前释放到田间或仓库中去，以补充自然天敌数量的不足，达到控害的目的就很有必要。目前国际上有 130 余种天敌昆虫已经商品化生产，其中主要种类有赤眼蜂、丽蚜小蜂、草蛉、瓢虫、小花蝽、捕食螨等。我国在这方面也有很多成功的例子，如饲养释放赤眼蜂防治玉米螟、松毛虫、甘蔗螟虫等，在棉田释放捕食螨防治早期棉叶螨，利用草蛉防治棉蚜、棉铃虫、果树叶螨、温室白粉虱等。

3）引进外地天敌昆虫。从国外或外地引进有效天敌昆虫来防治本地害虫，这在生物防治历史上是一种经典的方法，已有很多成功事例。如早在19世纪80年代，美国从澳大利亚引进澳洲瓢虫控制了美国柑橘产区的吹绵蚧。我国从浙江永嘉移殖大红瓢虫到湖北，并再度移殖到四川，取得了防治吹绵蚧的良好效果。我国在20世纪50年代从前苏联引进日光蜂与胶东地区日光蜂杂交，提高其生活力与适应性，从而有效控制了烟台等地苹果棉蚜的危害；1978年我国从英国引进丽蚜小蜂防治温室白粉虱取得成功等。

（2）利用微生物防治害虫。又称为“以菌治虫”。这种方法较简便，效果一般较好，已在国内外得到广泛重视和利用。引起昆虫疾病的微生物有真菌、细菌、病毒、原生动物及线虫等多种类群，目前研究较多而且已经开发应用的微生物杀虫剂主要有真菌、细菌、病毒3大类。

1）细菌。我国利用的昆虫病原细菌主要是苏云金杆菌（B1），其制剂有乳剂和粉剂两种，用于防治棉花、蔬菜、果树等作物上的多种鳞翅目害虫。目前国内已成功地将苏云金杆菌的杀虫基因转入多种植物体内，培育成抗虫品种，如转基因的抗虫棉等。此外，形成商品化生产的还有乳状芽孢杆菌，主要用于防治金龟子幼虫——蛴螬。

2）真菌。我国生产和使用的真菌杀虫剂有蚜霉菌、白僵菌、绿僵菌等，应用最广泛的是白僵菌，主要用于防治鳞翅目幼虫、蛴、叶蝉、飞虱等。

3）病毒。目前发现的昆虫病毒以核型多角体病毒（NPV）最多，其次为颗粒体病毒（GV）及质型多角体病毒（CPV）等。其中应用于生产的有棉铃虫、茶毛虫和斜纹夜蛾核多角体病毒，菜粉蝶和小菜蛾颗粒体病毒，松毛虫质型多角体病毒等。

此外，某些放线菌产生的抗生素对昆虫和螨类有毒杀作用，这类抗生素称为杀虫素。常见的杀虫素有阿维菌素、多杀菌素等，前者可用于防治多种害虫和害螨，后者则可用来防治抗性小菜蛾和甜菜菜叶蛾。

近年来，其他昆虫病原微生物也有一定应用，如利用原生动物中的微孢子虫防治蝗虫，利用昆虫病原线虫防治玉米螟、桃小食心虫等。

（3）利用微生物及其代谢产物防治病害。又称为“以菌治菌（病）”。植物病害的生物防治是利用对植物无害或有益的微生物来影响或抑制病原物的生存和活动，压低病原物的数量，从而控制植物病害的发生与发展。有益微生物广泛存在于土壤、植物根围和叶围等自然环境中。在生物防治中应用较多的有益微生物如细菌中的放射土壤杆菌、荧光假单胞菌和枯草芽孢杆菌等，真菌中的哈茨木霉及放线菌（主要利用其产生的抗生素）等。有益微生物主要通过以下机制发挥作用：

1）抗菌作用。指一种生物通过其代谢产物抑制或影响另一种生物的生长发育或生存的现象。这种代谢产物称为抗生素。目前农业上广泛应用的抗生素有井冈霉素、春雷霉素等。

2）竞争作用。指有益微生物在植株的有效部位定殖，与病原物争夺空间、营养、氧气和水分等的现象。如枯草芽孢杆菌占领大白菜软腐病菌的侵入位点，使后者难以侵入寄主。草生欧文氏菌对梨火疫病菌的抑制作用主要是营养竞争。

3）重寄生作用。一种病原物被另一种微生物寄生的现象称为重寄生。对植物病原物有重寄生作用的微生物很多，目前生防中利用最多的是重寄生真菌，如哈茨木霉寄生立枯丝核菌等。用木霉菌拌种可防治棉花立枯病、黄萎病等。

4）交互保护作用。指植物在先接种一种弱致病力的微生物后不感染或少感染强致病力病原物的现象。如用番茄花叶病毒的弱毒株系接种可防治番茄花叶病毒强毒株系的侵染。

在有益微生物的应用中，一方面应充分利用自然界中已有的有益微生物，可通过适当的栽培方法和措施（如合理轮作和施用有机肥），改变土壤的营养状况和理化性状，使之有利于植物和有益微生物而不利于病原物的生长，从而提高自然界中有益微生物的数量和质量，达到减轻病害发生的目的。另一方面，可人工引入有益微生物，即将通过各种途径获得的有益微生物，经工业化大量培养或发酵，制成生防制剂后施用于植物（拌种、处理土壤或喷雾于植株），以获得防病效果。此外，利用有益微生物对病原物有抑制作用的代谢产物（即抗生素），也是植物病害生物防治的一个重要方面。

（4）利用其他有益生物防治害虫。其他有益生物包括蜘蛛、捕食螨、两栖类、爬行类、鸟类、家禽等。农田中蜘蛛有百余种，常见的有草间小黑蛛、八斑球腹蛛、三突花蛛、拟水狼蛛等。蜘蛛繁殖快、适应性强，对稻田飞虱、叶蝉及棉蚜、棉铃虫等的捕食作用明显，是农业害虫的一类重要天敌。农田中的捕食性螨类，如植绥螨、长须螨等，在果树和棉田害螨的防治中有较多应用。两栖类中的青蛙和蟾蜍，主要以昆虫及其他小动物为食。在捕食的昆虫中，绝大多数是农业害虫。鸟类在我国约有 1 100 种，其中有一半鸟类以昆虫为食。为此，应该严禁打鸟，大力植树造林，悬挂鸟巢箱，招引益鸟栖息。此外，稻田养鸭、养鱼，养鸡食虫等，都是一举两得的方法。对于其他有益生物，目前还是以保护利用为主，使其在农业生态系中充分发挥其治虫作用。

（5）利用昆虫激素和不育性防治害虫。目前研究和应用较多的昆虫激素主要是保幼激素和性外激素。前者如昆虫保幼激素 2 号、JH25 等防治烟青虫及蚜虫效果显著。后者又称性信息素，人工合成的性外激素通常叫性诱剂，其在害虫防治及测报上有很大的应用价值，我国已合成利用的有梨小食心虫、苹果小卷叶蛾、棉铃虫、玉米螟等性外激素。在生产上，通过大量设置性外激素诱捕器来诱杀田间害虫（诱杀法）或利用性外激素来干扰雌雄虫交配（迷向法）控制害虫。

不育性治虫是采用辐射源或化学不育剂处理昆虫（一般处理雄虫）或用杂交方法使其不育，大量释放这种不育性个体，使之与野外的自然个体交配从而使后代不育，经过多代释放，逐渐减少害虫的数量，达到防治害虫的目的。

2. 生物防治在综合防治中的地位

有害生物综合治理的基本内容是把有害生物的防治当做是资源管理的一部分，不同于其他防治，主要内容是：

（1）不要求彻底消灭害虫，允许害虫在经济危害水平以下继续存在。

（2）充分利用自然控制因素。

（3）强调防治措施间的相互协调和综合。

（4）以生态系统为管理单位。

（5）强调害虫综防体系的动态性。

（6）提倡多学科协作。

（7）经济效益、社会效益、生态效益全盘考虑。

生物防治技术与生态环境保护具有“相融性”，与农业可持续发展具有“统一性”。生物防治以其安全、无污染、成本低、控害持久，使农业生态体系持续而稳定地发展，在农业可持续发展中发挥越来越重要的作用。

生物防治技术可以减少农药用量、降低农药残留、延缓害虫抗药性的产生、防止害虫再增猖獗、提高生物多样性指数、保护生态环境，离不开以生物技术为核心的综合防治技术的开发与推广。

建立可持续的植物保护体系，必须以生物防治为主导的综合治理理论为理论基础，而当前的关键是大力发展生物防治技术（广义的），也包含农业措施，如抗病虫品种等，包含一切以生物、生物代谢产物和生物技术产物为作用物的防治技术。

二、正确认识化学防治在综防中的作用

1. 化学防治在当前农业生产中的作用

随着现代科学技术的发展，人们在有害生物综合防治过程中，越来越重视各种防治措施的协调运用，充分发挥各种防治方法的积极作用，贯彻“预防为主，综合防治”的植保方针，使农业的病虫害所造成的损失大为减少。以农药为武器进行化学防治在综合防治中占据着重要地位，随着农业机械化的发展，大面积使用农药更是不可缺少。由于世界人口的不断增长，对农产品的需求量将越来越大，无论是我国一些发达地区，还是世界上一些农业先进国家的实践，均已表明：粮食平均产量与农药用量呈正相关。在各类综合防治措施中，由于化学防治具有作用快、防效高、使用简单、经济等特点，所以是有害生物综合防治的重要组成部分。研究表明，使用农药能挽回15％～30％的农作物产量损失，农药在农业生产中对保产、增产具有重要作用。在可预见的将来还会有更大贡献。

2. 在当前农业生产中如何正确认识和使用化学防治

化学防治在综合防治中占据着重要的地位，对当今农业的发展起了积极的推动作

用。但由于不科学、合理地使用农药，也出现了污染环境，导致人畜中毒，使病虫产生抗药性以及破坏整个农田生态系统等不良的严重后果。根据安全、有效、经济的原则，如何科学地进行有害生物化学防治，最大限度地发挥农药的有益作用，克服现存弊端，是发展现代化农业不可忽视的一个重要环节。

没有选择地乱用药种类和剂型，不科学的用药技术和方法，是有害生物成灾的重要原因。因此，科学、正确、合理地使用各种药剂，才能发挥药剂安全、有效、经济的作用；反之，就会产生事倍功半的结果，甚至造成不应有的损失。用药时应注意下列各点。

(1) "对症用药"。要根据田间害虫发生的种类和特性，按杀虫剂的性能，选用对口的杀虫剂防治害虫。如棉花苗期防治棉蚜，常常伴有棉叶螨、蓟马的为害，防治时就要选用既能防治棉蚜又能兼治棉叶螨和蓟马的农药品种。赛丹、吡虫啉、阿维菌素等。另外，作物种类不同，使用农药品种也有很大差别。

(2) 适时施药。适时用药是防治成败的关键。一般情况下，掌握在有害生物敏感时期施药，既高效又省药。因此，只有做好预测预报，准确掌握有害生物发生动态，才能确定防治适期。

(3) 精确掌握用药浓度和用量。药剂的浓度和用量是根据防治对象、作物类型、作物生育期及施药方法等决定的。

(4) 恰当的施药方法。目前推广的低容量和超低容量喷雾技术，对于防治作物体表的有害生物，具有防治效果好、功率高、省药、省工等优点。

(5) 科学地混用农药。科学、合理地进行不同农药混用，有扩大防治范围、增效和延缓害虫抗药性产生等优点。

(6) 交替施药。同种作物长期连续使用一种农药易产生抗药性。

单元测试题

简答题

1. 简述新疆棉区棉蚜发生的规律。
2. 影响棉花黄萎病发生和流行的因素有哪些?
3. 影响葡萄霜霉病发生和流行的因素有哪些?
4. 影响葡萄白粉病发生和流行的因素有哪些?
5. 如何进行棉蚜综合防治?
6. 如何进行棉花枯黄萎病综合防治?
7. 如何进行小麦锈病综合防治?
8. 如何进行葡萄霜霉病综合防治?

9. 如何进行葡萄白粉病综合防治？
10. 如何进行瓜类蔓枯病综合防治？
11. 当前农业生产中如何正确认识和使用化学防治？

单元测试题答案

答案略。

第3单元

农药（械）使用常识

第一节　农药的配制

培训目标

- 掌握农药浓度换算
- 掌握农药正确配制方法和使用事项

除粉剂、颗粒剂、片剂和烟剂以外，一般农药产品的浓度都比较高，按常规施药方法在使用前必须经过配制。应根据农药产品、防治对象和作物种类的不同以及施药时气温的高低在药剂中加入不同量的水（土）或其他稀释剂，配成所需的药液或毒土（饵）。药液或毒土（饵）浓度适当与否，与药效和安全性有很大关系，所以在稀释农药时要按照农药标签上的使用说明，严格掌握稀释浓度。

一、农药配制的原则

农药配制使用中要做到安全、高效、经济原则。安全，要做到防止人畜中毒、避免作物药害、控制农药残留、推广无公害农药，保护有益生物。高效，要做到能有效控制有害生物的危害，防治效果好；要选用对口农药、选用关键时机用药、选用有效剂量和正确的施药方法。经济，要讲究经济效益，以最小的成本投入，获得最大的效果、产出；做到防治指标用药、讲究施药技术，选用防效较好，成本较低的农药。

二、农药制剂和稀释剂用量计算

1. 农药用量表示方法

（1）农药有效成分用量。国际上早已采用单位面积有效成分用量，即有效成分为 g/hm^2 表示方法，或有效成分为每 667 m^2 的含量（g）（国内常用）。

（2）农药商品用量。该表示法比较直观易懂，但必须带有制剂浓度，一般表示为每 hm^2 或每 667 m^2 含量 g、mL。

（3）稀释倍数。这是针对常量喷雾而沿用的习惯表示方法，一般不指出单位面积用药液量。药液或药粉中的加水或填充料量为原药量的多少倍，一般以重量计算。应用中，稀释倍数低，在 100 以内的，要扣除原药剂所占的 1 份；稀释倍数在 100 以上，则不扣除原药所占的 1 份。如乳油喷雾稀释 40 倍的，则应取 39 份水加入 1 份药剂中；稀释 200 倍的，将 1 份药剂加入 200 倍水中即可。

此外，也有以百分浓度表示农药使用浓度，如用 12.5%烯唑醇可湿性粉剂按种子重量 0.1%拌种防治玉米丝黑穗病。

2. 农药使用浓度换算

（1）农药有效成分量与商品量的换算。

农药有效成分量＝农药商品用量×农药制剂浓度（%）

（2）稀释倍数换算。

内比法（稀释倍数小于100）：

稀释倍数＝原药剂浓度÷新配制药剂浓度

药剂用量＝新配制药剂重量÷稀释倍数

$$稀释剂用量（加水或拌土量）=\frac{原药剂用量\times(原药剂浓度-新配制药剂浓度)}{新配制药剂浓度}$$

外比法（稀释倍数大于100）：

稀释倍数＝原药剂浓度÷新配制药剂浓度

稀释剂用量＝原药剂用量×稀释倍数

3. 农药浓度的稀释和计算

（1）倍数稀释计算法。常用清水稀释，用相对于原药重量的倍数表示。

农药原液（粉）重量＝稀释药液的重量/稀释倍数

1）求加水量。

例：需配制50%多菌灵可湿性粉剂500倍液，问10 kg该药剂，需加水多少kg?

解：农药药剂重量为10 kg，稀释倍数为500倍，所需药液重量（加水重量）为10×500＝5 000（kg），即需加水5 000 kg。

单元 3

2）求农药原液（粉）的用量。

例：需配制2.5%敌杀死水乳剂1 500倍液50 kg，问需要多少2.5%敌杀死水乳剂原液?

解：稀释药液重量为50 kg，稀释倍数为1 500，则原药液用量＝50/1 500＝0.033（kg），即需要2.5%敌杀死水乳剂原药0.033 kg，（药剂比重以1.0计算）。

（2）有效成分稀释计算。

原药剂重量＝稀释后药液重量×稀释后药液浓度/原药剂浓度

例：配制1/10 000浓度的乙烯利50 kg，需用40%的乙烯利多少毫升?

解：稀释后的药液重量为50 000 mL（50 kg）

稀释后的药液浓度为1/10 000，原药药剂浓度为40%

因此原药重量＝50 000×100/400 000＝12.5（mL）

所以需用40%的乙烯利12.5 mL。

三、农药制剂和稀释用水的称取

计算出农药制剂用量和用水量后，要严格按照计算量称取或量取。固体农药要用秤称量，液体农药要用有刻度的量具量取（如量杯、量筒、吸液管等）。量取时，应避免药液流到筒或杯的外壁，要使筒或杯处于垂直状态，以免造成量取偏差；量取配药用水，如果用水桶或喷雾器药箱作计量器具时，应在其内壁用油漆画出水位线，标定准确的体积后，方可作为计量工具。

四、正确配制药液、毒土

1. 固体农药制剂的配制

商品农药的低浓度粉剂，一般不用配制可直接喷粉。但用做毒土撒施时需要用土混拌，选择干燥的细土与药剂混合均匀即可使用；可湿性粉剂配制时，应先在药粉中加入少量的水（500 g药粉约加250 g左右的水），用木棒调成糊状，然后再加入较多一些水调匀，以上面没有浮粉为止，最后加完剩余的稀释水量。不能图省事，把药粉直接倒入大量的水中。

2. 液体农药制剂的配制

（1）注意水的质量。用于配制药剂的水，应选用清洁的江、河、湖、溪和沟塘的水，尽量不用井水，更不能使用污水、海水或咸水，以免对乳油类农药起破坏作用，影响药效或引起药害。

（2）严格掌握药剂的加水倍数。每种农药都有一定的使用浓度要求。在配制时，应严格按规定的使用浓度加水，如果加水量过多，浓度降低，会影响药效；若加水量不足，致使药剂浓度增高，不但浪费农药，还可能引起药害。

（3）注意加水方法。在按规定加入足量稀释水前，要先加入少量水配好母液，然后用剩余的水，分2～3次冲洗量器，冲洗水全部加入药箱中，搅拌均匀。需要注意的是，有的药剂在水中很容易溶解，但有的药剂虽也能溶解在水中，但需要选用少量热水溶解后，再加入清水。

（4）注意药剂的质量。在加水稀释配制乳油农药时，一定要注意药剂的质量。有的乳油由于贮存时间过长或者原来质量不好，已经出现分层、沉淀。对这种药剂在配制前，应把药瓶轻轻摇振20～30次，静置后如能成均匀体，方可配制；如摇振后还不能成均匀体，就要把装乳油的药瓶放在温热的水里，浸泡10多分钟（注意不能用开水，以防药瓶破碎），对分层、沉淀完全化开的药剂，可用少量的乳油农药，加入相应的清水试验，若上无浮油，下无沉淀，并呈白色乳状液，该药剂方可对水使用。

第二节 背负式机动喷雾喷粉机的使用

培训目标

→ 掌握背负式机动喷雾喷粉机的使用技术及保养

背负式机动喷雾喷粉机是用汽油机作动力，配有离心风机采用气输液、气力喷雾和气流输粉原理的植保机具，它具有轻便、灵活、高效率等特点。适用于大面积农林作物的病虫害防治、城市卫生防疫、防治家畜体外寄生虫和仓库害虫、喷撒颗粒肥料的植保机械。它可以进行低量喷雾、超低量喷雾、喷粉等项作业。

一、背负式机动喷雾喷粉机的工作原理

机动背负气力式喷雾技术由于采用气力雾化技术，所产生的雾滴细小，在生产中主要用做低容量喷雾或超低容量喷雾。有些用户在使用机动背负气力喷雾机喷雾作业时，沿用手动大容量喷雾的概念，采用针对性喷雾，亩施药液量高达 20～40 L，并且仍然以作物叶片出现药液滴淌为喷雾均匀的指标，这是错误的。这种机动背负气力喷雾机一定要采用低容量或超低容量的喷雾技术。

1. 低容量喷雾的原理

机动背负气力式喷雾机工作原理如图 3—1a 所示。离心风机的叶轮直接装在汽油机曲轴上，随着发动机的转动，风机产生高速气流，并在风机出口处产生一定压力。风机产生的大部分高速气流经风机出口流入喷管，少部分气流经出风筒、进气塞、进气管、滤网、出气口返入药箱内，在药箱内产生压力，药液在风压作用下经粉门体、出水塞、输液管、开关手把组合、喷口，从喷嘴上的小孔喷出。喷出的药液被喷管内的高速气流击碎成极细的雾粒，吹到被喷洒的靶体上。

2. 超低容量喷雾的原理

超低容量喷雾与喷雾基本相同，只需把喷雾喷头换成超低容量喷头即可。超低容量喷雾的工作原理如图 3—1b 所示。离心风机产生的高速气流经喷管进入喷头，遇到分流锥后呈环状喷出，喷出的气流吹到与雾化齿盘组合在一起的驱动叶轮上，叶轮带动雾化齿盘以 9 000～11 000 r/min 的速度旋转。药箱内的药液在压力作用下，经调量开关流入空心轴，空心轴的孔径为 1.5 mm。药液经空心轴进入前后齿盘之间的缝隙中，并附在齿盘上，在齿盘高速旋转产生的离心力作用下，药液以 39 m/s 的线速度由前后齿盘圆周上的齿尖被连续不断地甩出，形成很多直径为 15～75 μm 的小雾滴，然后被喷口内

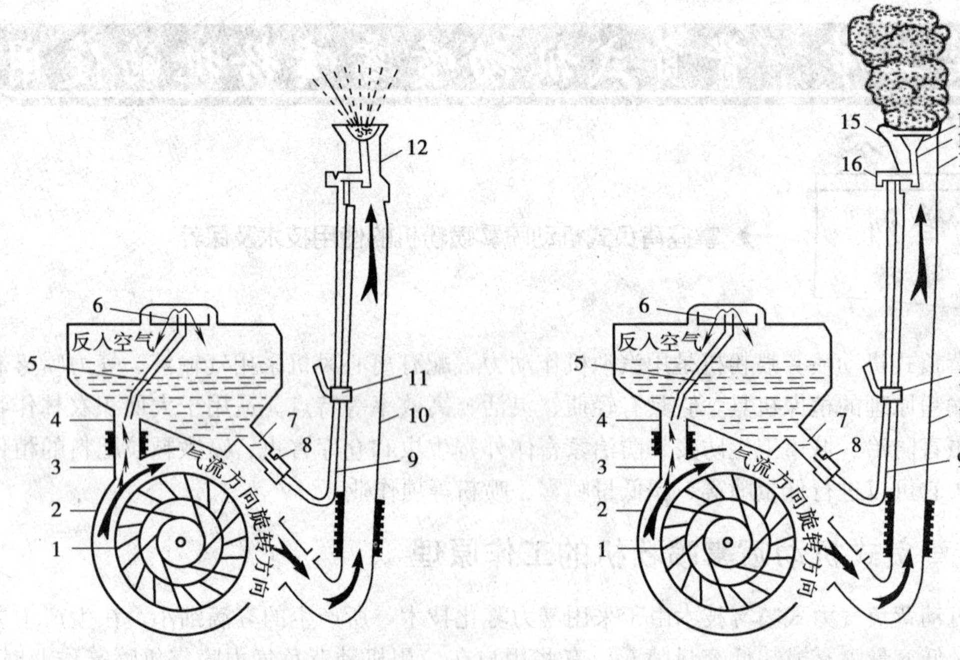

a）机动背负气力式喷雾机之低容量喷雾工作原理

1—叶轮组装；2—风机壳；3—出风筒；4—进气塞；5—进气管；6—滤网组合；7—粉门体；8—出水塞；9—输液管；10—喷管；11—开关；12—喷头

b）机动背负气力式喷雾机之超低容量喷雾工作原理

1—叶轮组装；2—风机壳；3—出风筒；4—进气塞；5—进气管；6—滤网组合；7—粉门体；8—出水塞；9—输液管；10—喷管；11—输液开关；12—喷口；13—喷嘴轴铸合（空心轴）；14—分流锥；15—雾化齿盘（与叶轮组合在一起）；16—调量开关

图 3—1　背负式机动喷雾机低量和超低量喷雾工作原理

喷出的气流吹出，在空中飘动，再降落到被喷靶体上。

3. 雾化性能的影响因素

影响机动背负气力喷雾机雾化性能的主要因素是喷管内的气流速度、喷口处的气液比及药液的物理性质。喷管内的气流速度越高，气流对药液的雾化能力越强，雾滴越细。而喷管内的气流速度取决于高速离心风机的风量。当喷管直径一定时，风机的风量越大，喷管内的气流速度就越高，机具的雾化性能就越好。气液比（流经喷管的气体量与供液量的体积比）越大，雾滴直径越小。当气液比大到一定值后，再继续增大供气量时，雾滴直径不再继续变小。药液的物理性能中，主要是表面张力和黏度对雾滴直径有影响。表面张力大的药液，形成的雾滴直径较大；黏度大的药液，形成的雾滴直径也较大。反之，形成的雾滴直径就较细小。

二、使用方法

1. 施药前的准备

（1）施药的气象条件。作业时气温应在5～30℃。当风速大于2 m/s及雨天、大雾或露水多时不得施药。大田作物进行超低量喷雾时，不能在晴天中午有上升气流时进行。

（2）机具的调整。

1）检查各部件安装是否正确、牢固。

2）新机具或维修后的机具，首先要排除缸体内封存的机油。卸下火花塞，用左手拇指堵住火花塞孔，然后用起动绳拉几次，迫使气缸内机油从火花塞孔喷出，用干净布擦干火花塞孔腔及火花塞电极部分的机油。

3）新机具或维修后更换过汽缸垫、活塞环及曲柄连杆总成的发动机，使用前应当进行磨合。磨合后用汽油对发动机进行一次全面清洗。

4）检查压缩比，用手转动起动轮，活塞靠近上死点时有一定的压力，越过上死点时，曲轴能很快地自动转过一个角度。

5）检查火花塞跳火情况将高压线端距曲轴箱体3～5 mm，再用手转动启动轮，检查有无火花出现，一般蓝火花为正常。

6）汽油机转速的调整，机具经拆装或维修后，需重新调整汽油机转速。

①油门为硬连接的汽油机：起动背负机，低速运转2～3 min，逐渐提升油门操纵杆至上限位置。若转速过高，旋松油门拉杆上的螺母，拧紧拉杆下面的螺母；若转速过低，则反向调整。

②油门为软连接的汽油机：当油门操纵杆置于调量壳上端位置，汽油机仍达不到标定转速或超过标定转速时，应松开锁紧螺母，向下（或向上）旋调整螺母，则转速下降（或上升）。调整完毕，拧紧锁紧螺母。

7）粉门的调整。当粉门操纵柄处于最低位置，粉门仍关不严，有漏粉现象时，应用手扳动粉门轴摇臂，使粉门挡粉板与粉门体内壁贴实，再调整粉门拉杆长度。

8）根据作业（喷雾、喷粉、超低量喷雾）的需要，按照使用说明书上的步骤装上对应的喷射部件及附件。

9）本机型采用汽油和机油的混合作为燃油，混合比为20∶1。汽油用70号以上，机油使用汽油机机油。

（3）作业参数的计算。背负机先在地面上按使用说明书的要求启动，低速运转2～3 min，然后背上，用清水试喷，检查各处有无渗漏。并按规定的方法测出背负机的流量（Q）及有效射程（B），计算出行走速度（V）。

$$V=Q/（单位面积施药液量\times B）$$

2. 施药

（1）低容量喷雾。喷雾机作低容量喷雾，宜采用针对性喷雾和飘移喷雾相结合的方式施药。应对着作物喷雾，但不可近距离对着某株作物喷雾。具体操作过程如下：

1）机器启动前，药液开关应停在半闭位置调整油门开关使汽油机高速稳定运转，开启手把开关后，立即按预定速度和路线前进，严禁停留在一处喷洒，以防引起药害。

2）行走路线的确定喷药时行走要匀速，不能忽快忽慢，防止重喷漏喷。行走路线根据风向而定，走向应与风向垂直或成不小于 45°的夹角，操作者应在上风向，喷射部件应在下风向。

3）喷施时应采用侧向喷洒即喷药人员背机前进时，手提喷管向侧喷洒，一个喷幅（喷幅是指喷雾器喷雾作业时的有效喷雾宽度）一个喷幅地向上风方向移动，使喷幅之间相连接区段的雾滴沉积有一定程度的重叠。操作时还应将喷口稍微向上仰起，并离开作物 20～30 cm 高，2 m 左右远（见图 3—2）。

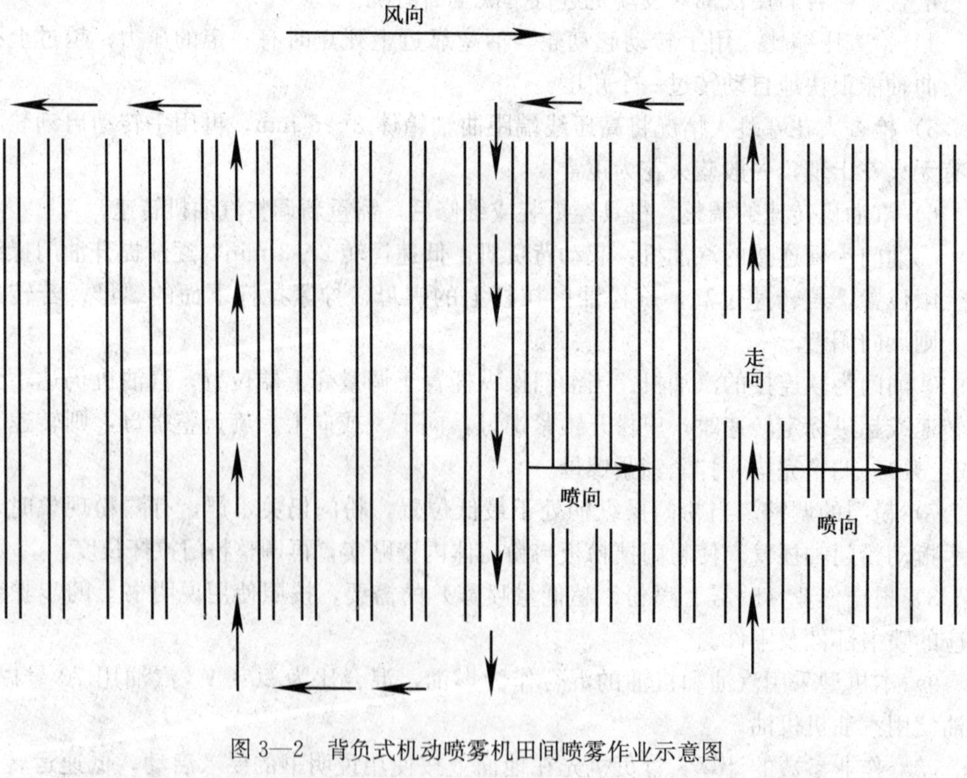

图 3—2　背负式机动喷雾机田间喷雾作业示意图

4）当喷完第一喷幅时，先关闭药液开关，减小油门，向上风向移动，行至第二喷幅时再加大油门，打开药液开关继续喷药。

5）防治棉花伏蚜应根据棉花长势、结构，分别采取隔 2 行喷 3 行或隔 3 行喷 4 行的方式喷洒，这样有效喷幅为 2.1～2.8 m。喷洒时把弯管向下，对着棉株中、上部喷，借助风机产生的风力将棉叶吹动，雾滴就达到了。

6）对灌木林丛如对低矮的茶树喷药，可把喷管的弯管口朝下，防止雾滴向上飞散。

7）对较高的果树和其他林木喷药可把弯管口朝上，使喷管与地面保持 60°～70°的夹角，利用田间有上升气流时喷洒。

8）喷雾时雾滴直径为 125 μm，肉眼不易观察到雾滴。一般情况下，作物枝叶只要被喷管吹动，雾滴就达到了。

9）调整施液量除用行进速度来调节外，转动药液开关角度或选用不同的喷量挡位也可调节喷量大小。

（2）喷粉。

1）按使用说明书的要求启动背负机。

2）粉剂应干燥，不得有杂草、杂物和结块。

3）背负机背上后，调整油门使汽油机高速稳定运转。

4）打开粉门操作手柄进行喷粉，喷粉时注意调节粉门开度控制喷粉量。

5）大田喷粉时，走向最好与风向垂直，喷粉方向与风向一致或稍有夹角并保持喷粉头处于人体下风侧。应从下风向开始喷。

6）在林区喷粉时注意利用地形和风向，晚间利用作物表面露水进行喷粉较好。但要防止喷粉口接触露水。

7）保护地温室喷粉时可采用退行对空喷洒法，当粉剂粒度很细时（≤5 μm），可站在棚室门口向里、向上喷撒。

8）使用长薄膜管喷粉时，薄膜管上的小孔应向下或稍向后倾斜，薄膜管离地 1 m 左右。操作时需两人平行前进，保持速度一致并保持薄膜管有一定的紧度。前进中应随时抖动薄膜管。

9）作物苗期不宜采用喷粉法。

（3）超低量喷雾。

1）按使用说明书的要求起动背负机。

2）严格按要求的喷量、喷幅和行走速度操作。为保证药效，要调整好喷量、有效喷幅和步行速度三者之间的关系。其中有效喷幅与药效关系最密切，有效喷幅小，喷出来的雾滴重叠累积比较多，分布比较均匀，药效更有保证。有效喷幅的大小要考虑风速的限制，还要考虑害虫的习性和作物结构状态。对钻蛀性害虫，要求雾滴分布越均匀越好，也就是要求有效喷幅窄一些好。例如防治棉铃虫，要使平展的棉叶上降落雾滴多而均匀，要求风小一些，有效喷幅窄一些，多采取 8～10 m 喷幅。对活动性强的咀嚼口器害虫如蝗虫等，就可在风速许可范围内尽可能加宽有效喷幅。例如，在沿海地区防治蝗虫时，在 2 m/s 以上风速情况下，喷头离地面1 m，有效喷幅可取 20 m。

3）对大田作物喷药时，操作者手持喷管向下风侧喷雾，弯管向下，使喷管保持水平或有5°～15°仰角（仰角大小根据风速而定：风速大，仰角小些或呈水平；风速小，仰角大些），喷头离作物顶端高出0.5 m。

4）行走路线根据风向而定，走向最好与风向垂直，喷向与风向一致或稍有夹角，从下风向的第一个喷幅的一端开始喷洒。

5）第一喷幅喷完时，立即关闭手把开关，降低油门，汽油机低速运转。人向上风方向行走，当快到第二喷幅时，加大油门，使汽油机达到额定转速。到第二喷幅处，将喷头调转180°，仍指向下风方向，打开开关后立即向前行走喷洒。

6）停机时，先关闭药液开关，再关小油门，让机器低速运转3～5 min再关闭油门。切忌突然停机。

7）高毒农药不能作超低量喷雾。

3. 施药后的保养

（1）喷雾机每天使用结束后，应倒出箱内残余药液或粉剂。

（2）清除机器各处的灰尘、油污、药迹，并用清水清洗药箱和其他药剂接触的塑料件、橡胶件。

（3）喷粉时，每天要清洗化油器和空气滤清器。

（4）长薄膜管内不得存粉，拆卸之前空机运转1～2 min，将长薄膜管内的残粉吹净。

（5）检查各螺丝、螺母有无松动，工具是否齐全。

（6）保养后的背负机应放在干燥通风的室内，切勿靠近火源，避免与农药等腐蚀性物质放在一起。长期保存时还要按汽油机使用说明书的要求保养汽油机，对可能锈蚀的零件要涂上防锈黄油。

第三节　常温烟雾机的使用

常温烟雾机是利用压缩空气（或高速气流），在常温下使药液雾化成小于20 μm液滴的机具，主要用于农业保护地（包括玻璃温室、塑料大棚等）作物病虫害和森林病虫害防治，还可用于室内卫生杀虫、仓储灭虫、畜禽场所室内消毒以及高温季节室内增湿降温、喷洒清新剂等。

温室、大棚中使用的常温烟雾机施药与使用其他常规机具相比，具有防治效果好，省水、省药（施药液量每亩仅为2～4 L），药剂适应性强等优点，而且由于减少了施药量，不增加温室内湿度，避免了因棚室湿度大而诱发病虫害的不利因素。

常温烟雾机的工作原理如图3—3所示。

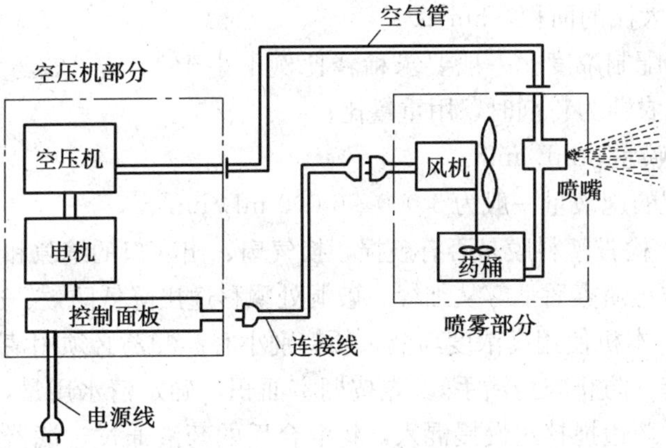

图 3—3　常温烟雾机的工作原理

一、施药前的准备

1. 施药的气象条件

防治作业以傍晚、日落前开始为宜，气温超过 32℃时不宜作业；有大风时应避免作业，防止室内空气流出、外界空气流入，确保防治效果。此外，因季节和气候关系，若室内不会形成高温状态（30℃以上），在白天也可施药。

2. 机具检查和调整

（1）空压机部分常用压力为 1.0～1.6 MPa，指针摆动过大时旋紧表阀，以便保护压力表。压力偏低时，检查各联结处有无漏气，喷嘴帽有无松动，车架下部排放口是否开着。压力偏高时，检查喷嘴喷片、空气胶管是否有堵塞（略有升高并非故障）。注意空气压力不要用到 3 mPa 以上。

（2）空气胶管、连接线。把风机电源线、空气胶管接到空压机部分的插座和空气出口上，尤其连接线的插头，插入后要往右转动锁紧，以免机器运转时因振动而脱落。

（3）喷雾部分风机电机和连接线的联结采用了防水插头和插口，要牢靠地插入往右转动锁紧。空气胶管也要联结牢固。

（4）喷量检查。按机具使用说明书检查调整喷量。常温烟雾机的喷量，一般农药为 50 mL/min 左右，喷量过少或过多都会影响防治效果。检查调整时使用清水试喷，同时检查各联结处、密封处有无渗漏现象。

3. 喷洒时间的计算

$$T=\frac{qAN}{Q}$$

式中　T——喷洒时间，min；

　　q——农艺上要求的农药制剂用量，mL/hm²；

A——塑料大棚的面积，hm^2；

N——农药配制浓度。一般要求稀释比例不小于 15 倍，农药为液剂时，用体积比，农药为粉剂时，用重量比；

Q——机具喷量，mL/min。

棚室单位面积的施液量一般为 3 000～6 000 mL/hm^2。

4. 棚室检查。检查塑料膜是否有破损，换气扇、出入口的缝隙和破损处必须在施药前修补、贴好。防止喷雾后烟雾从细缝、破洞处飘移逸出降低防效、造成污染。

5. 配制农药。本机使用高浓度药液，须特别小心。配药必须用清水桶、配药杯、量筒、搅拌棒、手套（防止农药沾手）。先按棚室面积，确定清水用量，将其 1/4～1/3 放入配药杯，再将农药边搅拌边慢慢混入，将混合后的药液通过过滤器注入药箱，将余下清水放入配药杯，一边冲洗配药杯一边注入药箱，这时也必须通过过滤器。

二、施药

1. 空压机小车使用时放在棚外水平稳定的场所，不可雨淋。特别是控制系统和电源接头应避免与水汽接触。

2. 将喷射部件和升降部件置于棚室内中线处，离门 5～8 m，调好喷筒轴线与棚室中线平行。根据作物高低，调节喷口离地 1 m 左右高度和 2°～3°仰角。

3. 接通电源起动空气压缩机，先将药箱中的药液用压缩空气搅拌 2～3 min，然后开始喷雾施药。喷出的雾不可直接喷到作物上或棚顶、棚壁上。在喷雾方向 1～5 m 处作物上应盖上塑料布，防止粗大雾滴落下时造成作物污染和药害。

4. 喷雾时操作者无须进入棚室，应在室外监视机具的作业情况，不可远离。发现故障应立即停机排除。

5. 严格按喷洒时间作业，到时关机。先关空压机，5 min 后再关风机，最后关漏电开关。

6. 戴防护口罩、穿防护衣进棚取出喷射部件和升降部件。

7. 关好棚室门，密闭 6 h 以上才可开棚。

三、施药后的技术处理

1. 作业完将机具从棚内取出以后，先将吸液管拔离药箱，置于清水瓶内，用清水喷雾 5 min，以冲洗喷头、管道。然后用拇指压住喷头孔，使高压气流反冲芯孔和吸液管，吹净水液。

2. 用专用容器收集残液，然后清洗药箱、喷嘴帽、吸水滤网、过滤盖。擦净（不可水洗）风筒内外面、风机罩、风机及其电动机外表面、其他外表面的药迹、污垢。

3. 使用一段时间后，检查空压机油位是否够；清洗空气滤清器海绵。

4. 长期存放时，应更换空压机机油，清除缸体积炭，并全面清洗。

5. 应将机具放在干燥通风的机库内，避免露天存放或与农药、酸、碱等腐蚀性物质放在一起。

第四节　远程宽幅机动喷雾机的使用

培训目标 → 掌握远程宽幅机动喷雾机的使用技术及保养

远程宽幅机动喷雾机是指由发动机带动液泵产生高压，用喷枪进行宽幅远射程喷雾的机动喷雾机。其具有工作压力高、喷雾幅宽、工作效率高、劳动强度低等优点，是一种主要用于水稻大、中、小不同田块病虫害防治的机具，也可用于供水方便的大田作物、果园和园林病虫害的防治。

一、施药前的准备

1. 施药的气象条件

（1）喷洒作业时风速应低于 2.2 m/s，以避免飘移污染。

（2）气温应低于 32℃，以防药液蒸发造成人身中毒和环境污染。

（3）晴天应在早晨、傍晚时间喷雾，阴天可全天喷雾，应避免在降雨时喷雾，以保证良好防效。

2. 机具的选用

（1）根据不同作物、不同种植规模确定适用机型（见表 3—1、图 3—4、图 3—5）。

表 3—1　不同作物不同种植规模的适用机型

机型	适用规模
便携式	适用于分散小田块，南方丘陵水稻梯田等，田块宽度<10 m
担架式	适用于一般成片水、旱田、果园菜地等，田块宽 10～20 m
车载式	适用于具有一定种植规模条田化的大片水、旱田，田宽 20～40 m

（2）水稻、小麦、棉花、蔬菜等大面积低矮作物，选用宽幅远射程组合喷枪，沿射程均匀喷雾；果树、园林选用远射程喷枪或可调喷枪，中、下部采用近雾喷洒，树冠采用高射喷。

（3）对于水稻和邻近水源的高大作物、树木，可使用混药器，自动混药喷洒；离水

图 3—4　3WD2000 型车载式远射程风送喷雾机

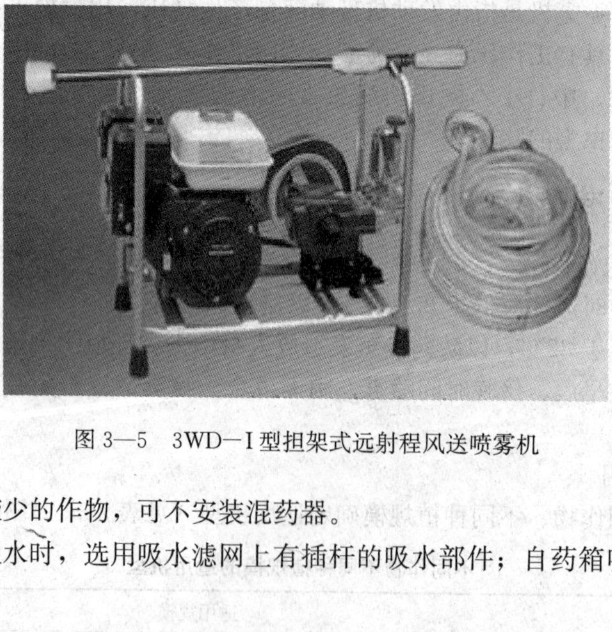

图 3—5　3WD—Ⅰ型担架式远射程风送喷雾机

源较远且施药量较少的作物，可不安装混药器。

（4）在田间吸水时，选用吸水滤网上有插杆的吸水部件；自药箱吸水时，选用不带插杆的吸水部件。

3. 机具调整

（1）检查机具安装是否正确，动力皮带轮和液泵皮带轮要对齐，螺栓紧固，皮带松紧适度，皮带轮运转灵活，并安装好防护罩，调整机具至符合作业状态。

（2）按照说明书中的规定给液泵曲轴箱加入润滑油至规定油位，便携式、担架式喷雾机还要检查汽油机或柴油机的油位，若不足则按照说明书规定牌号补充。

（3）检查吸水滤网。滤网必须沉没于水中；在稻田使用时，将吸水滤网插入田边的浅水层（不少于 5 cm 深）里，滤网底的圆弧部分沉入泥地上，让水顺利通过滤网吸入水泵。田边有水渠供水时，则将吸水滤网放入深水中即可。在旱田、果园使用时，可将吸水滤网底部的插杆卸掉，将吸水滤网放在药箱里。

（4）启动前将调压阀的调压轮按逆时针方向调节到较低的压力位置，再把调压手柄置于卸压位置。

（5）启动发动机进行试运转；低速运转 10～15 min，若见有水喷出，并无异常声音，可逐渐提速至泵的额定转速。然后将调压手柄置于加压位置，按顺时针方向慢慢旋转压轮加压，至压力指示器指示到额定工作压力为止；用清水进行试喷，观察各接头处有无泄漏现象，喷雾状况是否良好。

（6）车载式喷雾机与拖拉机的连接应安全可靠，所有连接点应有安全销。车载悬挂式喷雾机与拖拉机连接后，应调节上拉杆长度，使喷雾机在工作时处于垂直状态；车载牵引式喷雾机与拖拉机连接前应调节牵引杆长度，以保证机组转弯时不会损坏机具。

（7）使用混药器喷药前，应先用清水试喷，将混药器调节至正常工作状态，然后根据所需施药量和农药配比，计算确定母液稀释倍数，将符合母液稀释倍数的农药与水放入母液桶内充分混合、稀释完全。对于粉剂，母液的稀释倍数不能大于 1∶4（即 1 kg 粉剂农药的加水量须大于 4 kg）。

二、施药中的要求

1. 启动发动机，调节泵的转速、工作压力至额定工况。

2. 操作人员手持喷枪根据既定作业参数喷雾，手与喷枪出口距离应在 10 cm 以上，以免接触农药。

3. 喷药时喷枪的操作应保证喷洒均匀、不漏喷、不重喷，喷射雾流面与作物顶面应保持一定距离，一般高 0.5 m 左右，喷枪应与水平面保持 5°～15°仰角，不可直接对准作物喷射，以免损伤作物。向上喷射高树时，操作人员应站在树冠外，向上斜喷。

4. 喷药时操作人员应拉喷雾软管沿田埂移动，避免损伤作物。

5. 当喷枪停止喷雾时，必须在液泵压力降低后（可用调压手柄卸压），才可关闭截止阀，以免损坏机具。

6. 作业时应经常察看雾形是否正常，如有异常现象，应立即停机，排除故障后再作业。

7. 使用混药器时，应待机具达到额定工况后，再将混药器的吸药头插入已稀释的母液桶中，当一次喷洒完成后立即将吸药头取出，避免药液损失。

8. 使用中液泵不能脱水运转，以免造成喷雾不均匀或漏喷。

9. 机具转移作业地点时应停机，将喷雾胶管盘卷在卷管机上，按不同机型的转移方式进行转移。

10. 当液泵为活塞泵、活塞隔膜泵且转移距离不长时（时间不超过 15 min）可不停机转移，操作方法如下：

（1）降低发动机转速，怠速运转。

（2）把调压阀的调压手柄置于卸压位置，关闭截止阀，然后将吸水滤网从水中取出。这样有少量液体在泵体内循环，不致损坏液泵。

（3）尽快转移机具，将吸水滤网没入水中。

（4）开通截止阀，将调压手柄置于加压位置，把发动机转速调至额定速度。

11. 每次开机或停机前，应将调压手柄放在卸压位置。

三、施药后的保养

1. 作业完成后，应在使用压力下用清水继续喷射 2～5 min，清洗液泵和胶管内的残留药液，防止残留药液腐蚀机件。

2. 卸下吸水滤网和喷雾胶管，打开出水开关，卸去泵的工作压力，用手旋转发动机或液泵，尽量排尽液泵内存水，擦净机组外表污迹。

3. 按使用说明书要求，定期更换液泵曲轴箱内机油。发现有因油封或（隔膜泵）膜片等损坏，曲轴箱进入水或药液，应及时更换损坏零件，同时将曲轴箱用柴油清洗干净，再更换全部机油。

4. 当防治季节完毕，机具长期存放时，应严格清除泵内积水，防止冬季冻坏机件。

5. 卸下三角带、喷枪、喷雾胶管、喷杆、混药器、吸水滤网等，清洗干净并晾干，有条件可悬挂起来存放。

6. 活塞隔膜泵长期存放时，应将泵内机油放净，用柴油清洗干净，然后取下泵的隔膜空气室隔膜，清洗干净，放置阴凉通风处，防止腐蚀和老化。

7. 长期存放时，应将机具放在干燥通风处，避免露天存放或与农药、酸、碱等腐蚀性物质放在一起。

第五节 杀虫剂的应用

培训目标 → 掌握常用杀虫剂的作用机制和使用技术

一、杀虫剂的作用机制

杀虫剂是一类用于防治农林业及病媒有害昆虫或螨类害虫的农药。杀虫剂按照来源和化学成分可分为无机杀虫剂和有机杀虫剂两类。无机杀虫剂主要是含砷、氟、硫和磷等元素的无机化合物。有机杀虫剂又可分为天然来源有机杀虫剂和人工合成有机杀虫剂。天然来源有机杀虫剂主要包括植物源杀虫剂和微生物源杀虫剂。人工合成杀虫剂包括多种类型，如有机氯类杀虫剂、有机磷类杀虫剂、氨基甲酸酯类杀虫剂、拟除虫菊酯类杀虫剂、昆虫生长调节剂等。

1. 杀虫剂的作用机制

杀虫剂的作用机制有多种，归纳起来主要有如下几类。

（1）作用于神经系统。作用于昆虫神经系统的杀虫剂是当代杀虫剂中的主要类型。碱酯酶抑制剂类杀虫剂主要有氨基甲酸酯类、有机磷酸酯类；乙酰胆碱受体抑制剂有烟碱、巴丹类杀虫剂；轴突传导抑制剂主要有除虫菊酯类和有机氯类杀虫剂等。

（2）作用于呼吸系统，如无机砷类、鱼藤酮、氢氰酸等。

（3）几丁质合成抑制剂，如灭幼脲及其类似物。目前常用的有伏虫脲、农梦特等。这类杀虫剂属昆虫生长调节剂，是目前害虫综合治理中很受推崇的一类杀虫剂。

2. 杀虫剂的选择

选择杀虫剂的品种主要根据害虫类型、作物类型、杀虫剂品种特性和加工剂型等几个方面进行。刺吸式口器的害虫如蚜虫应该选用内吸性杀虫剂，也可以选择触杀性的杀虫剂；咀嚼式口器的害虫则应选择胃毒作用较强的杀虫剂或触杀作用较强的杀虫剂；地上害虫的防治应选择不易光解的农药；地下害虫的防治可以选用易光解而不受土壤钝化的杀虫剂，如辛硫磷。

同样的害虫发生在不同作物上也不一定施用同样的杀虫剂，主要是为了避免发生药害和产生抗药性。如高粱上不宜使用敌百虫或敌敌畏。另外，高毒或剧毒农药不能在果树、蔬菜、茶、桑上使用，无论什么时候都要按《农药安全使用规定》和《农药合理使用准则》的要求选择农药品种。农药品种特性主要指农药的作用方式。具有不同作用方式的杀虫剂适合于防治不同的害虫，如内吸性杀虫剂适合于防治具有刺吸式口器的昆虫。

正确选用农药剂型也很重要。防治运动速度较快的昆虫（如蝗虫），要求杀虫剂具有较强的扩散能力和空中漂浮能力，以增加药剂与昆虫的接触机会，提高防治效果。因此，宜选用粉剂或超低量喷雾剂类杀虫剂。密闭空间内如粮仓、保护地等采用熏蒸剂或烟剂效果较好。

二、有机磷杀虫剂

有机磷杀虫剂主要杀虫作用机制是抑制昆虫体内神经组织中胆碱酯酶的活性，破坏神经信号的正常传导，引起一系列神经系统中毒症状，导致死亡。这类杀虫剂品种繁多，开发应用历史悠久，使用范围广泛。自从硫磷成为全世界用量最大、最重要的有机磷杀虫剂已有50年历史，目前有机磷仍然是最重要的杀虫剂，已经商品化的品种多达

200 多种，常用的有数十种。多数有机磷杀虫剂兼有触杀、熏蒸等多种杀虫作用方式。一般品种杀虫谱很广，但有些品种也具有较好的选择性。

1. 有机磷杀虫剂的特点

有机磷杀虫剂是指化学分子结构中含有磷原子，并具有杀虫性能的一类有机化合物。这类杀虫剂的主要特点是杀虫谱广，杀虫作用以触杀和胃毒为主，有些品种兼有内吸作用和熏蒸作用；毒杀迅速，用药量较少，在常用浓度下对植物安全；在植物、人、畜体内能较快地分解。但是还有部分品种如甲拌磷、内吸磷、磷胺、甲胺磷、久效磷、氧化乐果等属高毒农药，可引起人、畜急性中毒，甚至死亡。很多品种对鱼类、蜜蜂和害虫天敌等有益生物也有高毒。所以，在使用有机磷杀虫剂时，要严格按照田间安全操作规程进行，以免人、畜中毒。

此类杀虫剂的原药多为油状液体，少数为固体，一般气味较大，颜色略深。有机磷农药大多数不溶于水或微溶于水，一般易溶于有机溶剂。有些品种如敌百虫、乐果、甲胺磷、磷胺等易溶于水。有机磷杀虫剂容易与水发生水解反应而分解，一般经水解后变成无毒化合物，失去杀虫活性。碱性条件有利于水解反应的进行，所以一般不宜与碱性农药或碱性物质混用。但敌百虫水解后会变成毒性更高的敌敌畏。

有机磷杀虫剂一般对虫、螨都有较高的防治效果，对害虫的毒力仅次于人工合成的拟除虫菊酯类杀虫剂，有些品种高于氨基甲酸酯类杀虫剂。

2. 常用有机磷农药品种及其使用技术

（1）敌百虫。

1）理化性质。原药为白色晶体粉末，熔点 83～84℃，易溶于水和甲醇、乙醇、苯等有机溶剂，在酸性和中性溶液中较稳定，但在碱性溶液中很快分解为敌敌畏，然后进一步分解失效。对金属有腐蚀作用。

2）毒性。敌百虫属低毒杀虫剂，原药急性口服 LD_{50}（半数致死量）雌鼠为 630 mg/kg，雄鼠为 5 600 mg/kg。

3）作用特点。敌百虫是一种毒性低，杀虫谱广的有机磷杀虫剂。对害虫有较强的胃毒作用，兼有触杀作用，对植物具有渗透性，但无内吸传导作用。主要用于防治蔬菜、果树、茶、桑、棉花和粮食作物上的各种害虫，亦可作卫生药和防治牲畜寄生虫。

4）主要剂型。80%敌百虫可湿性粉剂，25%敌百虫油剂，5%敌百虫粉剂，80%敌百虫晶体。

5）使用方法。

①水稻害虫。防治二化螟每公顷用 80%晶体或可溶性粉 2.25～3 kg，兑水 1 125～3 000 kg 喷雾。此药量还可以防治稻潜叶蝇、稻铁甲虫、稻苞虫、稻纵卷叶螟、稻叶蝉、稻飞虱、稻蓟马等害虫。

②旱地粮食作物害虫。防治大豆造桥虫、豆芫菁、草地螟、甜菜象甲、黏虫及大豆

其他害虫，每公顷用80%晶体或可溶性粉2.25 kg，兑水750～1 125 kg喷雾，或用5%敌百虫粉剂，每公顷30 kg喷粉。

③蔬菜害虫。防治菜粉蝶、小菜蛾、甘蓝夜蛾，每公顷用80%晶体或速溶性粉80～100 g，兑水50 kg喷雾。

④林业害虫。防治松毛虫每公顷用25%油剂2.25～3 kg超低量喷雾。

⑤地下害虫。防治地老虎、蝼蛄每公顷用有效成分0.75～1.5 kg制成毒饵，诱杀害虫。

6）注意事项。

①一般使用浓度0.1%左右对作物无药害，玉米、苹果对敌百虫较敏感，高粱、豆类特别敏感，容易产生药害，不宜使用。

②敌百虫遇碱毒性增大，故使用后不宜用肥皂洗手，应用清水冲洗干净。

③敌百虫对金属有腐蚀作用，喷药后，喷雾器要用清水冲洗干净。

④烟草收获前10天，水稻、蔬菜在收获前7天停止使用。

（2）敌敌畏。

1）理化性质。敌敌畏微溶于水，易溶于有机溶剂，其水溶液易水解，挥发性较强，遇碱易分解失效。

2）毒性。大白鼠经口LD_{50}为56～80 mg/kg，经皮LD_{50}为75～107 mg/kg。属中等毒性农药品种。

3）作用特点。作用方式以触杀、胃毒和熏蒸为主，兼有一定的渗透作用。

4）主要剂型。80%乳油、40%乳油、50%油剂、20%塑料块缓释剂。

5）使用方法。

①农业害虫的防治。

a. 用50%乳油1 000～1 500倍液或80%乳油2 000～3 000倍液喷雾，可防治蔬菜、果树上的蚜虫、红蜘蛛及水稻上的叶蝉、飞虱、黏虫、稻苞虫等。

b. 用80%乳油1 500～2 000倍液喷雾，防治菜青虫小菜蛾、甘蓝夜蛾、斜纹夜蛾、菜叶蜂、黄条跳甲、菜蚜、菜螟、苹果巢蛾、苹果卷叶虫、尺蠖、松毛虫、豆天蛾、黏虫、叶蜂等。

c. 用80%乳油1 000倍液喷雾，防治桃小食心虫、二十八星瓢虫、金花虫、萍螟、萍灰螟、萍象甲、萍丝虫、各种刺蛾、粉虱、烟青虫、介壳虫等。

d. 用50%油剂每公顷2.25～3 L喷雾，防治尺蠖、杨毒蛾、松毛虫等林木害虫。

②仓库害虫的防治。

用于储粮熏蒸及空仓、加工厂及器材等杀虫，80%乳油熏蒸实仓空间和空仓害虫每立方米用0.1～0.2 g；处理仓储器材每立方米0.2～0.3 g。施药后密闭时间2～5天。温度高时，挥发快，药效迅速；反之，则密闭时间应适当延长。敌敌畏对储粮堆垛的穿透较弱，不能用于熏蒸实仓。

6）注意事项。

①对高粱、玉米、月季花敏感，宜产生药害，施用浓度不宜过大。

②不可与碱性农药混合使用，在水中易分解，应随配随用。

③苹果开花后施药浓度高于1 200倍易发生药害。

④用于室内卫生害虫防治必须注意成人及儿童安全。

⑤口服对生命威胁较大，注意妥善保存。

（3）辛硫磷（phoxim）。商品名和其他名称维辛硫磷、倍腈松、肟硫磷。

1）理化性质。纯品为浅黄色油状液体，相对密度1.176，熔点5～6℃。20℃时水中溶解度为7 mg/L。在中性及酸性介质中稳定，在碱性介质中易分解、高温下易分解，光解速度快。

2）毒性。辛硫磷属低毒杀虫剂，原药大鼠急性经口LD_{50}为1 976～2 170 mg/kg，雄大白鼠经皮LD_{50}为1 000 mg/kg。对蜜蜂有触杀、熏蒸毒性；对七星瓢虫的卵、幼虫、成虫均有杀伤作用。

3）作用特点。辛硫磷是一种高效低毒有机磷杀虫剂，以触杀和胃毒为主。适用于防治地下害虫和桃小食心虫、梨小食心虫、玉米螟、小麦吸浆虫等，对虫卵和仓库以及卫生害虫也有一定的杀伤作用。

4）主要剂型。50%、45%辛硫磷乳油。

5）使用方法。茎叶喷雾：一般每亩用50%乳油1 000～2 000倍（有效成分12～15 g），兑水60 L喷雾，防治小麦蚜虫、棉蚜、菜青虫、蓟马、黏虫；果树上的蚜虫、苹果小卷叶蛾、葡萄斑叶蝉、尺蠖、粉虱、烟青虫等。每亩用25 g（有效成分）兑水50 L喷雾，可防治棉铃虫、地老虎、飞虱、松毛虫等。每亩用5～8 g（有效成分）兑水50 L喷雾，可防治尺蠖、刺蛾类等。

拌种用50%乳油100～165 mL，用5～7.5 kg水稀释后，拌麦种50 kg，可有效地防治蛴螬、蝼蛄等地下害虫，保苗效果好，可维持在20天以上。拌种亦可应用于玉米、高粱、谷子、花生及其他作物种子。

防治花生地下害虫可用50%乳油1 kg（有效成分500 g），拌直径2 mm左右的炉渣10 kg，配成5%辛硫磷毒砂，花生播种时，按每公顷30 kg撒入播种沟内，使药进入土表以下5～6 cm防治蛴螬，可保一播全苗。大豆播种时按每公顷37.5 kg毒沙与种子同时播种防治蛴螬。

6）注意事项。

①黄瓜、菜豆对辛硫磷敏感，甜菜亦较敏感，使用时应注意用药量。

②高粱对辛硫磷敏感，不宜喷撒使用；玉米田只可用于拌种防治地下害虫，或用颗粒剂防治玉米螟。

③辛硫磷见光易分解，因此，田间喷雾最好在傍晚或夜间进行；拌闷过的种子要避

光晾干，储存时放在暗处。拌种用药量应严格控制，不能随意加大，在稀释液加入种子堆时，宜随洒随拌，以免引起药害。

④不能与碱性农药混用。

(4) 甲拌磷（phorate）。商品名和其他名称为3911、西梅脱。

1) 理化性质。纯品为略有臭味的油状液体。能与醇类、酯类、醚类、四氯化碳、二甲苯等混溶。中性溶液中稳定，遇强酸或在碱性溶液中可以分解失效。工业品为黄色油状液体，有强烈的恶臭味。

2) 毒性。雄大鼠急性经口 LD_{50} 为2～4 mg/kg。对人、畜毒性很高，属剧毒农药品种。

3) 作用特点。甲拌磷为高毒、高效、广谱的内吸性杀虫杀螨剂，具有触杀、胃毒、熏蒸作用，对刺吸式口器和咀嚼式口器害虫都有效，对鳞翅目幼虫药效差。甲拌磷对人、畜有剧毒，只限用于棉花、甜菜、小麦、玉米、籽用油菜的拌种。不准用于蔬菜、果树、中药材等作物。

4) 主要剂型。60%、50%乳油，30%粉粒剂，3%、5%颗粒剂。

5) 使用方法。

①棉花害虫。一般用60%甲拌磷乳油按种子干重1%的用量浸种或闷种。可有效防治棉花苗期叶螨、蓟马等害虫，有效期在30～50天。

②甜菜害虫的防治。每50 kg甜菜种子用60%乳油350 mL（有效成分210 g）加水10 kg，用喷雾器往种子上喷药液。边喷边用锹翻拌种子，待充分拌匀后，摊开晾干或堆闷数小时后再摊开晾干，然后播种。可有效防治甜菜象甲、地老虎等害虫。

③高粱蚜虫防治：每公顷用5%的颗粒剂3 kg（有效成分150 g），掺细沙或土7.5～11.25 kg，在高粱地中，每12垄施药一垄，熏蒸防治蚜虫。

④油菜害虫的防治。用30%粉粒剂拌油菜种子，每公顷用0.9～1.2 kg（有效成分27～36 g），若与填充物、种子混拌。在拌种前要用少量水将种子闷湿，以利药剂沾附，且要混拌均匀，随拌随播。可使油菜苗期跳甲的为害减退95%以上。

6) 注意事项。

①甲拌磷对温血动物高毒，只能用于处理生长期较长的甜菜、棉花种子或土壤处理。禁止在粮食、果树和蔬菜作物上使用，严禁用喷雾法施药。

②拌种或浸种处理应远离住宅、畜舍、粮仓，操作人员应严格做好自身安全保护。

③播种时绝对不能用手接触毒种，最好使用播种器，并戴防毒手套。

④接触过甲拌磷的容器及工具须彻底洗净，播种后剩余的种子要深埋。

⑤不能与碱性药物混合使用。

(5) 乐斯本。商品名和其他名称为毒死蜱（chlorpyrifos）、杀死虫蓝珠。

1) 理化性质。原药白色颗粒状结晶，室温下稳定，有硫醇臭味，不溶于水，易溶于大多数有机溶剂。

2）毒性。原药大鼠急性经口 LD_{50} 为 163 mg/kg，属中等毒性农药，制剂 48%毒死蜱低毒，药剂对皮肤、眼睛有刺激性。

3）作用特点。毒死蜱具有触杀、胃毒和熏蒸作用。在叶片上的残留期不长，但在土壤中的残留期较长，因此对地下害虫的防治效果较好。在推荐剂量下，对多数作物没有药害，但烟草对其敏感。

4）主要剂型。40.7%和 48%乐斯本乳油，14%乐斯本颗粒剂。

5）使用方法。

①小麦麦蚜。每公顷用 48%乐斯本乳油 0.75～1.125 L 喷雾。

②棉铃虫。每公顷施用 100～170 mL 48%乐斯本乳油兑水喷雾。同时对棉叶螨、棉蚜具有兼治作用。

③蔬菜菜青虫。在 3 龄幼虫盛期，每公顷用 48%乐斯本乳油 1.2～1.8 L 喷雾。

④小菜蛾。在 2～3 龄幼虫盛期，每公顷用 48%乐斯本乳油 1.5～2.25 L 喷雾。

⑤斜纹叶蛾。在 3 龄前，每公顷用 48%乳油 600～900 mL 喷雾。

⑥桃小食心虫。在卵果率 0.5%～1%，初孵幼虫蛀果前，用 48%乐斯本乳油 960～1 200 倍液喷雾。

6）注意事项。

①不能与碱性农药混用。

②瓜苗对其敏感，有药害，应在瓜蔓 5 m 长后施用。

③对蜜蜂、鱼有毒，施药时应避开作物开花期，远离鱼池、水源施药。

（6）马拉硫磷（malathion）。其他名称为马拉松。

1）理化性质。原药易溶于水和有机溶剂。在中性和微酸性介质中比较稳定，在碱性或强酸性溶液中，迅速分解失效。遇铜、铁、铝、锡等金属会促使分解。所以马拉硫磷不能用金属器具盛装。

2）毒性。马拉硫磷属低毒杀虫剂。原药雌鼠急性经口 LD_{50} 为 1 751.5 mg/kg，雄大鼠经口 LD_{50} 为 1 634.5 mg/kg，大鼠经皮 LD_{50} 为 4 000～6 150 mg/kg，对蜜蜂有高毒，对人眼睛、皮肤有刺激性。

3）作用特点。马拉硫磷具有良好的触杀和一定的熏蒸作用，无内吸作用。进入虫体后氧化成马拉氧磷，从而更能发挥毒杀作用，而进入温血动物体内时，则被在昆虫体内所没有的羧酸酯酶水解，因而失去毒性，因此对人、畜安全。马拉硫磷毒性低，残效期短，对刺吸式口器和咀嚼式口器的害虫都有效。

4）主要剂型。45%、75%、90%马拉硫磷乳油，25%马拉硫磷油剂。

5）适用范围。在新疆地区主要应用于防治小麦、棉花、果树、蔬菜害虫及飞蝗和土蝗防治，也适用于仓储害虫防治。

6）使用方法。

①小麦类害虫的防治。防治黏虫、蚜虫，用45%乳油1 000倍液喷雾。

②棉花害虫的防治。防治棉盲蝽象，用45%乳油1 500倍液喷雾。

③果树害虫的防治。防治果树各种刺蛾、巢蛾、介壳虫、蚜虫，用45%乳油1 500倍液喷雾。

④蔬菜害虫的防治。防治菜青虫、菜蚜等，用45%乳油1 000倍液喷雾。

⑤林木害虫的防治。防治尺蠖、松毛虫、杨毒蛾等，每亩用25%油剂150～200 mL，超低容量喷雾。

⑥蝗虫。防治飞蝗和各类土蝗，用90%马拉硫磷乳油900 mL/公顷喷雾。

⑦卫生害虫。苍蝇用45%乳油250倍液按100～200 mL/m^2 用药；臭虫用45%乳油160倍液按100～150 mL/m^2 用药；蟑螂用45%乳油250倍液按50 mL/m^2 用药。

7）注意事项。

①本品易燃，在运输、储存过程中注意防火，远离火源。

②对鱼类和蜜蜂高毒，用过的药械不能在塘、渠中洗涤。在养蜂区，作物开花期不宜使用。

(7) 氧化乐果（omethoate）。其他名称为氧乐果。

1）理化性质。原药为无色或黄色油状体，易溶于水、丙酮、乙醇和烃类等多种溶剂。对热不稳定遇碱水解，在中性及偏酸性的介质中较稳定。

2）毒性。氧乐果属高毒杀虫剂，原药大鼠经口 LD_{50} 为50 mg/kg，急性经皮 LD_{50} 为700 mg/kg，无慢性毒性。对鱼低毒，对蜜蜂及食蚜蝇有毒杀作用。

3）作用特点。具有内吸、触杀和一定胃毒作用，击倒力快、高效、广谱，具有杀虫、杀螨等特点。氧乐果对抗性蚜虫有很强的毒效、对飞虱、叶蝉、介壳虫及其他刺式口器害虫具有较好防效。在低温下仍能保持杀虫活性，特别适合于防治越冬的蚜虫、螨类、木虱和蚧类等。

4）主要剂型。25%、40%、50%、80%乳油，25%、50%、80%可溶性液剂。

5）使用方法。防治小麦蚜虫、油菜蚜虫在盛发期用1 000倍液喷雾；对麦红蜘蛛、玉米截形叶螨有发生初期用2 000倍液喷雾；防治稻叶蝉、稻飞虱、稻蓟马等用40%乳油1 500倍液喷雾；防治棉蚜、棉红蜘蛛用800～1 500倍液喷雾或用药剂直接涂茎。

6）注意事项。

①氧乐果对其他作物的药害与乐果相同，使用时务必注意。

②40%氧乐果乳油能通过食道、呼吸道和皮肤引起中毒，治疗药剂为阿托品及解磷定。

③氧化乐果为高毒农药，尽量不在果树、蔬菜上使用，若应急使用，安全间隔期蔬菜10天，果树15天。

④遇碱易分解。

（8）乙酰甲胺磷。其他名称为高灭磷。

1）理化性质。纯品为白色结晶，熔点 90～92℃。工业品为白色吸湿性固体。具有很好的水溶性，易溶于甲醇、乙醇、二氯甲烷中，全溶于丙酮，在乙酸乙酯、苯、甲苯、乙醚中溶解度低。一般情况下比较稳定，在碱性溶液中易分解。

2）毒性。乙酰甲胺磷属低毒广谱性杀虫剂。工业品雄大白鼠急性经口 LD_{50} 为 945 mg/kg，雌大白鼠急性经口 LD_{50} 为 866 mg/kg，是替代甲胺磷、久效磷等高毒农药的理想品种。

3）作用特点。乙酰甲胺磷具有内吸、胃毒和触杀作用，并可杀卵，且有一定的熏蒸作用。在施药后初效作用缓慢，一般在 3 天后效果显著，后效作用强。与西维因、乐果等农药混用，尚有一定的增效作用，可延长持效期。其基本杀虫原理是抑制昆虫乙酰胆碱酯酶。

4）主要剂型。30%、40%乙酰甲胺磷乳油，25%、50%、75%乙酰甲胺磷可湿性粉剂。

5）使用方法。防治棉蚜，每公顷用 30%乙酰甲胺磷乳油 1.5～2.251 L，兑水750～1 125 kg 喷雾；对棉红蜘蛛，在发生初期每公顷用 40%乳油 1.875 L，兑水 1.5～2.251 kg 喷雾。防治蔬菜田菜青虫，在 2～3 龄幼虫高峰期，每公顷用 25%可湿性粉剂 750 g，兑水 750 kg 喷雾；对小菜蛾，在 1～2 龄幼虫盛发期，每公顷用 30%乳油 1.2～1.8 L，兑水 750 kg 喷雾。防治桃小食心虫、梨小食心虫，在卵孵初期，且田间卵果率达 0.5～1%时，用 30%乳油 500 倍液喷雾。

6）注意事项。

①不能与碱性农药混用。

②不宜在桑、茶树上使用；在青菜、白菜上使用时安全间隔期不少于 7 天。

③本品易燃，在运输或储存过程中要注意防火，远离火源。

④若有结晶析出，应摇匀或浸于热水中溶解后再使用。

三、氨基甲酸酯类杀虫剂

1. 氨基甲酸酯类杀虫剂的特点

氨基甲酸酯类杀虫剂是指化学分子中含有氨基甲酸酯的结构，并具有杀虫性能的一类有机化合物。这类杀虫剂杀虫范围不如有机磷杀虫剂广，一般不能用于防治螨类和介壳虫类，但能有效地防治叶蝉、飞虱、蓟马、棉蚜、棉铃虫、棉红铃虫、玉米螟以及对有机磷杀虫剂产生抗性的害虫。有些品种如呋喃丹还具有内吸作用，可以防治稻螟虫及稻瘿蚊等害虫。对鱼类比较安全，但对蜜蜂具有高毒，除涕灭威、呋喃丹对人、畜口服毒性较高外，其他氨基甲酸酯类杀虫剂对人、畜口服毒性和接触毒性都较低。这类药剂一般容易分解，在人、畜体内和环境中积累较少。

2. 常用氨基甲酸酯类农药品种及其使用技术

(1) 呋喃丹。商品名和其他名称为克百威（carbofuran）、呋喃丹、大扶农、虫螨威。

1) 理化性质。纯品为白色结晶，无臭味，熔点153～154℃。原药为淡黄褐色，有微弱的酯类气味。25℃时在水中溶解度为700 mg/kg，可溶于多种有机溶剂，难溶于二甲苯、石油醚、煤油。在碱性介质中不稳定，不易燃，但可点燃，无腐蚀作用。

2) 毒性。呋喃丹属高毒杀虫剂。原药大鼠急性经 LD_{50} 为8～14 mg/kg。对眼睛和皮肤无刺激作用。在试验剂量内对动物无致畸、致突变、致癌作用。对鱼、鸟高毒，对蜜蜂无毒害。

3) 作用特点。克百威是广谱性杀虫、杀线虫剂，具有触杀、胃毒和内吸作用。它与胆碱酯酶结合不可逆，因此毒性甚高。能被植物根部吸收，并输送到植物各器官，以叶缘最多。土壤中残效期长，稻田水面撒施残效期短。适用范围适用于水稻、棉花、烟草、大豆等作物上多种害虫的防治，也可专门用做种子处理剂。其毒理机制为抑制昆虫体内胆碱酯酶。

4) 主要剂型。75%原粉，35%种子处理剂，3%颗粒剂。

5) 使用方法。目前国内主要防治小麦田苗期蚜虫以及金针虫、蛴螬、蝼蛄等地下害虫。播种时用35%呋喃丹种衣剂按种子质量的0.2%拌种；对棉花、玉米田地下害虫，用35%种衣剂按种子质量的0.5%拌种。

新疆地区在碱性土壤低温高湿条件下拌种或包衣，棉花很容易产生药害，导致烂种缺苗。因此，在新疆地区呋喃丹拌种或包衣慎用。新疆主要用于防治玉米螟、高粱蚜虫等。在玉米上每公顷用药量为7.5～15 kg，并拌少量细土或细沙，防治时可选用废弃酒瓶，在塑料瓶盖上按梅花状排列5～7个小孔，每小孔直径1～2 mm。施药时将药装入酒瓶，拧紧瓶盖，沿垄边走边点施，每株点施一下，将药剂点施于玉米心叶内。这种方法防治玉米螟效果在90%以上，持效期长达20天以上。并可兼治玉米蚜、红蜘蛛等。在高粱上按相同方法使用，可兼治高粱蚜等多种害虫，防治效果也在90%以上。

6) 注意事项。

①克百威毒性高，储存、运输及施药时，必须按高毒农药规定，配戴安全防治用具进行操作。用药后要用肥皂粉清洗用具和手、脸。严禁喷施克百威。

②呋喃丹在水中会逐渐溶解，水解速度随pH值及温度升高而加快，故不可与碱性农药及肥料混用，否则易分解失效。

③呋喃丹仅限于棉花及小麦、玉米拌种，严禁大田喷施，严禁在其他作物田使用。

④解毒药品为阿托品，严禁使用解磷定。

(2) 丁硫克百威（carbosulfan）。商品名或其他名称为好年冬、威灵。

1）理化性质。丁硫克百威原药为棕色至棕褐色黏稠油状液体，能溶于二甲苯、甲苯等许多溶剂，在中性或弱碱性条件下稳定，乳液稳定性良好，可与大多数农药和肥料相混。

2）毒性。属中等毒杀虫剂。大白鼠雄性经口 LD_{50} 为 209 mg/kg。

3）作用特点。在昆虫体内代谢为有毒的克百威起杀虫作用。具有触杀、胃毒和内吸作用，杀虫谱广，见效快、持效期长。广泛用于果树、棉花、蔬菜、粮食类及其他多种经济作物上的蚜虫、蓟马、叶蝉等和钻蛀性害虫的防治，对各类蚜虫有特效。同时还具有促进作物生长，提前成熟，促进幼芽生长的作用。

4）主要剂型。20%、25%、48%乳油，25%、40%可湿粉，35%种衣剂。

5）使用方法。新疆地区该产品处于试验示范阶段，还未大面积推广应用。国内主要用于防治水稻、苹果、柑橘等作物蚜虫、蓟马、飞虱、潜叶蛾等害虫。苹果蚜虫：20%好年冬乳油 2 500～3 000 倍液喷雾，防治棉蚜和瘤蚜 1 500～2 000 倍液喷雾；蔬菜蚜虫、潜叶蝇：20%好年冬乳油 450～750 mL/公顷防治蚜虫、潜叶蝇。

6）注意事项。

①本品不能与酸性或强碱性物质混用，但可与中性物质混用。

②切忌误食，如果遇急性中毒，可用阿托品解毒，或送医院治疗。

③存放于阴凉干燥处，应避光、防水、避火源。

④喷洒时力求均匀周到，尤其是主靶标。

（3）硫双威。商品名和其他名称为硫双灭多威（thiodicarb）、拉维因硫双威。

1）理化性质。原药外观为白色至米黄色结晶，水中溶解度 35 mg/L，二甲苯中 0.3%。在生物活性土壤中的半衰期小于 2 天。避光稳定，硫双威水溶液在紫外光下易发生氧化和水解。

2）毒性。硫双威属中等毒杀虫剂。原药大鼠急性经口 LD_{50} 大于 200 mg/kg（雄）。硫双威为中等毒性氨基酸酯类杀虫剂，对鱼、鸟安全，无慢性中毒，无致癌、致畸、致突变作用，对作物安全。

3）作用特点。硫双威主要是胃毒作用，几乎没有触杀作用，无熏蒸和内吸作用，有较强的选择性，在土壤中残效期很短。对鳞翅目害虫有特效，并有杀卵作用，对棉蚜、叶蝉、蓟马和螨类无效，也可用于防治鞘翅目、双翅目及膜翅目害虫。

4）主要剂型。75%硫双威可湿性粉剂，37.5%硫双威悬浮剂。

5）使用方法。对棉铃虫卵盛期施药，每公顷用 75%硫双威可湿性粉 300～450 g 或 37.5%硫双威悬浮剂 600～900 mL/亩喷施，7 天后根据田间残虫量确定是否进行二次施药。当棉铃虫发生不整齐的情况下，选择在低龄幼虫达到防治指标时用药，每公顷用 75%硫双威可湿性粉 450～675 g 或 37.5%硫双威悬浮剂 0.9～1.35 L/公顷喷施。药剂对天敌瓢虫、草蛉较安全，是一种较为理想的防治棉铃虫的药剂，已在新疆进行示范推广。

6）注意事项。

①严禁与碱性农药混用。

②避光保存，不要接近火源。

③中毒后治疗用药为阿托品，不能使用解磷定及吗啡进行治疗。

（4）茚虫威（indoxacarb）。商品名和其他名称为安打（Avatar）。

1）理化性质。15%茚虫威悬浮剂为白色液体，相对密度 1.039，常温下储存稳定，保质期为 2 年。

2）毒性。茚虫威属低毒杀虫剂。30%茚虫威水分散粒剂大鼠急性经口 LD_{50} 1 867 mg/kg（雄）、687 mg/kg（雌）；大鼠急性经皮 LD_{50} 大于 5 000 mg/kg。无致癌、致畸和致突变作用。

3）作用特点。茚虫威是美国杜邦公司新近开发生产的一种新型氨基甲酸酯类杀虫剂。作用机制是通过阻断昆虫神经细胞内的钠离子通道，使神经细胞丧失功能。具有触杀和胃毒作用，与多数杀虫剂不存在交互抗性。选择性强，对哺乳动物、家畜低毒，对环境中的非靶生物等有益昆虫较安全，残效期短，在作物中残留低，可用于害虫的综合防治和抗性治理。适用于粮、棉、果、蔬等作物上的鳞翅目害虫。药效迅速，一般在药后 24～60 h 内害虫死亡。

4）主要剂型。15%、30%水分散粒剂，15%悬浮剂。

5）使用方法。

①防治棉铃虫。棉铃虫 3 龄幼虫前，每公顷用 30%茚虫威水分散粒剂 99～132 g 或 15%茚虫威悬浮剂 132～264 mL 对水喷雾。若棉铃虫世代交替，发生期长，7 天后再喷药一次。

②防治小菜蛾、菜青虫。在 2～3 龄幼虫期。每公顷用 30%茚虫威水分散粒剂 66～132 g 或 15%茚虫威悬浮剂 132～200 mL 兑水喷雾。

③防治甜菜夜蛾。低龄幼虫期每亩用 30%茚虫威水分散粒剂 66～132 g 或 15%茚虫威悬浮剂 132～264 mL 兑水喷雾。根据害虫危害的严重程度，可连续施药 2～3 次，每次间隔 5～7 天。清晨、傍晚施药效果更佳。

6）注意事项。

①施用后，害虫从接触到药液或食用含有药液的叶片到其死亡会有一段时间，但害虫此时已停止对作物取食和危害。

②按不同作用机制的杀虫剂交替使用，每季作物上建议使用不超过 3 次，以避免抗性的产生。

③药液配制时，先配置成母液，再加入药桶中，并应充分搅拌。配制好的药液要及时喷施，避免长久放置。

④应使用足够的喷液量，以确保作物叶片的正反面能被均匀喷施。

（5）抗蚜威（pirimicarb）。商品名和其他名称为抗蚜威、辟蚜雾。

1）理化性质。原药为白色无臭结晶体，易溶于有机溶剂，水溶液见光易分解。遇强酸强碱很快分解失效。对一般金属无腐蚀作用。

2）毒性。抗蚜威属中等毒杀虫剂。原药大鼠急性口服 LD_{50} 为 68～147 mg/kg，对皮肤和眼睛无刺激作用。无致畸、致突变、致癌作用，对鱼类、水生生物低毒；对蜜蜂和鸟类低毒，对蚜虫天敌的毒性也很低。

3）作用特点。具有触杀，熏蒸和叶面渗透作用。它是选择性强的杀蚜虫剂，能有效防治除棉蚜以外的所有蚜虫，对有机磷产生抗性的蚜虫亦有效。杀虫迅速，但残效期短。对作物安全，不伤天敌。适用于防治蔬菜、烟草、粮食作物上的蚜虫。

4）主要剂型。50%可湿性粉剂，50%可分散粒剂，10%发烟剂，5%颗粒剂。

5）使用方法。

①防治蔬菜蚜虫：每公顷用 50%可湿性粉 150～270 g，兑水 450～750 kg 喷雾。

②防治烟草蚜虫：每公顷用 50%可湿性粉 150～270 g，兑水 450～750 kg 喷雾。

③防治粮食及油料作物上的蚜虫：每公顷用 50%可湿性粉 90～120 g，兑水 750～1 500 kg 喷雾。

6）注意事项。

①抗蚜威在 20℃以上时有熏蒸作用，15～20℃时熏蒸作用随温度上升而增强；15℃以下时基本无熏蒸作用，只有触杀作用。对棉蚜基本无效。

②见光易分解，应避光保存。

③施药后 24 h 内，禁止家畜进入施药区。

④必须用金属容器装盛抗蚜威。

⑤使用不慎中毒，应立即就医，肌肉注射 1～2 mg 硫酸颠茄碱。

（6）涕灭威（aldicarb）。商品名和其他名称为铁灭克、神农丹。

1）理化性质。原药溶于水和大多数有机溶剂，在碱性介质中不稳定，对金属和塑料无腐蚀作用，不易燃烧。

2）毒性。对人畜毒性很强，属剧毒农药品种。对鱼类高毒，对鸟类、蜜蜂高毒。

3）作用特点。具有触杀、胃毒和内吸作用，能被植物根系吸收，传导到植物地上部各组织器官。速效性好，持效期长。撒药量过多或集中撒在种子及根部附近时，易出现药害。涕灭威在土壤中易被代谢和水解，在碱性条件下易被分解。适用于防治蚜虫、螨类、蓟马等刺吸式口器害虫和食叶性害虫，对作物各个生长期的线虫有良好的防治效果。

4）主要剂型。5%颗粒剂，15%颗粒剂。

5）使用方法。涕灭威属高毒农药，只限于作物沟施或穴施，在播种前或出土后根侧土中追施。国内广泛应用于棉蚜、棉盲蝽象、棉红蜘蛛、棉铃象甲、粉虱、蓟马、线虫等害虫的防治；沟施法：每公顷用15％颗粒剂15～22.5 kg或15％颗粒剂5～6 kg，掺细土75～150 kg，拌匀后按垄开沟，将药沙土均匀施入沟内，播下种子后覆土；根侧追施法：棉花出苗后，现蕾时追施，采用条施后穴施。距棉株10～15 cm开沟或开穴，每公顷有效成分0.9～1.8 kg，施后覆土。线虫的防治：在播种或作物生长期用穴施或沟施法，每公顷有效成分2.55～3 kg，大豆胞囊线虫每公顷有效成分1.5～2.25 kg，根结线虫每公顷用9～12 kg。

新疆主要用于室内花卉灭蚜，消灭棉蚜越冬蚜源。于10月下旬至11月上、中旬和春季三月份之前，开展室内花卉灭蚜。花卉用药数量可视花盆大小而定，大型花盆（直径35 cm以上）每盆15％铁灭克颗粒剂4～5 g，中型花盆（直径在20～25 cm）每盆2～3 g，小型花盆（直径在20 cm以下）每盆1～2 g，施药应在离花卉根系5 cm处，均匀挖3～4个穴将药施入埋土浇水即可。

6）注意事项。

①涕灭威为剧毒农药，作物收获前90天内不得使用，只允许在播种时施药1次。

②禁止在果树、蔬菜、茶叶等大多数作物上使用。仅限于地下水位低的地方，在棉花、花生、烟草、花卉等少数作物上使用。

③涕灭威严禁喷雾和拌种。

④涕灭威中毒的解毒药剂为硫酸阿托品。

四、拟除虫菊酯类杀虫剂

1. 拟除虫菊酯类杀虫剂的产品特性

这是模拟除虫菊花中所含的天然除虫菊素而合成的一类杀虫剂，由于它们的化学分子结构与天然除虫菊素相似，所以统称为拟除虫菊酯类杀虫剂。此类杀虫剂具有高效、杀虫谱广、对人畜和环境较安全的特点。重要的品种已达60多种，仍在发展之中。其作用方式主要是触杀和胃毒作用，无内吸作用，有的品种具有一定渗透作用。自20世纪80年代初在中国开始使用，短期内得到推广应用。但这类杀虫剂容易使害虫产生抗药性，对蚜虫有刺激作用，用药后会加速蚜虫的繁殖，不适于蚜虫的防治。目前，对华北地区的瓜（棉）蚜几乎丧失防治价值。

2. 常用拟除虫菊酯类农药品种及其使用技术

（1）功夫。商品名和其他名称为功夫、三氟氯氰菊酯（cyhalothrin）、高效氟氯氰菊酯、PP321。

1）理化性质。原药为米黄色无臭味固体，在275℃时分解，熔点49.2℃，不溶于水，溶于大多数有机溶剂。

2）毒性。功夫属中等毒杀虫剂。原药大鼠急性经口LD_{50}雌、雄分别为56 mg/kg和

79 mg/kg；对眼睛和皮肤有刺激作用，对动物无致畸、致突变、致癌作用。对蜜蜂和蚕剧毒，对鸟类低毒，对鱼类及其他水生生物剧毒。

3）作用特点。功夫是一种具有触杀、胃毒作用的拟除虫菊酯类杀虫杀螨剂，无内吸性。对鳞翅目多种害虫和刺吸式口器的害虫及害螨有良好防效，在田间虫螨并发时可以兼治。对天敌瓢虫、草蛉杀伤影响大。

4）主要剂型。2.5%乳油。

5）使用方法。新疆主要用于防治棉铃虫、烟青虫、菜青虫、果树食心虫、小菜蛾、黏虫、草地螟、地老虎等鳞翅目害虫，有较好的防治效果。

对于棉铃虫、菜青虫、玉米螟、小菜蛾等害虫，在低龄幼虫期用药，每公顷喷施2.5%功夫水乳剂 450～600 mL，根据虫情 7～10 天喷药一次。新疆地区棉铃虫建议在一、三代使用，二代慎用，对大龄幼虫也有一定的防治效果。

对于果树食心虫，在幼虫蛀果前用 2.5%功夫乳油 1 500～2 000 倍液喷雾，并可兼治蚜虫。

6）注意事项。

①不要作为专用杀螨剂使用。

②不要与碱性物质混用以及作土壤处理剂。

③对鱼、虾、蜜蜂、家蚕高毒，使用时不要污染鱼塘、河流、蜂场和桑园。

④在叶菜类蔬菜上的安全间隔期为 7 天。

（2）氯氰菊酯（cypermethrin）。商品名和其他名称为灭百可、兴棉宝、安绿宝。

1）理化性质。工业品微溶于水，易溶于己烷、丙酮等有机溶剂。遇碱分解，对光和热稳定。可与多种非碱性农药混用。

2）毒性。原药大白鼠口服 LD_{50} 为 251 mg/kg，对人、畜毒性中等。

3）作用特点。氯氰菊酯是一种广谱性杀虫剂，对害虫具有强烈的触杀和胃毒作用，还有一定的拒食作用。能明显抑制害虫卵的孵化，无熏蒸和内吸作用。残效期 10～15 天。

4）主要剂型。10%乳油。

5）使用方法。可防治棉花、果树、蔬菜、葡萄和其他作物上的鳞翅目、鞘翅目和双翅目害虫和家畜的体外寄生虫。

防治棉铃虫：在卵孵盛期幼虫钻蛀之前，用 10%氯氰菊酯乳油 450～750 mL/公顷喷雾，施药次数 1～2 次，残效期 7～10 天。同时可兼治蓟马。

防治菜青虫、小菜蛾：在 3 龄幼虫前，用 10%氯氰菊酯乳油 450～600 mL/公顷喷雾。

防治果树食心虫：用 10%氯氰菊酯乳油 2 000～4 000 倍液喷雾。

6）注意事项。

①果树收获前 14 天、其余作物收获前 8 天内停止用药。

②注意和非菊酯类农药交替使用。

③氯氰菊酯对蜜蜂、鱼类有毒。稻田及养蜂区内作物开花期不宜使用。

（3）顺式氰戊菊酯（esfenvalerate）。商品名和其他名称为来福灵、高效杀灭菊酯。

1）理化性质。原药为棕色黏稠液体，不溶于水，易溶于二甲苯、丙酮、氯仿等有机溶剂。常温下储存，稳定期两年以上。

2）毒性。原药大白鼠急性口服 LD_{50} 为 325 mg/kg，属中等毒性杀虫剂品种。

3）作用特点。具有触杀、胃毒作用，无内吸传导和熏蒸作用。它属于负温度系数农药，即在气温低时用药比气温高时，用药效果好，因此以午后、傍晚施药为宜。

4）主要剂型。5%来福灵乳油。

5）使用方法。新疆主要用于防治棉铃虫、烟青虫、菜青虫、果树食心虫、小菜蛾等鳞翅目害虫有较好的防治效果。

①棉铃虫：新疆地区灭杀棉铃虫，建议在一、三代使用，二代慎用，每公顷喷施 375～525 mL，对大龄幼虫也有一定的防治效果。

②菜青虫、玉米螟、小菜蛾：在低龄幼虫期用药，每公顷喷施5%来福灵乳油 225～450 mL，根据虫情 7～10 天喷药一次。

③果树食心虫：在幼虫蛀果前用5%来福灵乳油 2 000～3 000 倍液喷雾。

④尺蠖：于幼虫 2～3 龄期施药，用5%来福灵乳油 7 000～10 000 倍液喷雾。

（4）高效氯氰菊酯。

1）理化性质。工业品为白色或略带奶白色的晶体或粉末，难溶于水，能溶于二甲苯、煤油、环已烷等大多数有机溶剂。在弱酸性、中介性质中稳定，并有较高的热稳定性，常温下储存，稳定期可达两年以上。

2）毒性。大鼠急性经口 LD_{50} 为 640 mg/kg，本品对皮肤有轻微刺激，能引起过敏；对眼睛有中等刺激作用。

3）作用特点。高效氯氰菊酯的高效异构体，具有触杀和胃毒作用，杀虫谱广，击倒速度快，杀虫流行性较氯氰菊酯高。广泛用于防治棉花、蔬菜、果树等多种作物上的害虫，亦可用于室内卫生害虫的防治。

4）主要剂型。2.5%、4.5%高效氯氰菊酯乳油，27%高效氯氰菊酯乳油。

5）使用方法。

①棉铃虫：在卵孵盛期幼虫钻蛀之前，用4.5%高效氯氰菊酯乳油 600～750 mL/公顷喷雾，施药次数 1～2 次。同时可兼治蓟马。

②蔬菜害虫：防治菜青虫、小菜蛾幼虫 2～3 龄期进行防治，用4.5%高效氯氰菊酯乳油 300～600 mL/公顷喷雾；防治菜蚜在无翅蚜发生盛期，用高效氯氰菊酯乳油 300～450 mL/公顷喷雾防治。

③防治果树介壳虫：于介壳虫若虫期，用4.5%高效氯氰菊酯乳油 800～1 000 倍液

喷雾。对成虫、若虫混发果园，可混配内吸性较强的吡虫啉等药剂。

此外产品还广范应用于灭蚊、蝇、蟑螂等卫生杀虫剂。

（5）溴氰菊酯。商品名和其他名称为敌杀死，凯素灵，凯安保。

1）理化性质。纯品为白色斜方形针状晶体，熔点 101～102℃，常温下几乎不溶于水，溶于丙酮及二甲苯等大多数芳香族溶剂。在酸性介质中较为稳定，在碱性介质中不稳定，对光稳定。原药为白色无味粉末。

2）毒性。溴氰菊酯属中等毒杀虫剂。原药大鼠急性经口 LD_{50} 为 138.7 mg/kg，急性经皮 LD_{50} 大于 2 940 mg/kg，吸入 LC_{50}（半数致死浓度）为 600 mg/m^3。对皮肤无刺激作用，对眼睛有轻度刺激作用，但在短期内即可消失。在试验剂量内对动物无致畸、致突变、致癌作用。对鱼类、水生昆虫等水生生物高毒；对蜜蜂和蚕剧毒；对鸟类毒性较低。

3）作用特点。溴氰菊酯具有触杀兼胃毒作用，对鳞翅目幼虫和蚜虫有极强的毒力，但对螨类、甲虫类和蚧类效果不理想。

4）主要剂型。2.5%敌杀死乳油，1.5%、5%敌杀死超低量喷雾剂，2.5%敌杀死可湿性粉剂。

5）使用方法。防治棉铃虫在卵孵化高峰期用 2.5%敌杀死乳油 600～750 mL/公顷，兑水 750 kg 喷雾；防治瓜蚜、菜蚜在害虫盛发初期用 2 000～3 000 倍液喷雾；防治菜青虫在 3～4 龄幼虫高峰期用 3 000～4 000 倍液喷雾；防治苹果园桃小食心虫、苹小食心虫在卵孵初期用 2 500 倍液喷雾；防治梨园小食心虫在成虫发生盛期施用 2 500 倍液喷雾。

6）注意事项。

①不宜用于防治螨类、甲虫类、介壳虫类和粮食作物害虫。

②不能和碱性农药混用。

③对鱼类高毒，不宜于用稻田。

④不能在桑园、鱼塘、河流、养蜂场等处及其周围使用。

⑤温度低时溴氰菊酯防治效果更好，使用时应避开高温天气。

五、烟碱类杀虫剂

1. 烟碱类杀虫剂的产品特性

20 世纪 80 年代由德国拜耳公司成功开发出第一个烟碱类杀虫剂——吡虫啉。吡虫啉与原来的烟碱类杀虫剂具有同一必要结构残基，此类杀虫剂的作用机制是通过选择性控制昆虫神经系统烟碱型乙酰胆碱酯酶受体，阻断昆虫中枢神经系统的正常传导，从而导致害虫出现麻痹进而死亡。作用与烟碱的作用机制相同，这类化合物称为新烟碱类化合物。由于该类杀虫剂具有独特的作用机制，具有根部内吸性、触杀和胃毒作用，而且对哺乳动物毒性低，对天敌和环境安全，与常规杀虫剂没有交互抗性，选择毒性强、高救、广谱和与环境相容性好等特点，可有效防治同翅目、鞘翅目、双翅目和鳞趣目等害虫，既可用于茎叶处理、也可用于土壤种子处理，从而使其成为杀虫剂研究开发的大热点。到目前为止，新型烟碱类已有十几个产品投入商品使用。常用的产品主要有吡虫啉、啶虫咪、噻虫嗪、噻虫啉、呋虫胺等。

负面作用：干扰蜜蜂的神经系统，导致蜜蜂迷失方向、无法回巢而死亡。养蜂人把这种蜜蜂死亡的现象称为“疯蜜蜂病”。

2. 常用烟碱类农药品种及其使用技术

（1）吡虫啉（imidacloprid）。商品名和其他名称为艾美乐、康福多、大功臣、一遍净、蚜虱净、蚜虱清等。

1）理化性质。原药无色晶体，有微弱气味，熔点136.4～143.8℃，微溶于水。

2）毒性。吡虫啉履属低毒农药，大鼠急性经口LD_{50}为1 260 mg/kg，急性经皮LD_{50}大于1 000 mg/kg。对兔眼睛和皮肤无刺激作用，无致畸、致癌作用，对蚯蚓等有益动物和天敌无害，对环境较安全。

3）作用特点。吡虫啉是新一代氯代尼古丁杀虫剂，具有广谱、高效、低毒、低残留，害虫不易产生抗性，对人、畜、植物和天敌安全等特点，并有触杀、胃毒和内吸等多重作用。害虫接触药剂后，中枢神经正常传导受阻，使其麻痹死亡。产品速效性好，药后1天即有较高的防效，残留期长达25天左右。药效和温度呈正相关，温度高，杀虫效果好。主要用于防治刺吸式口器害虫。低剂量使用对天敌瓢虫、草蛉较安全。

4）主要剂型。10%、20、25%可湿性粉剂，70%水分散粒剂，20%可溶剂，70%拌种剂，45%微乳剂，20%水剂。

5）使用方法。

①棉蚜。

a. 棉蚜发生期，用70%吡虫啉水分散粒剂30 g/公顷或10%的吡虫啉可湿性粉剂150～300 g/公顷，兑水600～900 kg喷雾，同时可兼治蓟马、盲蝽。

b. 滴灌棉田可采用20%吡虫啉可溶剂在棉蚜发生初期600～900 mL/公顷随水滴施，防治效果可达90%以上，持效期可达30天以上，同时可兼治蓟马、盲蝽。

②果树介壳虫采用10%吡虫啉可湿性粉剂防治为害各种林木的介壳虫稀释2 000～4 000倍液。

③蔬菜蚜虫用70%吡虫啉水分散剂60 g/公顷或10%吡虫啉可湿性粉剂150～300 g/公顷兑水喷雾，防治蔬菜地粉虱用10%吡虫啉可湿性粉剂300 g/公顷兑水喷雾。

6）注意事项。

①不可与碱性农药或物质混用。

②使用过程中不可污染养蜂、养蚕场所及相关水源。

③适期用药，收获前一周禁止用药。

④如不慎食用，立即催吐并及时送医院治疗。

（2）啶虫咪（acetamiprid）。商品名和其他名称为莫比朗、金世纪、啶虫脒。

1）理化性质。本品为淡黄色结晶。熔点101～103℃，水溶解度4.2 g/L，易溶于丙酮、甲醇、乙醇等多数有机溶剂。在中性或微酸性介质中较稳定，常温下稳定。

2）毒性。啶虫咪原药属中等毒杀虫剂，大鼠急性经口 LD_{50} 为149～2 170 mg/kg，3%的啶虫咪乳油制剂为低毒，大鼠急性经口 LD_{50} 大于2 000 mg/kg，对人皮肤和眼睛无刺激性；动物试验无致突变作用，对鱼、蜜蜂影响小。

3）作用特点。啶虫咪是新型烟碱类杀虫剂。具有较强的触杀、胃毒和渗透作用，速效性好，残效期长。对刺吸式口器害虫蚜虫、蓟马、粉虱等有特效，药效期可达20天左右。同时，对天敌杀伤较小。

4）主要剂型。3%乳油，5%、10%、20%、80%的粉剂，20%的可溶性液剂，70%水分散粒剂。

5）使用方法。棉蚜发生期，用3%啶虫咪乳油300～450 mL/公顷，兑水600～900 kg喷雾，同时可兼治蓟马。防治蔬菜蚜虫，在蚜虫始盛期每公顷用3%啶虫咪乳油225～300 mL或5%啶虫咪可湿性粉剂135～180 g，兑水450 kg喷雾。防治黄瓜蚜虫每公顷用3%乳油600～750 mL。防治果树上蚜虫用3%乳油2 000～3 000倍液喷雾。

6）注意事项。

①对蚕有毒，不宜在桑园附近使用。

②不可与强硬性药剂混用。

（3）阿克泰。商品名和其他名称为噻虫嗪（thiamethoxam）阿克泰、快胜。

1）理化性质。纯品为白色结晶粉末，熔点139.1℃，微溶于水，易溶于多数有机溶剂。毒性属低毒杀虫剂，大鼠急性经口 LD_{50} 为1 563 mg/kg，对兔眼睛和皮肤无刺激作用。

2）作用特点。阿克泰是第二代新烟碱类杀虫剂，作用机制虽与吡虫啉第一代新烟碱杀虫剂相似，但具有更高的活性、安全性和更广的杀虫谱。是一种高效低毒、强内吸性广谱杀虫剂，具有胃毒和触杀作用，持效期长，适用于水稻、棉花、苹果、梨及多种蔬菜作物上蚜虫、木虱、粉虱、叶蝉等刺吸式口器害虫。对马铃薯甲虫、双斑萤叶甲等部分咀嚼式口器害虫也有较好的防治效果。

3）主要剂型。25%阿克泰水分散粒剂。

4）使用方法。

①葡萄斑叶蝉：25%阿克泰水分散粒剂7 500倍液，在若虫发生初盛期进行喷雾，全株均匀喷雾。

②梨木虱、果树蚜虫：蚜虫发生期，用25%阿克泰5 000～6 000倍液进行喷雾。

③蚜虫：每公顷施用25%阿克泰30～60 g，与吡虫啉、啶虫咪均匀喷雾。

5）注意事项。

①阿克泰在施药以后，害虫接触药剂后立即停止取食等活动，但死亡速度较慢，死虫的高峰通常在药后2～3天出现。

②由于用药量低，采用二次稀释法配药。

六、苯甲酰脲类杀虫剂

1. 苯甲酰脲类杀虫剂的产品特性

苯甲酰脲类杀虫剂也称昆虫生长调节剂，其杀虫特点：

（1）杀虫机制特殊。此类杀虫剂进入虫体后抑制幼虫表皮物质——几丁质的合成，使虫体无法长出新皮，造成昆虫无法蜕皮而死亡。由此可见苯甲酰脲类杀虫剂只对具的蜕皮习惯的昆虫发生作用。对不蜕皮的成虫无效，但可造成间接作用，如不育、产卵量减少、卵孵化率降低。

（2）选择性强。只对蜕皮昆虫有效，对大多数天敌昆虫、鱼虾等水生生物、蜜蜂等安全。

（3）低毒、低残留。几丁质是昆虫特有的表皮物质，其他动物没有这种物质，因此对人及动物毒性低，也不存在慢性中毒，在动植物体内容易分解，农产品上中残留量较低，对环境污染小。

（4）大多数品种不易产生抗性，与其他种类杀虫剂无交互抗性，但个别品种在连续使用后很快产生抗药性，如定虫隆对某些鳞翅目害虫。

（5）杀虫作用缓慢，此类杀虫剂是在昆虫蜕皮过程中才起作用，一般需要至少3天才能死亡，因此要提早在幼虫低龄期施药，且在害虫严重发生时，应与速效性杀虫剂配合使用。

（6）由于家蚕属于蜕皮昆虫，因此该类杀虫剂对家蚕高毒，在桑蚕区及其周围地区慎用。

目前使用的主要品种有：虱螨脲、氟铃脲、灭幼脲、定虫隆、除虫脲、氟虫脲、噻嗪酮等。

2. 常用苯甲酰脲类农药品种及其使用技术

（1）虱螨脲（lufenuron）。商品名为美除（match）。

1）理化性质。原药外观白色粉末，不溶于水，易溶于多数有机溶剂。

2）毒性。属低毒杀虫剂。

3）作用特点。虱螨脲（美除）是先正达公司研发的苯甲酰脲类新型杀虫剂。通过对几丁质的生物合成的抑制，影响昆虫表皮的形成而达到杀虫作用，对害虫以胃毒和触杀作用为主，对多种害虫天敌安全。具有杀卵、杀虫、成虫节育、选择性强、对天敌安全、持效期达长等特点，主要适用于甜菜夜蛾、斜纹夜蛾、棉铃虫等鳞翅目害虫。

4）主要剂型。5%乳油（每升含有效成分 5 g）。

5）使用方法。棉铃虫产卵高峰期到孵化盛期，按每公顷 450～675 mL 药液，兑水 450～675 L 均匀喷雾。第一次喷药后 7～10 天再喷一次，效果更佳。

6）注意事项。在作物旺盛生长期和害虫世代交替时，可酌情增加喷药次数。

（2）氟铃脲（hexaflumuron）。商品名或其他名称为盖虫散、抑杀净。

1）理化性质。原药白色晶体，熔点 202～205℃，不溶于水，遇碱和较强酸易分解，常温下储存较稳定。

2）毒性。氟铃脲原药和加工制剂都属于低毒杀虫剂，原药大鼠急性经口 LD_{50} 大于 5 000 mg/kg，试验条件下，无致突变、致畸作用。

3）作用特点。氟铃脲作用机制是抑制昆虫表皮几丁质的合成，使昆虫不能正常蜕皮或变态而死亡，产品具有胃毒和触杀作用，成虫接触药后，产下的卵不孵化或孵化成幼虫后很快死亡。适用于防治棉花和果树上的鳞翅目、鞘翅目、双翅目、同翅目等害虫，对棉铃虫属的害虫效果好于其他害虫。

4）主要剂型。5%氟铃脲乳油。

5）使用方法。

①棉花棉铃虫：于棉铃虫卵期和低龄幼虫期，施用 5%氟铃脲乳油 1.5～2.4 L/公顷，兑水 600～900 kg 喷雾。

②蔬菜：防治蔬菜小菜蛾、菜青虫、甜菜夜蛾，于卵盛期，2～3 龄虫前施用 5%氟铃脲乳油 0.75～1.125 L/亩，兑水 600～900 kg 喷雾。

③果树食心虫：于抽梢初期、卵盛期，幼虫钻蛀前用 5%氟铃脲乳油 1 500～3 000 倍液喷雾。

6）注意事项。

①产品易燃，在使用、运输、储藏过程中要注意安全。

②防治叶面害虫宜在低龄（1～2 龄）幼虫盛发期施药，钻蛀性害虫宜在卵孵盛期施药。

③施药时不要污染桑园、鱼塘及相关水源。

（3）灭幼脲（chlorbenzuron）。商品名称和其他名称为灭幼脲三号、扑蛾丹、蛾杀灵、劲杀幼。

1）理化性质。原粉为白色结晶，熔点 199～201℃，不溶于水，易溶于二甲苯等有机溶剂。遇碱和强酸易分解，常温下储藏较稳定。

2）毒性。灭幼脲属低毒杀虫剂，无致突变、致畸作用。对鱼类低毒，对天敌安全。

3）作用特点。该药剂主要是胃毒作用，触杀作用次之，残效期长达 15～20 天，耐雨水冲刷，在田间降解慢。对鳞翅目幼虫表现为很好的杀虫活性。对益虫和蜜蜂等膜翅目昆虫和森林鸟类几乎无害，但对赤眼蜂有影响。该类药剂被大面积用于防治桃树潜叶蛾、茶黑毒蛾、尺蠖、菜青虫、甘蓝夜蛾、小麦黏虫、玉米螟及毒蛾类、夜蛾类等鳞翅目害虫。同时，还发现用灭幼脲3号1 000倍液浇灌葱、蒜类蔬菜根部，可有效地杀死地蛆；对卫生防治厕所蝇蛆、死水湾的蚊子幼虫也有效。

4）主要剂型。25%悬浮乳油。

5）使用方法。

①防治森林松毛虫、舞毒蛾、舟蛾、天幕毛虫、美国白蛾等食叶类害虫用25%悬浮剂2 000～4 000倍均匀喷雾，飞机超低容量喷雾每公顷450～600 mL，在其中加入450 mL的脲素效果会更好。

②防治农作物黏虫、螟虫、菜青虫、小菜蛾、甘蓝夜蛾等害虫，用25%悬浮剂2 000～2 500倍液均匀喷雾。

③防治桃小食心虫、尺蠖等害虫用25%悬浮剂2 000～3 000倍液均匀喷雾。

6）注意事项。

①在2龄前幼虫期进行防治效果最好，虫龄越大，防效越差。

②产品于施药3～5天后药效才明显，7天左右出现死亡高峰。忌与速效性杀虫剂混配，使灭幼脲类药剂失去了应有的绿色、安全、环保作用和意义。

③灭幼脲悬浮剂有沉淀现象，使用时要先摇匀后加少量水稀释，再加水至合适的浓度，搅匀后喷用。在喷药时一定要均匀。

④不能与碱性物质混用，以免降低药效。

七、其他化学合成杀虫剂

（1）硫丹（thiodan）。其他名称为赛丹（endosulfan）。

在环境中它不会持久存在，不会在食物链中发生积累。无论在土壤还是水体里都能降解成无毒的代谢产物。该药近20多年来，在世界各地成功地应用于害虫的抗性治理和综合防治。

1）理化性质。纯品为白色结晶，原药有效成分含量94%以上，外观黄棕色固体。熔点为70～100℃。水中溶解度60～150 μg/L（20℃），甲苯中57%，二甲苯中45%。

2）毒性。原药大鼠急性经口LD_{50} 23～160 mg/kg，高毒。经皮LD_{50}大于500 mg/kg。对兔眼睛和皮肤有轻稍刺激，无致敏作用，无致畸、致突变。对蜜蜂低毒。

3）作用特点。广谱性杀虫剂。它是γ-氨基丁酸、单胺氧化酶及谷胱甘肽转移酶的抑制剂。具有触杀和胃毒作用，当气温在20℃以上时有一定的熏蒸作用。能渗透进入植物组织，但没有内吸传导作用。具有良好的选择性。适合棉花、果树、茶、烟草等作物上棉铃虫、棉蚜、苹果黄蚜、梨木虱、桃蚜、烟青虫、茶尺蠖、茶小绿叶蝉的防治。

4）使用方法。

①棉花害虫：防治棉铃虫每公顷用量 1.8～2.25 L，兑水 675 L 喷雾；防治棉花蚜虫，每公顷用药 1.2～1.5 L，兑水 675～900 L 喷雾。

②果树害虫：防苹果黄蚜、梨木虱用 1 500～2 000 倍稀释液喷雾，每公顷用水量 1 500～2 250 L。

5）注意事项。

①对鱼高毒，禁止在鱼塘周围施用，避免污染水体，引起鱼虾中毒。

②由于原药高毒，禁止飞机喷雾，地面喷雾也要求严格按照安全用药规程操作。

③食用和饲料作物在收获前 20 天停止用药。

（2）锐劲特。其他名称为氟虫腈（fipronil）。

1）理化性质。原药在 23℃时为白色粉末。20℃时相对密度 1.48～1.629，熔点 195.5～203℃，不易溶于水，易溶于丙酮、二氯甲烷、甲醇等有机溶剂。常温下储存稳定，对光不稳定。

2）毒性。锐劲特属中等毒性杀虫剂。原药大鼠急性经口 LD_{50} 为 97 mg/kg，急性经皮 LD_{50} 大于 2 000 mg/kg。对皮肤和眼睛无刺激性。无致畸、致癌和致突变作用，对鱼、虾、蟹、蜜蜂高毒。对家畜和人较安全，对家蚕毒性较低。

单元 3

3）作用特点。锐劲特是一种苯基吡唑类杀虫剂，杀虫谱广，对害虫以胃毒作用为主，兼有触杀和一定的内吸作用，其杀虫机制在于阻碍昆虫 γ-氨基丁酸控制的氯化物代谢，因此对蚜虫、叶蝉、飞虱、鳞翅目幼虫、蝇类和鞘翅目等重要害虫有很高的杀虫活性，对作物无药害。该药剂可施于土壤，也可叶面喷雾。施于土壤能有效地防治玉米金针虫、地老虎、根叶甲。叶面喷洒时，对小菜蛾、菜粉蝶、马铃薯花斑虫、稻蓟马等均有高水平防效，且持效期长。同时适于用于农牧区飞蝗、土蝗防治，对家禽和家畜较安全。

4）主要剂型。5％锐劲特悬浮剂，0.3％锐劲特颗粒剂，5％和 25％锐劲特悬浮种衣剂，0.4％锐劲特超低量喷雾剂和 0.05％蟑螂胶饵剂。

5）使用方法。

①小菜蛾。蔬菜、油菜上的小菜蛾处于低龄幼虫期施药，每公顷用 5％锐劲特悬浮剂 270～450 mL（有效成分 13.5～22.5 g）加水均匀喷雾，喷雾时要全面，使药液喷到植株的各部位。

②防治水稻害虫。防治二化螟、水稻蓟马、稻黑蝽、褐飞虱、白背飞虱、稻象甲，每公顷用 5％锐劲特悬浮剂 450～600 mL（有效成分 22.5～30 g）。防治水稻蝗虫每公顷用 150～225 mL（有效成分 7.5～11.25 g）。防治三化螟每公顷用 600～900 mL（有效成分 30～45 g）。防治稻水象甲每公顷用 0.9～1.2 L（有效成分 45～60 g），防治稻纵卷叶螟每公顷用 450～750 mL（有效成分 22.5～37.5 g）。

③防治马铃薯花斑虫。每公顷用 5％锐劲特悬浮剂 270～525 mL 兑水喷雾使用。

④防治蝗虫：5％锐劲特悬浮剂，每公顷用量为 75～150 mL。

6）注意事项。

①锐劲特对虾、蟹、蜜蜂高毒，饲养上述动物的地区应谨慎使用。

②施药时应佩戴口罩、手套等，严禁吸烟和饮食。避免药物与皮肤和眼睛直接接触，一旦接触，应用大量清水冲洗。

③施药后要用肥皂洗净全身，并将作业服等保护用具用强碱性洗涤液洗净。如发生误食，需催吐并携此标签尽快求医，苯巴比妥类药物可缓解中毒症状。

（3）甲维盐。商品名和其他名称为甲胺基阿维菌素苯甲酸盐（emamectin benzoate）、威克达、proclaim（banleptm）。

1）理化性质。原药为白色或淡黄色结晶粉末，熔点 141～146℃，不溶于水，易溶于丙酮和甲醇、乙醇等有机溶剂。在通常储存的条件下对热稳定，对光不稳定，在强酸强碱条件下不稳定。

2）毒性。原药按中国毒性标准分类为中等毒，制剂为微毒或低毒，原药对大鼠急性经口 LD_{50} 为 92.6 mg/kg，大鼠急性经皮 LD_{50} 为 2 150 mg/kg，致突变 Ames 试验、微核试验及小鼠精子畸形试验均为阴性，原药对家兔皮肤无刺激性，对家兔眼睛有轻度刺激性。

3）作用特点。甲维盐是由阿维菌素 B_1 合成的一种新型高效半合成抗生素类杀虫剂，具有超高效、低毒、无残留、无公害等生物农药特点。作用机制是增强神经递质如谷氨酸盐和 γ-氨基丁酸的作用，从而使大量的氯离子进入神经细胞，使细胞功能丧失，扰乱神经传导，幼虫在接触药剂后很快停止取食，发生不可逆转的麻痹而死亡。主要作用方式是胃毒作用，并兼有一定的触杀作用，不具有杀卵功能。对鳞翅目昆虫的幼虫活性抑制极高，用量极小，药效期长，易降解，对环境无污染、无残留。在非常低的剂量下具良好的效果，对节肢动物益虫没有伤害，对作物安全。适用于果树、蔬菜、园林、棉花、水稻作物鳞翅目、同翅目和双翅目害虫的防治。

单元 3

4）主要剂型。0.5%、1%微乳剂，0.2%高渗乳油，1%、2%乳油，2%、5%速溶性片剂等。

5）使用方法。

①棉铃虫。在棉铃虫卵孵化盛期和低龄幼虫期有效成分用药量为 7.5～11.25 g/公顷，新疆一般用 1%威克达乳油 375 mL/公顷兑水喷雾，对大龄幼虫也有一定的防治效果，同时可兼治棉叶螨。

②甜菜夜蛾。有效成分用药量为 2.25～3.75 g/公顷，新疆地区一般用 1%乳油 2 000～3 000 倍喷雾。

③菜青虫的防治。有效成分用药量为 1～2 g/公顷，新疆一般用 1%乳油 4 000～8 000 倍喷雾。

6）施用时间。可用于整个害虫为害期，但应提倡早用药，可在卵孵盛期时或低龄幼虫发育初期使用，傍晚施药更有利于药效的充分发挥。

7）注意事项。

①应轮换使用不同类别或不同作用机制的杀虫剂，以延缓抗性的发生。

②禁止和百菌清、代森锌混用。

③避免在高温和强光下使用，以减少雾滴蒸发和有效成分的分解，在卵孵化盛期及幼虫期施药。

④对鱼类、水生生物敏感，对蜜蜂高毒，使用时避开蜜蜂采蜜期，不能在池塘、河流等水面用药或不能让药水流入水域。

八、微生物（源）杀虫剂

1. 微生物杀虫剂的特点

利用细菌、真菌、病毒和微孢子虫等来控制防治害虫，这些微生物就称为病原微生物。利用微生物的发酵产物生产的杀虫物质称为抗生素，这些病原微生物和抗生素都来源于微生物，因此统称为微生物源杀虫剂。目前世界上已分离出昆虫病原细菌 90 多种和变种，已知的昆虫病原真菌有 530 余种，已知的病原病毒达 700 种以上，这么多的病原微生物中，商品化的只有苏云金杆菌、白僵菌、绿僵菌、NPV 病毒等少数几种。用于防治害虫的微生物（源）杀虫剂一般具有选择性强，对人畜安全，对生态环境影响小等特点。有的品种虽然原药毒性高，但由于每亩有效成分用量很低，因此，加工成制剂使用也是安全的。微生物（源）杀虫剂的不足之处是应用效果受环境影响大，药效发挥慢，控制有害生物的范围较窄，产品有效期短、质量稳定性较差，防治暴发性害虫效果差等。

2. 常用微生物杀虫剂品种及其使用技术

（1）阿维菌素。其他名称为齐墩螨素、爱福丁、除虫菌素、虫螨克、害极灭、菜蛾灵、菜农乐、杀虫丁等。

1）理化性质。本品为白色或浅黄色结晶，熔点 157～162℃，溶于甲苯、乙酸乙酯、丙酮、三氯甲烷、乙醇等溶剂，微溶于正已烷和石油醚，在水中的溶解度极低（10 g/L）。

2）毒性。原药大鼠急性经口 LD_{50} 为 10 mg/kg，属高毒杀虫剂。但加工成制剂后多数为低毒，故可以用在一般无公害蔬菜、水果等作物中。对皮肤无刺激作用，对眼睛有轻微刺激作用。在试验剂量内对动物无致畸、致癌、致突变作用。对水生生物、蜜蜂高毒，对鸟类低毒。

3）作用特点。阿维菌素由放线菌经发酵产生的代谢产物大环内酯类抗生素杀虫、杀螨剂，具有触杀、胃毒和渗透作用，无内吸和杀卵作用。杀虫机制是干扰害虫神经生理活动，使昆虫麻痹、拒食，失去为害作物的能力，2～3 天后死亡。对叶螨和潜叶蝇活性极高。具有层移活性，能渗入作物叶片组织中，表皮薄壁细胞内形成药囊，长期储存，因此持效期较长。阿维菌素在土壤和水中易降解，不会污染环境，在生物体内也无积累和持久性残留，所以阿维菌素属于无公害农药。适用于防治蔬菜、粮食、果树、茶叶等作物上叶螨、梨木虱、斑潜蝇、小菜蛾、线虫等害虫。

4）主要剂型。1.8%阿维菌素乳油。

5）使用方法。

①棉叶螨。棉花苗期点片防治时，用1.8%阿维菌素乳油1 500～2 000倍液喷雾。大面积发生虫害时，用1.8%阿维菌素乳油150～300 mL/公顷，兑水900～1 200 kg均匀喷雾。由于阿维菌素对成螨和若螨有效，对卵无效，建议施药7～10天后再用药一次，或与尼索朗、四螨嗪等杀卵剂混合使用。

②蔬菜害虫。斑潜蝇：用1.8%阿维菌素乳油3 000～5 000倍液兑水喷雾；防治小菜蛾用1.8%阿维菌素乳油2 000～3 000倍液兑水喷雾；防治菜青虫用1.8%阿维菌素乳油4 000倍液兑水喷雾。

③果树。防治果树害螨用1.8%阿维菌素乳油8 000～10 000倍液兑水喷雾，防治梨木虱用1.8%阿维菌素乳油6 000～8 000倍液兑水喷雾。

6）注意事项。

①该药杀虫杀螨速度较慢，一般在施药后3天出现死虫高峰。

②对鱼类高毒，不要污染河流、水塘。

③不要在蜜蜂采蜜期施药。

（2）棉铃虫NPV。其他名称为棉铃虫核型多角体病毒（HaNPV）。

1）理化性质。外观为黄色粉末，无团块，相对密度1.1。在50℃时15天棉铃虫NPV活性保留88.5%。

2）毒性。属微毒型杀虫剂。制剂急性经口毒性LD_{50}均大于5 000 mg/kg；对大耳兔及豚鼠眼睛均呈现无或轻度刺激作用。

3）作用特点。该产品是一种新型活体病毒杀虫剂，是由活体昆虫感染病毒致病后，经加工制成。其杀虫机制实质是棉铃虫NPV在虫体内复制增殖的过程。棉铃虫幼虫取食感染病毒瘾NPV，病毒粒子在棉铃虫体内大量复制和侵染虫体全身其他细胞，最终将虫体溶解，脓化死亡。病死的虫体中含有大量的病毒，在棉铃虫种群中蔓延，形成棉铃虫的“瘟疫”，导致害虫种群中大量个体死亡。产品专化性很强，只对靶标害虫具有毒杀作用，对其他各类有益生物如蜜蜂、天敌昆虫等非常安全，对人、畜安全，不污染环境，长期使用不产生抗性。主要用于防治棉花、大豆、烟草、番茄、辣椒等作物上的棉铃虫、烟青虫。

4）主要剂型。600亿PIB/g水分散粒剂，10亿、20亿、50亿PIB/g可湿性粉剂。

5）使用方法。在棉铃虫卵盛期施药，使用科云600亿PIB/g的NPV30 g/公顷兑水喷雾，或使用20亿PIB/gNPV的600～750 g/公顷兑水喷雾。在棉铃虫发生重、发生期不整齐情况下需连续施药2次，每次间隔5～7天。

6）注意事项。

①配药时应先用少量水对药剂进行稀释，使其完全溶解并混匀，作二次稀释后再倒入药箱，搅拌均匀。

②对太阳光中的紫外线敏感，施药尽量避免阳光直射。建议早、晚和阴天施药。

③不能与碱性物质混用。

④储存于干燥、避光、阴凉通风的仓库中，储藏温度不宜高于40℃。

（3）苏云金芽孢杆菌。其他名称为千胜、BT。是包括许多变种的一类产晶体的芽孢杆菌。

1）理化性状。原药为黄褐色固体，是一种细菌杀虫剂，属好气性蜡状芽孢杆菌群，在芽孢内产生伴孢晶体。

2）毒性。为低毒杀虫剂。对动物、鱼类和蜜蜂安全。

3）产品特点。主要是胃毒作用。苏云金芽孢杆菌可产生两大类毒素：内毒素（即伴孢晶体）和外毒素。伴孢晶体是主要毒素。当害虫摄入含有内毒素的食物进入碱性中肠后，可使肠道在几分钟内麻痹，停止取食，并很快破坏肠道内膜，侵入血淋巴，最后使害虫因饥饿或败血症而死亡。外毒素（α、β和γ外毒素）作用是干扰抑制害虫蜕皮和变态时有关酶的合成，从而影响害虫的生理生化进程。适用于棉花、蔬菜、果树、森林等防治棉铃虫、小菜蛾、菜青虫、尺蠖等鳞翅目幼虫。

4）主要剂型。8 000 IU/mg、16 000 IU/mg可湿性粉剂，2 000 IU/μL、4 000 IU/μL悬浮剂。

5）使用方法。

①棉铃虫。于棉铃虫卵孵化盛期，用16 000 IU/mg可湿性粉剂1.2～1.5 L/公顷，兑水600～900 L均匀喷雾。

②蔬菜害虫。防治小菜蛾，在卵孵盛期用16 000 IU/mg可湿性粉剂1 000～1 600倍液喷雾，药液量750 kg/公顷；防治菜青虫，在卵孵盛期用16 000 IU/mg可湿性粉剂1 500～2 000倍液喷雾，药液量50 kg。

③森林害虫。各种松毛虫、杨树舟蛾、毒蛾、尺蠖等森林食叶害虫在2～3龄幼虫发生期，用8 000 IU/mg可湿性粉剂800～1 200倍液或16 000 IU/mg可湿性粉剂1 000～1 600倍液均匀喷雾。飞机喷雾每hm^2用菌量600～1 200万IU（8 000 IU/mg可湿性粉剂0.75～1.5 kg/公顷）。

6）注意事项。

①在害虫卵孵盛期至2龄前用药，30℃以上施药效果最好，对大龄幼虫慎用。

②不宜与杀菌剂或内吸性有机磷杀虫剂混用。

③对蚕高毒，应避免在养蚕区及其附近使用。

④药剂储存在25℃以下的阴凉干燥处，防止暴晒或潮湿，以免变质。

（4）多杀霉素。其他名称为多杀菌素、菜喜、催杀。

1）理化性质。水中溶解度为235 mg/L（pH7），能以任意比与醇类、脂肪烃、芳香烃、卤代烃、酯类、醚类和酮类混溶；对金属和金属离子在28天内相对稳定。在环境中通过多种途径降解，主要是光降解和微生物降解，见光易分解，水解较快，水中半衰期为1天；在土壤中半衰期为9～10天。

2）毒性。药剂属微毒杀虫剂，原药对雌性大鼠急性口服LD_{50}大于5 000 mg/kg，雄性为3 738 mg/kg，兔急性经皮LD_{50}大于5 000 mg/kg。对皮肤无刺激，对眼睛有轻微刺激，2天内可消失。多杀菌素安全性高，在环境中可降解，无富集作用，不污染环境。

3）作用特点。作用机制是烟酸乙酰胆碱受体的作用体可以持续激活靶标昆虫乙酰胆碱烟碱型受体，但是其结合位点不同于烟碱和吡虫啉，多杀霉素也可以影响GABA受体，但作用机制不清，可使害虫迅速麻痹、瘫痪，最后导致死亡。对害虫具有快速的触杀和胃毒作用，无内吸作用。但对叶片有较强的渗透作用，可杀死表皮下的害虫，残效期较长，与目前常用杀虫剂无交互抗性，对一些害虫具有一定的杀卵作用。多杀霉素是一种低毒、高效、广谱、低残留的生物杀虫剂，能有效地防治鳞翅目、双翅目和缨翅目害虫，也能很好地防治某些大量取食叶片的鞘翅目和直翅目害虫，对刺吸式害虫和螨类的防治效果较差。对捕食性天敌昆虫比较安全，对植物安全无药害，对有益虫和哺乳动物安全。

4）使用方法。

①防治棉铃虫。在棉铃虫低龄幼虫期施药，每公顷用48%催杀悬浮剂120～180 mL兑水，每公顷用药液量600 L均匀喷雾。

②防治小菜蛾。在低龄幼虫盛发期用2.5%悬浮剂1 000～1 500倍液均匀喷雾，或每公顷用2.5%悬浮剂500～750 mL兑水300～750 kg均匀喷雾。

③防治甜菜夜蛾。于低龄幼虫期，用2.5%悬浮剂0.75～1.5 mL/公顷兑对水均匀喷雾，傍晚施药效果最好。

④防治蓟马。于发生期时用2.5%悬浮剂500～750 mL/公顷兑水300～750 kg喷雾，或用2.5%悬浮剂1 000～1 500倍液均匀喷雾，重点在幼嫩组织如花、幼果、顶尖及嫩梢等部位。

5）注意事项。

①对鱼或其他水生生物有毒，应避免污染水源和池塘等。

②药剂储存在阴凉干燥处。

③最后一次施药距收获的时间为7天。避免喷药后24 h内遇降雨。

④应注意个人的安全防护，如溅入眼睛，立即用大量清水冲洗。如接触皮肤或衣

物，用大量清水或肥皂水清洗。如误服不要自行催吐，切勿为神志不清或发生痉挛患者催吐，应立即将患者送医院治疗。

（5）绿僵菌（metarhizium anisopliae，OMS）。其他名称为克洛卡、金龟子绿僵菌。

1）理化性质。原药为金龟子绿僵菌孢子粉。灰绿色微粉，有分散性，活孢率≥90%，有效成分（绿僵菌孢子）＞99.0%，孢子粒径≤60 μm（99.9%孢子），孢子数量≥5×10^{10} cfu/g，感杂率（其他杂菌）≤0.1%。

2）毒性。大白鼠急性经口，急性经皮试验，绿僵菌孢子粉及其制剂对人体属微毒类，对眼睛、皮肤刺激试验结果表明不具刺激性、弱致敏性以及无致病性。对蝗虫的天敌蚂蚁、蜘蛛和步甲等非靶标生物无明显影响，对人畜安全、不污染农田和水域环境；对草鱼、金鱼、蜜蜂、家蚕、虾、小鸡、小鸭等均无明显毒害作用或不良影响。

3）作用特点。该产品有效成分为金龟子绿僵菌孢子（菌株编号 CQMa102），能直接穿透昆虫表皮，以触杀方式侵染并杀死东亚飞蝗等多种蝗虫。在蝗虫体内增殖、体外产孢，环境条件适宜时能再次侵染蝗虫，在条件适宜时可以在田间蝗虫种群间持续侵染扩散。由于产品对人、畜、家禽、蜜蜂、鱼、虾等较安全。可广泛应用于农田、草地、河滩、湖库区各类飞蝗和土蝗的防治。具有杀蝗谱广、保护天敌、环境安全和防治成本低等优点。

4）主要剂型。100 亿/mL 杀蝗绿僵菌油悬浮剂。

5）使用方法。目前我国绿僵菌的应用以农牧区蝗虫防治为主，已开展了广泛的试验示范，效果较好。在蝗蝻期，将油剂按一定比例兑 100 亿/mL 杀蝗绿僵菌油悬浮剂稀释，采用泰山 18 型等背负式机动喷雾器或农用“运五”飞机超低喷雾。使用剂量为 1 L/公顷，最佳施药时期为 3～4 龄蝗蝻期，应避免在大风天气施药，以免影响药液沉降和在虫体表面有效附着。

6）注意事项。

①不要与强碱性农药混合使用。

②产品耐热性能较差，不要在高温下储存。

③施药时应戴上面罩或口罩以避免药渍入眼。

九、植物源杀虫剂

1. 植物源杀虫剂的特点

植物源农药实际上就是利用天然中草药经过筛选配方而研制成的一种“生物农药”，与环境和谐度高。其主要特点为：

（1）植物源农药对人畜安全。

（2）在自然环境下易分解，残留量低。

（3）是天然的混配复剂，对害虫有拒食、忌避、抑制生长发育、控制种群等作用，害虫不易产生抗性。它的优势在于既能调节农作物的生长发育，防治病虫害，又没有化学农药的诸多副作用。

很多植物体内含有杀虫活性物质，可以用做杀虫剂，如我国古代就曾使用艾蒿叶熏蚊蝇。除直接利用含有杀虫物质的植物的某些部位，如除虫菊花、鱼藤的根破碎成粉状或用水浸出液作杀虫剂使用外，还可用化学溶剂将植物中的杀虫活性物质提取出来，加工成合适的剂型使用。但存在着生产企业规模小，效果反应慢，品种单一，制剂化困难，产品质量不稳定，应用推广存在一定难度，防治成本相对较高等问题。因此，在我国大面积推广应用的品种和产品较少。

2. 常用植物源杀虫剂品种及其使用技术

目前烟碱、苦参碱、苗楝素、茼蒿素和茶皂素等16种植物农药已正式登记注册，生产厂家达46家。

3. 目前新疆推广使用的植物源杀虫剂

（1）苦参碱（matrine）。其他名称为绿宝清、百草一号、绿宝灵、维绿特、碧绿、苦参素。

1）理化性质。是由中草药植物苦参的根、茎叶、果实经乙醇等有机溶剂提取制成的，其成分主要是苦参碱、氧化苦参碱等多种生物碱。纯品为白色粉末。

2）毒性。产品为低毒杀虫剂。原药大鼠急性经口、经皮 LD_{50} 均大于 5 000 mg/kg。对动物和鱼类安全。无致突变作用，无胚胎毒性，无致畸作用。有弱蓄积性。

3）作用特点。苦参碱属广谱性植物杀虫剂，害虫接触药剂后可使神经中枢麻痹，蛋白质凝固堵塞气孔窒息而死。对人畜低毒，具触杀和胃毒作用，对各种作物上的菜青虫、蚜虫、红蜘蛛等有明显防治效果，也可防治地下害虫。

4）主要剂型。0.36%、0.38%、1%苦参碱可溶性液剂，0.38%苦参碱乳油，1.1%苦参碱粉剂。

5）使用方法。

①防治棉花红蜘蛛：于叶螨发生期用0.2%苦参碱水剂 3.75～15 L/公顷，兑水900～2 000 kg 均匀喷雾。

②防治果树红蜘蛛：开花后，红蜘蛛越冬卵开始孵化至孵化结束期间，是防治适期。

③各种松毛虫、杨树舟娥、美国白娥等森林食叶害虫在2～3龄幼虫发生期，用1%苦参碱可溶性液剂 1 000～1 500 倍液均匀喷雾。

④菜青虫：在1～2龄幼虫时施药防治，用0.3%苦参碱水剂 7.5～10.5 L/公顷或者1%水剂 750～1 125 mL，加水 100～750 kg 进行喷雾。对低龄幼虫效果好，对4～5龄幼虫效果较差。

6）注意事项。

①速效性差，在害虫低龄期施药防治。

②严禁与碱性药混用，喷药后不久若降雨需再喷一次。

③储存在避光、阴凉、通风处，避免在高温和烈日条件下存放。

（2）茚楝素。商品名和其他名称为绿晶茚楝素、爱禾茚楝素、全敌。

1）理化性质。原药外观为深棕色半固体状，相对密度1.1～1.3，易溶于甲醇、乙醇、甲基特丁基、乙醚、丙酮，微溶于水、乙酸乙酯。制剂外观为棕色均相液体，相对密度0.9～0.98，pH 4.5～7.5，熔点154～158℃。

2）毒性。低毒，大鼠急性经口LD_{50}大于4 640 mg/kg，毒理试验结果无致畸、致癌及致突变作用。对人畜等温血动物无害及对害虫天敌安全。

3）作用特点。该药是从茚楝树中提取的植物性杀虫剂，具有拒食、忌避、内吸和抑制生长发育作用。主要作用于昆虫的内分泌系统，阻止若虫或幼虫的蜕皮；也可以直接破坏表皮结构或阻止表皮几丁质的形成，破坏或干扰卵、幼虫或蛹的生长发育；或干扰呼吸代谢，阻止成虫产卵及破坏卵巢发育，使成虫变为不育；改变昆虫的交尾及性行为等；对若虫、幼虫及成虫有拒食作用。是一种高效、广谱、无污染、无残留、不易产生抗药性的新型生物农药。可广泛应用于棉花、蔬菜、果树等作物上红蜘蛛、小菜蛾幼虫、菜青虫、蚜虫等害虫的防治，其特点为击倒快且持效期长。

4）主要剂型。0.3%、0.5%茚楝素乳油。

5）使用方法。防治十字花科蔬菜小菜蛾，在小菜蛾发生危害期，于1～2龄幼虫盛发期及时施药。可用0.3%印楝素乳油800倍液喷雾。根据虫情约7天可再防治一次或使用其他药剂。

新疆农六师等地区已进行了茚楝素防治棉田叶螨试验，效果较好，对害螨天敌捕食螨类、捕食蓟马、瓢虫安全。在棉叶螨发生期，用0.3%印楝素乳油1 000～1 200倍液均匀喷雾，每公顷用药液量900 kg。

6）注意事项。

①不宜与碱性农药混用。

②该药作用速度较慢，要掌握施药适期，不要随意加大用药量。

③在清晨或傍晚施药。

（3）蛇床子素（osthole）。其他名称为天惠虫清。

1）理化性质。蛇床子素为伞形科植物蛇床的干燥成熟果实蛇床子，经提取而得的，以蛇床子素为主要活性成分的植物源杀虫剂。2%蛇床子素母药外观为绿色至深墨绿色黏稠液体。在酸性致弱碱性的溶液中稳定。纯品熔点83～84℃；沸点145～150℃。不溶于水，易溶于丙酮、甲醇、乙醇、三氯甲烷、乙酸乙酯，可溶于沸的石油醚。在通常储存条件下稳定。

2）毒性。原药按中国毒性标准分类为低毒，制剂为微毒，制剂对雌雄鼠急性经口

LD_{50}大于 5 000 mg/kg，大鼠急性经皮 LD_{50}大于 2 000 mg/kg。对蜜蜂、鸟高毒，对家蚕剧毒。

3）作用特点。蛇床子素为广谱性植物源杀虫剂，其作用方式以触杀作用为主，胃毒作用为辅，不具有杀卵功能。药液通过体表吸收进入害虫体内，作用于害虫神经系统，导致害虫肌肉非功能性收缩，最终衰竭而死。药效作用迅速、持效期长，在自然界中易分解，不污染环境。但对天敌瓢虫等杀伤力较大。

4）主要剂型。0.4％蛇床子素乳油。

5）使用方法。对十字花科蔬菜菜青虫和果树尺蠖有较好的防效。防治十字花科蔬菜菜青虫用药量为有效成分 4.8～7.2 g/公顷（折成 0.4％乳油商品量每公顷用 1.2～1.8 L）。一般每公顷用药液量为 750～1 125 kg，均匀喷雾；持效期为 7 天左右。

经新疆多地试验，产品对棉铃虫和棉蚜有一定的防治效果。有效成分用药量为6～7.2 g/公顷，（折合 0.4％乳油 800～1 200 倍）。防治棉蚜有效成分用药量为 1.5～3 g/公顷，使用浓度（折合 0.4％乳油 1 200～1 500 倍）喷雾。产品对瓢虫影响较大，使用时注意用药时间，天敌瓢虫数量大时慎用。

防治菜青虫，有效成分用药量为 4.8～7.2 g/公顷，使用浓度（折合 0.4％乳油 600～1 200 倍）喷雾。

6）注意事项。

①晴天傍晚或阴天全天用药效果最佳。

②对蜜蜂、鸟、家蚕高毒，不宜在作物开花期和养蚕区使用。

③储存于阴凉、干燥处，远离食物和饲料。

④若发生中毒，立即携该制剂标签送医院对症治疗。

第六节　杀螨剂的应用

培训目标 → 掌握常用杀螨剂的作用机制和使用技术

一、杀螨剂的种类和特点

1. 杀螨剂的性能和种类

螨类属于蜘蛛纲，与昆虫纲的害虫在形态上有很大差异，在对农药的敏感性方面也有不同。有些农药对螨类特别有效，而对昆虫纲的害虫毒力相对较差或无效，因此，特称为杀螨剂。生产上用来控制螨类的农药有两类：一类是专性杀螨剂，即通常所说的杀螨剂，指只杀螨不杀虫或以杀螨为主的农药；一类是兼性杀螨剂，指以防治害虫或病菌为主兼有杀螨活性的农药，这类农药又叫杀虫杀螨剂或杀菌杀螨剂，如氧乐果、甲胺磷、水胺硫磷、甲基对硫磷、甲氰菊酯、石硫合剂、硫悬浮剂、机油乳剂、杀虫脒（现已禁用）。

（1）按物质类别分类，专性杀螨剂分为化学杀螨剂、生物杀螨剂两类。生产上所用杀螨剂中化学杀螨剂居多，生物杀螨剂仅有浏阳霉素、四抗霉素等几种。

（2）按化学结构分类，专性杀螨剂分为6类：

1）有机氯类：如三氯杀螨醇（开乐散）、杀螨醇（敌螨）。

2）有机硫类：如三氯杀螨砜（涕涕恩）、炔螨特（丙炔螨特）、杀螨特（螨灭得）、杀螨醚（氯杀螨）、杀螨酯（螨卵酯）。

3）有机锡类：如三环锡（普特丹）、三唑锡（倍乐霸）、苯丁锡（托尔克）、三磷锡。

4）硝基苯类：如消螨普、消螨通、乐杀螨。

5）脒类：如单甲脒、双甲脒。

6）杂环类：如噻螨酮（尼索朗）、四螨嗪（阿波罗）破卵、唑螨酯（霸螨灵）、哒螨酮（速螨酮、牵牛星、扫螨净）、溴螨酯（螨代治）、灭螨猛（甲基克杀螨）。

（3）按残效长短分类，专性杀螨剂分为2类，一类残效期较长，施用一次即可基本控制如噻螨酮、四螨嗪、螺螨酯（螨危）、哒螨酮；一类残效期较短，需施2～3次才能有效控制螨害，如炔螨特、三氯杀螨醇。

2. 杀螨剂的正确选择和使用

害螨一年内发生的代数多，种群增长能力强，一年内往往要施药数次方能控制其为害，因而害螨较易产生抗药性。为防止或延缓产生抗药性，要合理科学使用杀螨剂。

（1）选用对螨的各个生育期都有效的杀螨剂。叶螨的成螨、若螨的卵往往同时存在，而卵的数量又大大超过成螨、若螨，若使用无杀卵作用的杀螨剂，螨的数量短期内虽有下降，但不久群体数量又回升，需再次施药。一种药剂连续多次使用，易诱发抗药性。因此，最好选用对卵、幼若螨、成螨都有效的杀螨剂。

（2）选在害螨对药剂最敏感的生育期施药。例如，四螨嗪对卵杀伤力很强，对幼螨和若螨也较强，对成螨基本无效，就应在卵盛期、幼螨期施药。唑螨酯和苯丁锡对螨卵效果很低或基本无效，不应在卵盛期施药。

（3）选在害螨发生初期，种群数量不大时施药，以延长药剂对螨的控制时间，减少使用次数。持效期长的杀螨剂品种，一年内尽可能只使用1次。

（4）不可随意提高用药量或药液浓度，以保持害螨群中有较多的敏感个体，延缓抗药性的产生和发展。

（5）不同杀螨机制的杀螨剂轮换使用或混合使用。哒螨酮和噻螨酮无交互抗性，可以轮换使用。双甲脒、单甲脒与其他杀螨剂的作用机制不同，可以混用或轮用。

二、常用杀螨剂的品种及其使用技术

1. 三氯杀螨醇（dicofol）

其他名称为开乐散。

（1）理化性质。纯品为白色结晶，熔点 78.5～79.5℃。工业品为褐色透明油状液体，难溶于水，易溶于苯、丙酮、三氯甲烷等有机溶剂。酸性条件下稳定，在碱性介质中易水解。

（2）毒性。属低毒杀螨剂，原药对大鼠（雄）急性经口 LD_{50} 为 809 mg/kg。

（3）作用特点。三氯杀螨醇是一种杀螨谱广、杀螨活性较高、对天敌和作物安全的有机氯杀螨剂。对害螨有较强的触杀作用，无内吸作用。对成、若螨和卵均有效，速效性和特效性均较优良，但其残留较高。适用于棉花、果树及花卉等作物的害螨防治。在新疆已广泛使用 30 多年，许多地区已产生明显的抗药性，药效已明显降低。

（4）主要剂型。20％、40％三氯杀螨醇乳油。

（5）使用方法。如棉花红蜘蛛，在若、成螨盛发期，用 20％三氯杀螨醇乳油 0.9～1.2 L/公顷，兑水 900～1 200 kg 均匀喷雾。建议与杀卵剂尼索朗或四螨嗪混配使用，效果更佳。

（6）注意事项。

1）本品对茄子、苹果易产生药害，应予注意。

2）三氯杀螨醇自然降解会产生滴滴涕，不利于无公害农产品的生产，我国已经禁止在茶树上使用，建议果树和蔬菜上慎用，以免残留超标。

3）产品易燃，在储藏、运输和使用时应注意防火。并防止药剂受冻、受热。

4）不能与碱性农药混用，但可与碱性以外的其他杀虫剂混用，以提高防效。

2. 尼索朗

商品名和其他名称为噻螨酮（hexythiazox）、尼索朗。

（1）理化性质。纯品为无味白色结晶，原药不溶于水，易溶于丙酮、甲醇等有机溶剂。化学性质稳定。

（2）毒性。对人、畜毒性很低，大鼠急性经口 LD_{50} 大于 5 000 mg/kg。对兔的眼睛和皮肤无刺激性，对豚鼠无变态反应。对鱼、蜜蜂较安全。

（3）作用特点。尼索朗以触杀作用为主，有一定渗透性，无内吸性，具有杀卵作用。也具有杀幼、若螨的作用，但杀成螨的效果差。对作物安全，对捕食螨和益虫安全，可与波尔多液、石灰、石硫合剂等强碱性药剂混用。

（4）主要剂型。5％乳油，5％可湿性粉剂。

（5）使用方法。如防治棉红蜘蛛，于棉红蜘蛛发生初期，用5%尼索朗可湿性粉剂或乳油750～900 mL/公顷，兑水900～1 200 kg均匀喷雾。由于不杀成螨，建议与阿维菌素、三氯杀螨醇等防治成螨药剂混配使用。

防治苹果红蜘蛛：苹果树开花前后用5%尼索朗可湿性粉剂或乳油2 000倍液喷雾。由于不杀成螨，建议与阿维菌素、三氯杀螨醇等防治成螨药剂混配使用。

（6）注意事项。

1）尼索朗杀成螨活性差，施药后10天左右才能看出效果。

2）可与波尔多液、石硫合剂等碱性农药混用。

3）使用时应掌握在螨卵孵化盛期至幼、若螨盛发期施药。

4）该药无内吸性，要求喷药均匀周到。

5）与其他杀螨剂轮换使用。

3. 螨危

其他名称为螺螨酯（spirodiclofen）、螨威多、季酮螨酯。

（1）理化性质。原药外观白色粉状，无特殊气味，熔点为94.8℃，不溶于水，易溶于正己烷、二氯甲烷、二甲苯中等有机溶剂。

（2）毒性。螨危属低毒杀螨剂，大鼠急性经口LD_{50}大于2 500 mg/kg，急性经皮LD_{50}大于4 000 mg/kg；对人畜及作物安全，对蜜蜂和多数天敌安全。

（3）作用特点。螨危是2005年在中国注册的新型杀螨剂，具有全新的作用机制，主要抑制螨的脂肪合成，阻断螨的能量代谢，螨的各个发育阶段都有效，杀卵效果好。对雌成螨有很好的绝育作用，雌成螨触药后所产的卵不孵化。以触杀作用为主，没有内吸性。它与现有杀螨剂之间无交互抗性，适用于防治对现有杀螨剂产生抗性的有害螨类。耐雨水冲刷，喷药2 h后遇中雨不影响药效的正常发挥。持效期长达40～50天。对红蜘蛛、黄蜘蛛、锈壁虱、茶黄螨、朱砂叶螨和二斑叶螨等均有很好防效，可用于茄子、辣椒、番茄、棉花、葡萄、果树螨害治理。此外，螨危对梨木虱、榆蛎盾蚧以及叶蝉类等害虫有很好的兼治效果。

（4）主要剂型。24%螨危悬浮剂。

（5）使用方法。

1）果树。稀释3 000～6 000倍稀释液，在叶螨发生的初期用药，每公顷用量3 000～4 500，均匀喷雾。

2）棉花。防治土耳其斯坦叶螨、敦煌叶螨、截形叶螨等棉田害螨公顷用量150～180 mL或稀释4 000倍液，在叶螨发生的初期用药，每公顷用量900～1 350 L，均匀喷雾。

4. 炔螨特（propargite）

其他名称为克螨特、奥美特、螨除净、螨涕。

（1）理化性质。难溶于水，易溶于苯、酒精、丙酮等有机溶剂。在中性和酸性介质中比较稳定，遇碱迅速分解。

（2）毒性。对人、畜低毒。LD_{50}为 2 200 mg/kg。

（3）作用特点。克螨特是一种低毒广谱性有机硫杀螨剂，具有触杀和胃毒作用，无内吸和渗透传导作用。对若螨和成螨有效，对卵的效果差。在高温天气下有触杀和熏蒸双重作用，效果更为显著。具有良好的选择性，对天敌较安全。在新疆已广泛应用于棉花、果树和蔬菜上各种害螨的防治。

（4）主要剂型。73%、57%乳油。

（5）使用方法。

1）在棉叶螨成若螨盛发期，每公顷用 57%奥美特 600～750 mL/公顷或 73%克螨特乳油1.125 L，兑水 900～1 200 kg，均匀喷雾。

2）果树红蜘蛛成若螨盛发期，用 73%克螨特乳油 2 000 倍液喷雾。

（6）注意事项。

1）果树采摘前 7 天之内禁止用药。

2）克螨特使用浓度过高时，对果树嫩梢有药害。

3）棉花等作物苗期易发生药害，苗期慎用。

5. 四螨嗪（clofentezine）

其他名称为阿波罗、螨死净、破卵、卵落。

（1）理化性质。原药洋红色晶体，熔点 182.3℃，蒸气压 130 nPa（25℃），不溶于水，易溶于丙酮、苯、氯仿、二氯甲烷、乙醇等多种有机溶剂，对光、空气和热稳定，随 pH 升高，水解加快。

（2）毒性。大鼠急性经口致死中量 LD_{50}为 5 200 mg/kg，属低毒杀虫剂品种。对鸟类、鱼类、蜜蜂及捕食性天敌安全。

（3）作用特点。以触杀作用为主。可穿入螨的卵巢内使其产的卵不能孵化，是胚胎抑制剂，并抑制幼、若螨的蜕皮过程。对螨卵活性强，对幼、若螨也有较高的活性，对成螨无效。持效期较长，一般可达 50～60 天，药效发挥较慢，一般药后 2～3 周才能达到最高杀螨活性。对发生在棉花、果树、观赏植物上的种类红蜘蛛、全爪螨的卵和若螨有效，对捕食螨、天敌无害。对温室玫瑰花、石竹有轻微的影响。但该药作用较慢，一般用药后 2 周才能达到最高防效，因此使用该药时应作好预测预报。

（4）主要剂型。50%、25%、20%悬浮剂，10%、20%可湿性粉剂。

（5）使用方法。

1）棉花红蜘蛛。在棉花红蜘蛛发生初期用 20%的四螨嗪悬浮剂 450 mL/公顷或稀释1 500～2 000 倍液均匀喷雾。

2）苹果害螨。在苹果开花前，越冬卵初孵期施药；防治苹果红蜘蛛应在苹果落花后，越冬代成螨产卵高峰期施药，用20%悬浮剂2 000～2 500倍液，10%可湿性粉剂1 000～1 500倍液，一般施药一次即可控制螨的危害。

为达到理想防治效果，需搞好预测预报，在螨初孵期施药。喷雾要均匀周到。在苹果上尽可能一年使用一次，以防止抗药性产生。

（6）注意事项。

1）产品对成螨无效，所以应结合病虫测报在螨卵初孵用药效果最佳。

2）在气温低（15℃左右）和虫口密度低时施用效果好，持效期长，在螨的密度大或温度较高时，建议与其他杀成螨药剂混用。

3）与尼索朗有交互抗性，不能交替使用。

4）置于阴凉干燥环境下贮存，防止冻结及强光直射。

5）在苹果和柑橘的安全间隔使用期为21天。

6. 浏阳霉素（liuyangmycin）

其他名称为杀螨霉素、多活菌素。

（1）理化性质。难溶于水，可溶解于醇、苯、酮、正己烷、石油醚及氯仿等。室温稳定，紫外光不稳定。原药为白色或淡黄色粉末。

（2）毒性。浏阳霉素属低毒杀螨剂，大白鼠急性经口LD_{50}大于10 000 mg/kg，经皮LD_{50}大于2 000 mg/kg。无致畸、致癌、致突变性。对眼睛有刺激作用。对人畜低毒，对作物及多种天敌昆虫安全，对蜜蜂、家蚕也较安全。但对鱼毒性较高。

（3）作用特点。浏阳霉素是抗生素类低毒杀螨剂，经生物发酵由灰色链霉菌浏阳变种所产生的具有大环内酯结构的杀螨抗生素，对多种作物的叶螨有良好的触杀作用，对成、若螨及幼螨有高效，但不能杀死螨卵。不杀伤捕食螨，害螨不易产生抗性，杀螨谱较广，对叶螨、瘿螨都有效。本药具触杀作用，无内吸性，药液直接喷至螨体上药效很高，但害螨在干药膜上爬行几乎无效。可用于防治棉花、苹果、蔬菜上的多种害螨。

（4）主要剂型。10%浏阳霉素乳油，20%复方浏阳霉素乳油。

（5）使用方法。

1）棉花红蜘蛛。于始盛期，用10%浏阳霉素乳油0.75～1.5 L/公顷兑水900～1200 kg均匀喷雾，药后2～14天可控制危害。

2）苹果红蜘蛛。用10%乳油兑水1 000～2 000倍均匀喷雾，防治苹果叶螨和山楂叶螨，持效期达20～30天。

3）蔬菜害螨。用10%乳油0.75～1.5 L/公顷，兑水1 000～1 500倍均匀喷雾，防治豆角红蜘蛛、茄子害螨，持效期7～10天。

（6）注意事项。

1）可与多种杀虫、杀菌剂混用，在与波尔多液等强碱性物质混用时，应先进行试验，最好现配现用，以免降低药效。

2）该药对鱼有毒，使用时应避免污染水源，施药后余液勿倒入鱼塘。

3）该药剂对紫外光敏感，阳光下照射 2 天，即可分解 50%以上。应在阴凉、干燥处贮存。

4）该药对人眼睛有刺激作用，如发生意外，应及时用清水冲洗并尽快就医诊治。

7. 哒螨酮（pyridaben）

其他名称为哒螨灵、速螨酮、扫螨净。

（1）理化性质。纯品为白色晶体，无味，熔点 111～112℃，不溶于水，可溶于大多数有机溶剂。在有机溶剂中稳定；对光不稳定，但是乳油在正常储存条件下可稳定大于 2 年。

（2）毒性。哒螨灵属低毒杀螨剂。对皮肤无刺激性，对眼睛有轻微的刺激作用。在试验剂量内对试验动物无致突变、致畸和致癌作用。对哺乳动物毒性中等，对鸟类低毒，对鱼、虾和蜜蜂毒性较高。

（3）作用特点。哒螨灵是高效、广谱杀螨剂，触杀性强，无内吸、传导和熏蒸作用，对叶螨、全爪螨、小爪螨和瘿螨等植食性害螨各个生育期（卵、幼螨、若螨和成螨）均具有明显防治效果。对锈螨的防治效果也较好，速效性好，持效期长，一般可达 1—2 月。防治对象主要是果树、棉花等经济作物害螨，并对蚜虫、叶蝉有一定兼治作用。

（4）主要剂型。20%哒螨灵可湿性粉剂，15%哒螨灵乳油。

（5）使用方法。

1）果树。在害螨整个发生期均可施用，用 20%哒螨灵可湿性粉剂 0.75～1.05 g/L（2 300～3 000 倍）兑水均匀喷雾。苹果安全间隔期为 15 天，即在收获前 15 天停止用药。

2）棉花。在叶螨发生期用 15%哒螨灵乳油 600～900 mL/公顷，兑水 900～1 200 kg 均匀喷雾。

（6）注意事项。

1）对鱼类毒性高，不可污染水井、池塘和水源。

2）对蜜蜂有不良影响，作物花期慎用。

3）使用可与大多数杀虫剂混用，但不能与石硫合剂和波尔多液等强碱性药剂混用。

4）一年最多使用 2 次。

8. 唑螨酯（fenpyroximate）

其他名称为霸螨灵、杀螨王。

（1）理化性质。纯品为白色结晶，熔点 101.5～102.4℃。微溶于水，易溶于甲醇、丙酮、二氯甲烷等有机溶剂中，对酸、碱稳定。

（2）毒性。唑螨酯为中等毒性杀螨剂。雄大鼠急性经口 LD_{50} 为 480 mg/kg，雌大鼠急性经口 LD_{50} 为 240 mg/kg，无致突变、致畸、致癌作用。对鸟毒性低，对蜜蜂安全。对鱼、虾、贝类毒性较高。

（3）作用特点。唑螨酯为苯氧吡唑类（肟类）杀螨剂。作用方式以触杀作用为主，无内吸、内渗性，速效性好，持效期较长，对害螨各个生育期均有良好的防治效果，与其他药剂无交互抗性。高剂量时可直接杀死螨类，低剂量时可抑制螨类蜕皮或产卵。杀螨谱广，可防治多种作物上的红蜘蛛、锈螨、瘿螨。

（4）主要剂型。5% 悬浮剂。

（5）使用方法。

1）果树。防治苹果、梨、葡萄上的叶螨或瘿螨，用 5%霸螨灵悬浮剂 1 000～2 000 倍液均匀喷雾。

2）棉花。在棉田叶螨发生初期，用 5%霸螨灵悬浮剂 300～600 mL/公顷，兑水 900～1 200 kg 均匀喷雾。

3）啤酒花。防治啤酒花叶螨，用 5%霸螨灵悬浮剂 300～600 mL/公顷，兑水均匀喷雾。

（6）注意事项。

1）本剂对鱼有毒，对蚕有拒食作用，使用时应注意。

2）不能与碱性物质混用。

3）在害螨发生初期使用效果较好。在同一作物上，一年只能使用 1 次，最好与其他杀螨剂交替使用。在果树上的安全间隔期为 25 天。

9. 三磷锡（phostin）

其他名称为螨喜、富事定。

（1）理化性质。纯品为无色低熔点晶体，稍有硫醇味，可溶于大多数有机溶剂中。在微酸及中性介质中较稳定，强酸与碱均能使其水解分解，且随温度与 pH 的增高而加快。

（2）毒性。三磷锡属低毒专性杀螨剂。对人、畜安全。

（3）作用特点。三磷锡是一种高效低毒的有机锡类新型杀螨剂，至今国外尚未商品化。产品以触杀为主，无内吸性。对敏感性和对有机磷或其他药剂产生抗性的成螨、若螨、幼螨及卵都有很好的杀灭效果。药持效期长，持效期 20 天以上。适用于防治苹果、柑橘、山楂等果树和棉花的螨害。

（4）主要剂型。10%、20%、30%乳油。

（5）使用方法。如棉花红蜘蛛：在叶螨点片发生初期，用 30%三磷锡乳油稀释 1 000～1 500 倍液点片挑治，在棉花叶螨发生中期，用 30%三磷锡乳油 450 mL/公顷，兑水60～80 L 均匀喷雾。

(6) 注意事项。

1）使用该产品前一周或后一周，不可使用波尔多液等碱性农药。

2）收获。前安全间隔期 21 天。

单元测试题

一、填空题（请将正确的答案填在横线空白处）

1. 农药配制使用中要做到________、________、________原则。

2. 杀虫剂的作用方式主要有________、______________、______________三种。

二、判断题（下列判断正确的打“√”，错误的打“×”）

1. 除粉剂、颗粒剂、片剂和烟剂以外，一般农药产品的浓度都比较高，按常规施药方法在使用前必须经过配制。（　）

2. 配制药液时，要先将称量好的药剂直接加入药箱，然后分 2～3 次冲洗量器，冲洗水全部加入药箱中，搅拌均匀，再将水加满。（　）

3. 背负式机动喷雾喷粉机能够进行常规中容量喷雾、低量喷雾、超低量喷雾、喷粉等项作业。（　）

4. 低容量喷雾时，行走路线根据风向而定，走向应与风向垂直或成不小于 45°的夹角，操作者应在下风向，喷射部件应在上风向。（　）

5. 高毒农药超低量喷雾时应穿防护服，戴口罩、手套等防护措施。（　）

6. 安全间隔期是指距离最近的两次使用农药的安全间隔时间。（　）

7. 农药应专地储存，不能与粮食、蔬菜、瓜果、食品混放，但可以与化肥存放在一起。（　）

8. 氨基甲酸酯类、有机磷酸酯类、烟碱类杀虫剂代杀虫剂都属于作用于昆虫呼吸系统杀虫剂。（　）

三、单项选择题（下列每题的选项中，只有 1 个是正确的，请将其代号填在横线空白处）

1. 背负式机动喷雾机低容量喷雾，下列操作不正确的是________。

A. 人应按预定速度和路线前进，严禁停留在一处喷洒，以防引起药害

B. 操作时应将喷口稍微向上仰起，并离开作物 20～30 cm 高，2 m 左右远

C. 喷施时应采用侧向喷洒即喷药人员背机前进时，手提喷管向侧喷洒，一个喷幅一个喷幅向下风方向移动

D. 施药喷幅之间相连接区段的雾滴沉积有一定程度的重叠

2. 常温烟雾机温室大棚施药，下列操作不正确的是________。

A. 将喷射部件和升降部件置于棚室内角落不碍事的地方，根据作物高低，调节

喷口离地 1 m 左右高度和 2°～3°仰角

B. 在喷雾方向 1～5 m 处作物上应盖上塑料布，防止雾滴落下时造成作物污染和药害

C. 喷雾时操作者无须进入棚室，应在室外监视机具的作业情况，不可远离

D. 关好棚室门，密闭 6 h 以上才可开棚

3. 下列不属于有机磷杀虫剂的有________。

A. 敌百虫　　B. 乐斯本　　C. 3911（甲拌磷）　　D. 吡虫啉

4. 下列哪些农药禁止叶面喷雾使用________。

A. 甲拌磷、氧化乐果　　B. 呋喃丹、氧化乐果

C. 甲拌磷、涕灭威　　D. 涕灭威、敌百虫

5. 2007 年 1 月 1 日起我国禁止生产、销售和使用的 5 种有机磷高毒农药是：________。

A. 甲拌磷、久效磷、磷胺、对硫磷、甲基对硫磷

B. 久效磷、甲胺磷、磷胺、对硫磷、甲基对硫磷

C. 呋喃丹、磷胺、对硫磷、甲基对硫磷、甲胺磷

D. 涕灭威、久效磷、磷胺、对硫磷、甲胺磷

6. 下列都能够用于棉铃虫防治的药剂有________。

A. 硫双威、茚虫威、呋喃丹　　B. 辛硫磷、硫双威、茚虫威

C. 辛硫磷、硫双威、吡虫啉　　D. 辛硫磷、丁硫克百威、茚虫威

7. 下列属于专性杀螨剂的农药有________。

A. 四螨嗪、尼索朗、三磷锡、浏阳霉素

B. 蛇床子素、四螨嗪、尼索朗、三磷锡

C. 艾美乐、四螨嗪、尼索朗、三磷锡

D. 四螨嗪、尼索朗、三氯杀螨醇、久效磷

单元测试题答案

一、填空题

1. 安全　高效　经济

2. 作用于神经系统　作用于呼吸系统　几丁质合成抑制剂

二、判断题

1. √　2. ×　3. ×　4. ×　5. √　6. ×　7. ×　8. ×

三、单项选择题

1. C　2. A　3. D　4. C　5. B　6. B　7. A

理论知识考核试卷

一、名词解释（每题 2 分，共 20 分）

1. 有效积温法则

2. 致病性

3. 耐病

4. 水平抗病性

5. 病害流行

6. 平均严重率

7. 病情指数

8. 越冬前虫口减退率

9. 发生面积

10. 化学防治面积

二、填空题（请将正确的答案填在横线空白处，每题 1 分共 25 分）

1. 植物的抗虫性可表现为________、________和________ 3 个方面。这 3 个方面也称为植物“抗虫三机制”。

2. 昆虫的天敌主要包括________、________和________ 3 类，它们是影响昆虫数量变动的重要因素。

3. 各种病原物的寄生性根据其寄生能力的表现，分为________和________两大类。

4. 病原物对寄主的反应一般可分为________、________、________和________四种。

5. 按照寄主植物对于病原物生理小种的特异性的有无，分为_______与_______两类。

6. 真菌侵入途径包括________、________和________三种方式。

7. 传染性病害的侵染循环主要包括三个方面：________；________；________。

8. 农药配制使用中要做到________、________、________原则。

9. 杀虫剂的作用方式主要有作用于神经系统、________、________三种。

三、判断题（下列判断正确的打“√”，错误的打“×”，每题 1 分，共 15 分）

1. 在自然界中，很多昆虫可以躲避夏季的高温，它们都以滞育状态越夏。（　）

2. 由于昆虫有一定的过冷却点，不随季节变化而变化，所以昆虫的耐寒是不变的。（　）

3. 人们多用黄皿诱蚜，进行蚜虫测报和防治，是利用蚜虫对黄色的趋性。（　）

4. 专性寄生物的寄生能力最强，只能从寄主的活细胞中吸取养分，它们不能在人工培养基上培养。（　　）

5. 从病原物的寄生性和好生专化性的关系来看，大部分的情况是，寄生性强的寄生物往往有比较广的寄主范围；寄生性比较弱的病原物往往有比较窄的寄主范围。（　　）

6. 有的病原物对寄主细胞和组织的直接破坏性很强，这一类病原物在侵入之前或者侵入后不久既能分泌一些物质，如酶或毒素等，杀死寄主的细胞组织，然后从杀死的细胞和组织中获得营养，这一类的病原物都属于专性寄生物。（　　）

7. 垂直抗病品种在生产上表现为具有显著的抗病效果，且又不易丧失其抗病力变为高度感病。（　　）

8. 除粉剂、颗粒剂、片剂和烟剂以外，一般农药产品的浓度都比较高，按常规施药方法在使用前必须经过配制。（　　）

9. 配制药液时，要先将称量好的药剂直接加入药箱，然后分 2～3 次冲洗量器，冲洗水全部加入药箱中，搅拌均匀，再将水加满。（　　）

10. 背负式机动喷雾喷粉机能够进行常规中容量喷雾、低量喷雾、超低量喷雾、喷粉等项作业。（　　）

11. 低容量喷雾时，行走路线根据风向而定，走向应与风向垂直或成不小于 45°的夹角，操作者应在下风向，喷射部件应在上风向。（　　）

12. 高毒农药超低量喷雾时应穿防护服，戴口罩、手套等防护措施。（　　）

13. 安全间隔期是指距离最近的两次使用农药的安全间隔时间。（　　）

14. 农药应专地储存，不能与粮食、蔬菜、瓜果、食品混放，但可以与化肥存放在一起。（　　）

15. 氨基甲酸酯类、有机磷酸酯类、烟碱类杀虫剂代杀虫剂都属于作用于昆虫呼吸系统杀虫剂。（　　）

四、单项选择题（下列每题的选项中，只有 1 个是正确的，请将其代号填在横线空白处，每题 1 分，共 10 分）

1. 依昆虫活动与光照强度的关系，可分为________。

A. 白天活动的、黄昏活动的、昼夜活动的、夜间活动的

B. 白天活动的、昼夜活动的、夜间活动的

C. 白天活动的、黄昏活动的、夜间活动的

D. 白天活动的、早晨活动的、黄昏活动的、昼夜活动的、夜间活动的

2. 下列棉蚜天敌哪一选项是一类天敌________。

A. 异色瓢虫，七星瓢虫，十三星瓢虫成、幼虫

B. 异色瓢虫，七星瓢虫，十三星瓢、多异瓢虫成、幼虫

C. 龟纹瓢虫，多异瓢虫成，幼虫，大草蛉，中华草蛉，普通草蛉的幼虫

D. 异色瓢虫，七星瓢虫，十三星瓢虫成、幼虫，大草蛉，中华草蛉，普通草蛉的幼虫

3. 下列棉花黄萎病病区划分标准正确的是________。

A. 零星病区：发病率在 0.1%以下

B. 轻病区：发病率在 0.5%～2.0%，没有明显发病中心

C. 中度病区：发病率在 2.1%～5%，有较明显发病中心

D. 重病区：发病率在 3%以上，有明显的发病中心，全田较普遍发病

4. 背负式机动喷雾机低容量喷雾，下列操作不正确的是________。

A. 人应按预定速度和路线前进，严禁停留在一处喷洒，以防引起药害

B. 操作时应将喷口稍微向上仰起，并离开作物 20～30 cm 高，2 m 左右远

C. 喷施时应采用侧向喷洒即喷药人员背机前进时，手提喷管向侧喷洒，一个喷幅一个喷幅向下风方向移动

D. 施药喷幅之间相连接区段的雾滴沉积有一定程度的重叠

5. 常温烟雾机温室大棚施药，下列操作不正确的是________。

A. 将喷射部件和升降部件置于棚室内角落不碍事的地方，根据作物高低，调节喷口离地 1 m 左右高度和 2°～3°仰角

B. 在喷雾方向 1～5 m 处作物上应盖上塑料布，防止雾滴落下时造成作物污染和药害

C. 喷雾时操作者无须进入棚室，应在室外监视机具的作业情况，不可远离

D. 关好棚室门，密闭 6 h 以上才可开棚

6. 下列不属于有机磷杀虫剂的有________。

A. 敌百虫　　B. 乐斯本　　C. 3911（甲拌磷）　　D. 吡虫啉

7. 下列哪些农药禁止叶面喷雾使用________。

A. 甲拌磷　氧化乐果　　B. 呋喃丹　氧化乐果

C. 甲拌磷　涕灭威　　D. 涕灭威　敌百虫

8. 2007 年 1 月 1 日起我国禁止生产、销售和使用的 5 种有机磷高毒农药是：________。

A. 甲拌磷、久效磷、磷胺、对硫磷、甲基对硫磷

B. 久效磷、甲胺磷、磷胺、对硫磷、甲基对硫磷

C. 呋喃丹、磷胺、对硫磷、甲基对硫磷、甲胺磷

D. 涕灭威、久效磷、磷胺、对硫磷、甲胺磷

9. 下列都能够用于棉铃虫防治的药剂有________。

A. 硫双威、茚虫威、呋喃丹　　B. 辛硫磷、硫双威、茚虫威

C. 辛硫磷、硫双威、吡虫啉　　D. 辛硫磷、丁硫克百威、茚虫威

试卷

10. 下列属于专性杀螨剂的农药有________。

A. 四螨嗪、尼索朗、三磷锡、浏阳霉素

B. 蛇床子素、四螨嗪、尼索朗、三磷锡

C. 艾美乐、四螨嗪、尼索朗、三磷锡

D. 四螨嗪、尼索朗、三氯杀螨醇、久效磷

五、简答题（每题3分，共30分）

1. 简述有效积温法则的应用。
2. 简述寄生性和致病性改变的途径。
3. 如何区分瓜蔓枯病和瓜枯萎病？
4. 影响棉花黄萎病发生和流行的因素有哪些？
5. 影响葡萄霜霉病发生和流行的因素有哪些？
6. 如何进行棉蚜综合防治？
7. 如何进行小麦锈病综合防治？
8. 如何进行葡萄霜霉病综合防治？
9. 如何进行葡萄白粉病综合防治？
10. 当前农业生产中如何正确认识和使用化学防治？

理论知识考核试卷答案

一、名词解释

1. 有效积温法则：昆虫和其他生物一样，完成其发育阶段（卵、幼虫、蛹、成虫或整个世代）需要从外界获得并积累一定的热能，而完成此发育阶段所需的总热量是一个常数。昆虫各发育阶段只有达到发育起点温度才开始发育，发育起点以上温度的积温即为有效积温。

2. 致病性：致病性是指病原物为害寄主的能力，主要是生活活动对于受病寄主发生不良影响的能力。

3. 耐病：植物受某种病原物使染后，表现典型症状，但对寄主的生长、发育、产量和质量等都没有明显影响的，称为耐病。

4. 水平抗病性：水平抗病性即非小种特异性抗病性，它对某一病原物的全部小种都具有同等水平的抵抗能力，其抗病效能通常是中度抗病性，但对病原物全部小种的抗病性都有效。

5. 病害流行：植物病害在一个地区内或在一个时期内大量发生的，称病害流行。

6. 平均严重率：$\text{平均严重率}=\dfrac{\text{各级严重率总和}}{\text{调查总株数}}\times 100\%$

7. 病情指数：病情指数＝普遍率×严重率

8. 越冬前虫口减退率：

$$\text{越冬前虫口减退率}=\frac{\text{越冬前虫口密度}-\text{越冬后虫口密度}}{\text{越冬前虫口密度}}\times 100\%$$

9. 发生面积：指通过各类有代表性田块的抽样调查，其病虫发生密度（或为害率）达到防治指标的面积。

10. 化学防治面积：化学防治面积包括有针对性的，且作为主要防治方法的种子药剂处理面积，其中水稻种子处理面积指为防治病虫采用药剂处理的秧田面积。在统计防治面积时应注意，各种病虫不同代（次）的防治面积要分别统计，同一代（次）病虫用药多次的，以各次用药面积累加计算。一次用药兼治多种病虫时，凡针对不同病虫对象自行加入相应农药混配防治的，要分别统计防治面积；一种农药（包括工厂生产的复配农药）兼治多种病虫时，只统计主治对象的防治面积。

二、填空题

1. 不选择性　抗生性　耐害性

2. 致病微生物　天敌昆虫　食虫动物

3. 专性寄生物　非专性寄生物

4. 免疫　抗病　耐病　感病

5. 水平抗病性　垂直抗病性

6. 直接穿过寄主表皮层　自然孔口　伤口

7. 病原物的越冬和越夏　初次侵染和再次侵染　病原物的传播途径

8. 安全　高效　经济

9. 作用于呼吸系统　几丁质合成抑制剂

三、判断题

1. ×　2. ×　3. ×　4. √　5. ×　6. ×　7. ×　8. √　9. ×　10. ×　11. ×　12. √　13. ×　14. ×　15. ×

四、单项选择题

1. A　2. A　3. B　4. C　5. A　6. D　7. C　8. B　9. B　10. A

五、简答题（答案略）